普通高等教育"十三五"规划教材

发电厂热力系统及设备

张 琦 主编

U0342236

北 京

冶 金 工 业 出 版 社

2024

内 容 提 要

本书阐述了蒸汽动力循环的基本原理、发电厂热力系统及主要设备、热经济性分析方法及其在发电厂的应用，以及新能源发电等内容。

本书可作为高等学校能源与动力工程、新能源科学与工程专业及高职高专热能工程专业教材，也可供从事发电厂管理、运行、科研工作的工程技术人员参考。

图书在版编目（CIP）数据

发电厂热力系统及设备/张琦主编 .—北京：冶金工业出版社，2015.10（2024.2 重印）

普通高等教育"十三五"规划教材

ISBN 978-7-5024-7035-7

Ⅰ.①发…　Ⅱ.①张…　Ⅲ.①发电厂—热力系统—高等学校—教材　Ⅳ.①TM621.4

中国版本图书馆 CIP 数据核字（2015）第 198145 号

发电厂热力系统及设备

出版发行	冶金工业出版社	**电　话**	(010)64027926
地　　址	北京市东城区嵩祝院北巷 39 号	**邮　编**	100009
网　　址	www.mip1953.com	**电子信箱**	service@ mip1953.com

责任编辑　曾　媛　美术编辑　吕欣童　版式设计　孙跃红
责任校对　李　娜　责任印制　禹　蕊
北京虎彩文化传播有限公司印刷
2015 年 10 月第 1 版，2024 年 2 月第 5 次印刷
787mm×1092mm　1/16；17.25 印张；417 千字；266 页
定价 36.00 元

投稿电话　（010）64027932　投稿信箱　tougao@cnmip.com.cn
营销中心电话　（010）64044283
冶金工业出版社天猫旗舰店　yjgycbs.tmall.com
（本书如有印装质量问题，本社营销中心负责退换）

前　言

本教材是为国家特色专业——能源与动力工程类专业基础课程编写的，整合了锅炉设备、汽轮机设备和热力发电厂等相关课程内容。通过本教材的学习，学生能快速掌握发电过程及设备，树立安全与效益（经济效益、社会效益、环境效益）相统一的观点，提高分析、研究、解决发电厂有关生产实际问题的能力。本书是以热力发电厂整体为对象，着重研究不同热力发电厂的热功转换理论基础，以汽轮机发电厂的热力设备及其热力系统为重点，并侧重于热经济性方法的计算，在安全、经济、环保的前提下，分析发电厂的经济效益。

全书共分八章，包括简单蒸汽动力装置循环及其效率、锅炉设备、汽轮机设备、热力发电厂的热经济性评价、发电厂的蒸汽参数及其循环、发电厂的热力系统和新能源发电等内容。

东北大学张琦担任本书主编，并负责第一、二、五～七章的编写，长沙理工大学田红、黄章俊负责第三、四章的编写，辽宁石油化工大学贾冯睿负责第八章的编写。原辽宁省汽轮机厂总工程师，现辽宁省飞鸿达蒸汽节能公司董事长王汝武高级工程师和东北大学王承阳副教授审阅了全书，在此深表谢意！在编写过程中，沈阳市环境科学研究院刘文超博士以及硕士研究生李鸿亮、邢晋等在资料收集、图表编排等方面付出了辛勤的劳动，在此表示感谢。

本书获得东北大学教材建设规划项目资助，感谢东北大学教务处、材料与冶金学院及能源与动力工程系各位领导、老师的大力支持和帮助。

由于书中涉及的内容较广，在编写过程中参考和引用了大量相关文献，在此谨向各位作者及其单位表示衷心的感谢。

由于编者水平所限，书中不妥之处，恳请读者批评指正！

编　者

2015 年 6 月

目　　录

第一章 绪 论

【本章导读】 能源是国民经济的命脉，与人们的生活和人类的生存环境休戚相关，在社会可持续发展中起着举足轻重的作用。本章重点从我国的能源结构、能源发展中存在的问题等方面进行描述，探讨应对能源危机的对策和措施。电力工业作为国民经济的基础产业和主要能源行业，是资金密集的装置型产业，同时也是资源密集型产业。本章介绍了我国电力工业的发展现状以及热力发电厂的生产过程和类型，并对发电厂的环境保护进行了简单阐述。

第一节 我国的能源结构及能源问题

凡是能够提供能量（如热能、机械能、电能、光能等）的资源，都称为能源。大自然赋予我们多种多样的能源，一是来自太阳的能量，除辐射能外，还有经其转换的多种形式的能源；二是来自地球本身的能量，如热能和原子能；三是来自地球与其他天体相互作用所产生的能量，如潮汐能。能源有多种分类形式，目前没有统一的分类方法，可以从不同角度进行多种分类，一般可分为一次能源和二次能源，常规能源和新能源，再生能源和非再生能源等。能源分类见表 1-1。

表 1-1 能源分类

类 别		常规能源	新 能 源
一次能源	非再生能源	化石能源：煤炭、石油、天然气、油页岩	核燃料：铀、钚、氘、钍、氚
	再生能源	水力能、生物质能	原子能、风能、海洋能、潮汐能、地热能
二次能源		电力、汽油、柴油、重油、石油液化气、焦炭、煤气、水蒸气、氢能、醇类燃料、沼气	

一次能源是从自然界取得的未经加工的能源，如开采出的原煤、原油、天然铀矿和天然气等。二次能源是一次能源经过加工、转换得到的能源。如焦炭、煤气、煤油、汽油等燃料。大部分的一次能源都需要经过转换，使其变成容易输送、分配和使用的二次能源，以适应消费者的需求。能源按使用状况可分为常规能源和新能源。常规能源是指当前被广泛使用且量大的能源，如煤炭、石油、天然气等；新能源是指在当前技术和经济条件下，尚未被人类广泛利用，但已经或即将被利用的能源，如太阳能、地热能、风能、潮汐能、生物质能与核聚变能等。在一次能源中，不会随人们的使用而减少的能源称为再生能源，如太阳能、水能、生物质能、风能、地热能和海洋能等。而化石燃料和核裂变燃料都会随

着使用而逐渐减少，称为非再生能源，如煤、原油、天然气、油页岩、核能等。

一、我国的能源结构

我国煤炭资源比较丰富，因此，能源结构以煤为主，以油、气为辅。2012 年，我国一次能源消费结构中煤炭比重为 68.5%，超出世界平均水平近 38.6%，天然气比重仅为 4.7%，远低于 23.9% 的世界平均水平，见表 1-2。

表 1-2　2012 年世界一次能源消费结构　　　　　　　　（%）

国　家	原油	天然气	原煤	核能	水力发电	再生能源	总计/Mt
美国	37.1	29.6	19.8	8.3	2.9	2.3	2208.8
加拿大	31.7	27.6	6.7	6.6	26.2	1.3	328.8
墨西哥	49.3	40.1	4.7	1.1	3.8	1.1	187.7
巴西	45.7	9.5	4.9	1.3	34.4	4.1	274.7
法国	33.0	15.6	4.6	39.2	5.4	2.2	245.4
德国	35.8	21.7	25.4	7.2	1.5	8.3	311.7
英国	33.6	34.6	19.2	7.8	0.6	4.1	203.6
中国	17.7	4.7	68.5	0.8	7.1	1.2	2735.2
印度	30.4	8.7	52.9	1.4	4.6	1.9	563.5
日本	45.6	22.0	26.0	0.9	3.8	1.7	478.2
韩国	40.1	16.6	30.2	12.5	0.2	0.3	271.1
世界	33.1	23.9	29.9	4.5	6.7	1.9	12476.6

注：1. 资料来源：《BP Statistical Review of World Energy 2013》；

2. 1Mt（Million tons of oil equivalent，百万吨油当量）= 4.1868×10^{16} J = 11630GW·h。

从世界主要国家天然气消费比重横向比较来看，我国天然气能源利用率严重不足。我国与资源禀赋最为接近的美国及印度两国比较，天然气消费比重分别低 24.9% 和 4.0%。我国能源消费过度依赖于煤炭资源，天然气资源未得到有效利用。随着世界经济的发展，推进绿色、环保、低碳经济的呼声日渐高涨，促使各国能源结构不断优化，煤炭比重不断下降，天然气等清洁能源比重不断上升。

2012 年，我国能源消费总量已达 36.2 亿吨标准煤，比 2011 年增长 4%，是世界第一大能源消费国，随着工业化、城镇化的深入推进，我国能源消费仍将持续增长。今后相当长的时间内，我国以煤为主的能源结构难以改变，我国经济社会发展面临的能源压力很大。促进能源技术进步，加快开发可再生能源，推动能源转型发展，是今后能源建设和改革的重要任务。

二、我国能源发展存在的问题

能源是国民经济的命脉，与人们的生活和人类的生存环境休戚相关，在社会可持续发展中起着举足轻重的作用。从 20 世纪 70 年代以来，能源就与人口、粮食、环境、资源一起被列为世界上的五大问题。世界性的能源问题主要反映在能源短缺及供需矛盾所造成的能源危机上。第一次能源危机是 20 世纪 70 年代世界上一次经济大危机，它使过去 20 年靠廉价石油发家的西方发达国家受到极大的冲击，严重地影响了那些国家的政治、经济和人民生活。

随着化石燃料资源的消耗，易于探明和开采的燃料，特别是石油和天然气，已逐渐减少。因此，能源资源的勘探、开采也越来越难，投入资金多，建设周期长，科技含量高，既是今后能源开发的特点，也是世界性的能源问题。

我国的能源问题主要反映在以下几个方面：

（1）能源生产消费以煤为主。我国煤炭资源有以下特点：1）煤炭资源丰富，但人均占有量低；2）煤炭资源的地理分布极不平衡，76%的煤炭资源分布在北部和西北部，70%的能源需求在东部和中部。2010年我国原煤产量32.4亿吨，75%需要通过铁路和公路跨省外运，煤炭运输约占铁路货物总运量的50%，跨省区输煤与输电比例为20:1，输煤在能源资源配置中所占比重偏高，给交通运输带来巨大压力；3）各地区煤炭品种和质量变化较大，分布也不理想；4）适合于露天开采的储量少（露天开采效率高，投资少，建设周期短）。这些特点都制约了我国煤炭工业的发展。

（2）能源资源分布不均，交通运力不足，制约了能源工业发展。我国是一次能源丰富的国家，但一次能源分布严重不均。水力资源的90%在西部，煤炭资源的80%在北部，天然气资源60%在中西部，而70%的能源消费却是集中在经济发达的东部及沿海开发地区。这种格局大大增加了能源输运的压力，形成了西电东送、北煤南运的输送格局。火电厂是全国三大耗煤用户之一，其燃料费占火电成本的60%~80%。全国铁路运输的40%和水运总量的1/3用于煤炭运输，是造成铁路、水路运输紧张的因素之一。

（3）电源结构不合理。2012年，全国发电装机容量11.4491亿千瓦，其中，火电8.1917亿千瓦，水电2.4890亿千瓦，核电0.1257亿千瓦，风电0.6083亿千瓦，太阳能及其他发电0.0344亿千瓦。火电装机占装机总量的71.5%。我国是世界上少有的几个以煤电为主的一次能源国家。在我国发电量中，主要以火电、水电为主，其中火电发电量一直在80%左右，见表1-3。

表1-3　我国发电量构成及比重

年 份	总计/亿千瓦时	火 电		水 电	
		发电量/亿千瓦时	比重/%	发电量/亿千瓦时	比重/%
1952[①]	73	60	82.6	13	17.9
1957	193	145	75	48	24.8
1965	676	572	84.6	104	15.4
1970	1159	954	82.3	205	17.7
1975	1958	1482	75.7	476	24.3
1980	3006	2424	80.6	582	19.4
1985	4107	3183	77.5	924	22.5
1990	6213	4950	79.7	1263	20.3
1995	10069	8074	80.2	1868	18.6
2000[②]	13556	11142	82.2	2224	16.4
2005	25003	20473	81.9	3970	15.9

续表1-3

年份	总计/亿千瓦时	火电		水电	
		发电量/亿千瓦时	比重/%	发电量/亿千瓦时	比重/%
2009	37147	29878	80.4	6156	16.6
2010	42072	33319	79.2	7222	17.2
2011	47130	38337	81.3	6990	14.8
2012	49378	38555	78.1	8609	17.4

①1952～1995年数据来自米建华主编的《电力工业节能减排技术指南》，化学工业出版社，2011；
②2000年以后数据来自中华人民共和国国家统计局。

在世界各国中，我国燃煤发电所占比例大幅度高于其他国家。因此，在目前的形势下，大力调整能源结构，开发利用水电和其他可再生能源显得尤为重要。2008年世界主要工业国家各种能源发电量比例见表1-4。

表1-4　2008年世界主要工业国家各种能源发电量比例　　　　　（%）

国别	发电量/亿千瓦时	火电			水电	核电	风电	其他
		燃煤	燃油	天然气				
美国	43690.99	48.81	1.32	20.84	6.45	19.18	1.27	2.12
日本	10820.14	26.64	12.86	26.17	7.70	23.86	0.24	2.53
德国	6372.32	45.61	1.45	13.76	4.23	23.30	6.37	5.28
英国	3893.66	32.54	1.57	45.39	2.38	13.48	1.82	2.82
法国	5748.68	4.74	1.01	3.81	11.89	76.45	0.99	1.12
意大利	3191.30	15.23	9.86	54.12	14.80	0.00	1.52	4.48
加拿大	6513.24	17.19	1.51	6.24	58.74	14.42	0.59	1.31
俄罗斯	10403.79	18.91	1.55	47.55	16.02	15.68	0.00	0.29

（4）能源供需形势依然紧张，特别是洁净高效能源，缺口依然很大。由于改革开放后，我国经济持续高速发展，与此同时，人民生活水平迅速提高，能源消费总量一直增长迅速。图1-1所示为1980～2012年我国能源消费总量图，从图上可以明显看出能源消费的增长趋势。只是由于2005年后，国家大力提高能源利用率，同时深入开展节能工作，能源消费的增长速度才有所降低。目前以至今后一段时间，我国能源供需形势依然紧张。

（5）人均能源资源相对不足，资源质量较差，探明程度低。我国常规能源资源的总储量就其绝对量而言，是较为丰富的，然而，由于我国人口众多，就可采储量而言，人均能源资源占有量仅相当于世界平均水平的二分之一，且化石能源勘探程度低，资源不足。

（6）农村能源问题日趋突出。首先，农村生活用能严重短缺，过度的燃烧薪柴造成大面积植被破坏，引起了水土流失和土壤有机质减少；其次，随着农业生产机械化和化学化的发展，农业生产的能耗量急剧增长；此外，乡镇工业能耗直线上升，能源利用率严重低下。

（7）能源对环境的影响日趋严重，制约了经济社会发展。目前，在污染环境的各因素中，70%以上的总悬浮颗粒物，90%以上的二氧化碳，60%以上的氮氧化物，85%以上的矿物燃料产生的二氧化碳均来自煤炭。

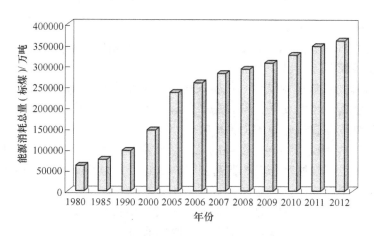

图 1-1　1980~2012 年我国能源消费总量图

（8）能源开发逐步西移，开发难度和费用增加。随着中部地区能源资源的日渐枯竭，开发条件的逐步恶化，近年来，我国能源开发呈现出逐步西移的态势，特别是水能资源的开发和油气资源的勘察更是如此。

（9）能源安全面临严重挑战。能源安全是指保障能源可靠和合理的供应，特别是石油和天然气的供应。在风云变幻的世界上，保障石油的可靠供应对国家安全至关重要。这是我国能源领域面临的一项重大挑战。

（10）能源领域科技创新支撑力度不够。与发达国家相比，我国能源技术相对落后，特别是新能源产业的大部分核心技术尚未掌握，设备制造主要是购买国外的生产许可证，关键设备、组件主要依赖进口，研发基础薄弱。

三、我国能源发展对策

当前，为了解决我国能源所面临的问题，应当采取以下对策：

（1）努力改善能源结构。为了解决我国一次能源以煤为主的结构，减轻能源对环境的压力，必须努力改善能源结构，包括优先发展优质、洁净能源，如水能和天然气；在经济发达而资源短缺的地区，适当建设核电厂；进口一部分石油和天然气等。

（2）提高能源利用率，厉行节约。对一次能源生产，应降低自身能耗，对一次能源使用，应合理加工、综合利用，以达到最大经济效益；开发和推广节能的新工艺、新技术、新设备和新材料，提高生产过程中的余热、余压和余能利用等。

（3）加速实施洁净煤技术。洁净煤技术是旨在减少污染和提高效率的煤炭加工、燃烧、转换和污染控制新技术的总称，是世界煤炭利用技术的发展方向。由于煤炭在相当长一段时间内仍是我国最主要的一次能源，因此，除了发展煤坑口发电，以输送电力来代替煤的运输外，加速实施洁净煤技术是解决我国能源问题的重要举措。

（4）合理利用石油和天然气。石油和天然气不仅是重要的化石燃料，而且是宝贵的化工原料，因此，应合理利用石油和天然气，禁止直接燃烧原油并逐步压缩商品燃料油的生产。

（5）加快电力发展速度。在国民经济中，电力必须先行。应根据区域经济的发展规划，建立合理的电源结构，提高水电的比重。加强区域电网，增加电网容量，扩大电网之间的互联和大电网的优化调度。

（6）积极开发利用新能源。我国应积极开发利用太阳能、地热能、风能、生物质能、潮汐能、海洋能等新能源，以补充常规能源的不足。

（7）建立合理的农村能源结构，扭转农村严重缺能局面。因地制宜地发展小水电、太阳灶、太阳能热水器、风力发电、风力提水、沼气池、地热采暖、地热养殖，种植快速生长的树木等是解决我国农村能源的主要措施。

（8）改善城市民用能源结构，提高居民生活质量。煤气是今后城市生活能源的主要形式，供暖、供热水也将是城市居民的普遍要求，因此，大力发展城市的煤气、实现集中供热和热电联产是城市能源的发展方向。

（9）重视能源的环境保护。防止能源对环境的污染将是能源利用中长期的任务，也是最困难的任务。为此，必须从现在起就做出不懈的努力。

第二节　我国电力工业的发展现状

一、我国电力工业概况

中国电力工业始于 1882 年。新中国成立前，电力工业发展缓慢，1949 年发电装机容量和发电量仅为 185 万千瓦和 43 亿千瓦，分别居世界第 21 位和第 25 位。新中国成立后，电力工业得到快速发展，1978 年发电装机容量为 5712 万千瓦，发电量为 2566 万千瓦时，分别居世界第 8 位和第 7 位。1978 年改革开放到 2000 年，我国发电装机容量和发电量超越法国、英国、加拿大、德国、俄罗斯和日本，居世界第 2 位。1987 年发电装机容量突破 1 亿千瓦，1995 年超过了 2 亿千瓦，平均每年以 10% 以上的速度在增长，2000 年跨上 3 亿千瓦台阶，无论在装机容量还是发电量上都跃居世界第 2 位。进入 21 世纪，电力工业进入历史上的高速发展阶段，2004 年全国发电装机容量突破 4 亿千瓦。"十一五"期间，我国发电装机容量保持每年新增 9000 万千瓦的迅猛势头，2010 年底，全国发电装机容量达到 9.6641 亿千瓦，其中，水电 2.1606 亿千瓦，火电 7.0967 亿千瓦，水、火电装机容量占总容量的比例分别为 22.36% 和 73.44%；核电装机 0.1082 亿千瓦；并网生产风电设备容量达到 0.2958 亿千瓦；气电 0.2650 亿千瓦，占总容量的 2.74%；太阳能、生物质能及垃圾发电 0.0299 亿千瓦。"十二五"期间，我国电力需求仍将保持较快的增长趋势。2012 年，全国发电装机容量 11.4491 亿千瓦，其中，水电 2.4890 亿千瓦，火电 8.1917 亿千瓦，核电装机 0.1257 亿千瓦，风电装机 0.6083 亿千瓦，太阳能及其他发电 0.0344 亿千瓦。如图 1-2 所示。

我国电力工业迅速发展，主要体现在：

（1）新建了大批火电厂，遍布各省市。

（2）单机容量由亚临界参数的 300MW、600MW 机组，提高到超临界参数的 600MW、800MW、1000MW 机组，并已建有一批超超临界参数 1000MW 机组。2009 年，300MW 及以上大型火电机组比重达到 69%，600MW 及以上清洁高效机组已成为新建项目的主力机型，并逐步向世界最先进水平的百万千瓦级超超临界压力机组发展。截至 2010 年底，全国已有 33 台百万千瓦超超临界压力机组投运。

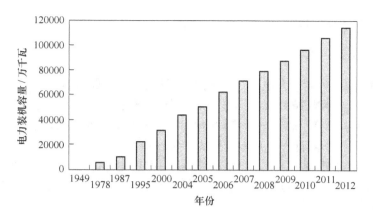

图 1-2　新中国成立以来我国电力装机容量变化

（3）以煤电为基础，多元发展。水能、核能、再生能源得到发展；2012 年火电装机容量为 8.1917 亿千瓦，水电、核电、风电占能源生产总量的比例也在逐年提高。

（4）重视环保初见成效。小火电机组能耗高，污染大。2010 年，全年关停小火电机组超过 1100 万千瓦。"十一五"期间，通过节能提高能效，少消耗 6.3 亿吨标准煤，减少二氧化碳排放约 14.6 亿吨。装备脱硫设施的火电机组占全部火电机组的比重逐年增加，2008 年超过 60%。

（5）采取了节能降耗诸多措施，煤耗率逐年下降。2010 年，全国 6000 千瓦及以上电厂供电标准煤耗为 333g/(kW·h)，比 2000 年下降 59g/(kW·h)，电力工业历年主要技术经济指标见表 1-5。

表 1-5　电力工业历年主要技术经济指标

年份	装机容量 /万千瓦	发电量 /亿千瓦时	发电设备平均利用小时/h			发电厂用电率/%			发电标准煤耗 /g·(kW·h)⁻¹	供电标准煤耗 /g·(kW·h)⁻¹
			平均	水电	火电	平均	水电	火电		
1978	5712.21	2565.52	5149			6.61			434	471
1980	6586.90	3006.20	5078			6.44	0.19	7.65	413	448
1985	8705.30	4106.90	5308			6.42	0.28	7.78	398	431
1990	13789.00	6213.18	5041	3800	5413	6.90	0.30	8.22	392	427
1995	21722.42	10069.48	5216	3867	5459	6.78	0.37	7.95	379	412
2000	31932.09	13684.82	4517	3258	4848	6.28	0.49	7.31	363	392
2005	51718.48	24975.26	5425	3664	5856	5.87	0.44	6.80	343	370
2006	62429.09	28603.65	5200	3352	5613	5.95	0.44	6.77	342	367
2007	71821.65	32643.97	5020	3520	5344	5.83	0.42	6.62	332	356
2008	79273.13	34510.13	4648	3589	4885	5.90	0.36	6.79	322	345
2009	87409.72	36811.86	4546	3328	4865	5.76	0.40	6.62	320	340
2010	96641.00	42278	4650	3404	5031	5.43	0.33	6.33	315	333

（6）管理机制方面，实现政企分开，撤销电力部，成立国家电网公司和南方电网公司，各省区也相继成立电力公司。完成了厂网分开，竞价上网。

（7）引进技术消化为具有自主产权的技术。如超超临界 600MW、1000MW 火电机组，

1000MW 核电机组，600MW 直接空冷发电机组等。

二、我国电力工业技术发展方向

就火电而言，继续实行大电厂、大机组、高参数、环保节水的技术路线，采用超临界、超超临界压力机组及循环流化床技术，整体煤气化发电技术，增大热电联产（包括热、电、冷、气多联产）、燃气—蒸汽联合循环及分布式能源系统在电源中的比例等，以提高火力发电厂效率、降低发电成本，减少环境污染为目标。具体发展方向为：

（1）火电机组的建设主要是以 600MW、1000MW 超临界和超超临界压力机组为主，它们具有效率高、煤耗低、自动化程度高、运行人员少的特点，而且还有建设周期短、单位容量占地面积小等优势。

（2）建设大型坑口、路口电厂，变输煤为输电，逐步改变"西煤东送"、"北煤南运"的局面。

（3）坚持烟气脱硫（Flue Gas Desulfurization，FGD）、脱硝（Selective Catalytic Reduction，SCR）、高效除尘成套技术的推广。环保的要求越来越严，很多地方已出台了电站必须加装脱硫装置和采用低 NO_x 燃烧器，以减少 SO_2 和 NO_x 排放的地方性法规。推广高效、节能、价格适宜的静电除尘器和布袋除尘器。

（4）积极发展热电联产，热、电、冷、气多联产。国家制定的《2010 年热电联产发展规划及 2020 年远景发展目标》指出：到 2020 年，全国热电联产总装机容量将达到 2 亿千瓦，其中城市集中供热和工业生产用热的热电联产装机容量都约为 1 亿千瓦。预计到 2020 年，热电联产将占全国发电总装机容量的 22%，在火电机组中的比例为 37% 左右。

（5）开展以大型燃气轮机为核心的联合循环发电技术。联合循环机组具有提高能源利用效率，保护环境和改善电网调峰性能等多重效益。

（6）推广分布式能源系统的建设。目前，分布式能源发电已成为世界电力发展的新方向，它的大规模应用将对能源，尤其是电力系统的产业结构调整和技术进步产生深刻的影响。

（7）积极稳妥地进行核电发展的建设。鉴于日本大地震造成的核电厂事故，我国核电发展思路由之前的"大力发展核电"改为"安全高效发展核电"，并已写入"十二五"规划中。

三、热力发电厂的生产过程及其类型

（一）热力发电厂的生产过程

我国热力发电厂所使用的燃料主要是煤，且主力电厂是凝汽式发电厂。下面以煤粉炉、凝汽式火电厂为例，介绍火力发电厂的基本生产过程。

火力发电厂的生产过程概括地说是把燃料（煤）中含有的化学能转变为电能的过程，其实质是能量转换。整个生产过程可分为三个阶段：（1）燃料的化学能在锅炉中转变为热能，加热锅炉中的水使之变为蒸汽，称为燃烧系统；（2）锅炉产生的蒸汽进入汽轮机，推动汽轮机旋转，将热能转变为机械能，称为汽水系统；（3）由汽轮机旋转的机械能带动发电机发电，把机械能变为电能，称为电气系统。整个电能生产过程如图1-3所示。

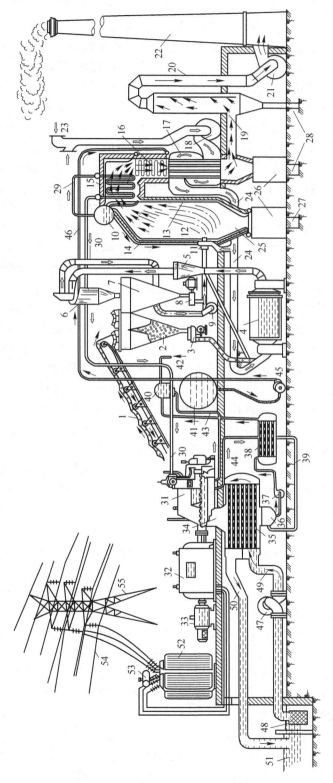

图 1-3　燃煤电厂生产过程

1—运煤皮带；2—原煤仓；3—圆盘给煤机；4—钢球磨煤机；5—粗粉分离器；6—旋风分离器；7—煤粉分离器；8—给粉机；9—排粉机；10—汽包；11—燃烧器；12—炉膛；
13—水冷壁；14—下降管；15—过热器；16—省煤器；17—空气预热器；18—送风机的吸风口；19—除尘器；20—烟道；21—引风机；22—烟囱；23—励磁机；34—发电机；
24—热风道；25—冷灰斗；26—冷渣沟；27—冲渣沟；28—冲灰沟；29—饱和蒸汽管；30—主蒸汽管；31—汽轮机；32—发电机；33—励磁机；34—发电机；
35—凝汽器；36—热井；37—凝结水泵；38—低压加热器；39—低压加热器疏水管；40—除氧器；41—给水箱；42—化学补水无水入口；43—汽轮机第一级抽汽；
44—汽轮机第二级抽汽；45—给水泵；46—给水管；47—循环水管道；48—吸水滤网；49—冷却水进水管；50—冷却水出水管；
51—江河或冷却设备；52—主变压器；53—油枕；54—高压输电线；55—铁塔；

从图 1-3 中可以看到，燃料煤首先通过火车或轮船运进发电厂储煤场，然后经过碎煤设备粉碎后，由运煤皮带 1 送入锅炉车间的原煤仓 2，煤从原煤仓落入给煤机 3，由给煤机送入钢球磨煤机 4；被磨成的粗煤粉，在热空气的输送下，由磨煤机出口引往粗粉分离器 5，不合格的煤粉返回磨煤机入口再磨，合格的粗煤粉则送入旋风分离器 6；被分离后的细煤粉落入煤粉仓 7，从煤粉仓下来的细煤粉经给粉机 8 将热空气和细煤粉经燃烧器 11 喷入炉内燃烧。燃烧生成的上千摄氏度的高温烟气，通过炉膛四周的水冷壁管 13 将管内给水加热，水冷壁内的给水被加热成的饱和蒸汽升入汽包 10，从汽包出来的饱和蒸汽引至烟道内的蛇形管式过热器 15 加热成过热蒸汽引至汽轮机 31，这一过程是在锅炉内将燃料中的化学能转变为具有一定压力和温度的蒸汽热能。燃料燃烧所需的空气通过送风机 18 将锅炉顶部的空气先送至位于锅炉尾部烟道内的空气预热器 17 加热；被加热后的热空气送至磨煤机及其制粉系统。炉膛内产生的高温烟气，先在炉膛内向四周的水冷壁辐射发热后，沿水平烟道内过热器，对流传热将蒸汽加热为过热蒸汽，再沿尾部烟道的省煤器 16、空气预热器 17，先后对流放热加热省煤器内的给水、空气预热器内的空气，并被引风机 21 引至除尘器 19；被除尘后的烟气经引风机再引至烟囱 22，最后排入大气。燃烧后的煤渣落入炉膛下的冷灰斗 25，连同尾部烟道下烟灰落下的细灰和除尘器落下的细灰一并引至除渣灰系统。从锅炉过热器引出的蒸汽沿主蒸汽管道将蒸汽引入汽轮机，在汽轮机内膨胀做功，使汽轮机以 3000r/min 高速旋转，将蒸汽热能转变为机械能，并通过联轴器拖动发电机 32 再将机械能转变为具有一定电压的电能，最后通过主变压器 52 将电压升高后并入电网，通过电网传输至各用户，即将机械能转变为电能。在汽轮机膨胀做功后的蒸汽最后排入凝汽器 35 放热给冷却水（冷源）后凝结成凝结水，而冷却水被加热后再引返至冷却水源。若采用循环供水系统，从凝汽器出来的被加热后的冷却水则引至冷却设备（如冷却池、喷水池和冷却塔），被冷却后再引回至凝汽器，循环使用。为提高热力发电厂的热经济性采用回热循环，即将已做了一部分功的蒸汽（图 1-3 所示为 3 级回热）抽出分别引至低压加热器 38 和除氧器 40，将给水加热，再由位于除氧器下侧的给水泵 45 将除过氧的给水，先送进锅炉尾部烟道内的蛇形管式省煤器进一步加热之后，才引入汽包。现代热力发电厂均采用具有多级（7~8 级）回热的再热循环。

（二）热力发电厂的类型

（1）按能源利用情况可分为化石燃料发电厂、原子能发电厂（核电厂）、新能源（地热、太阳能、风力）发电厂。

（2）按能量供应情况可分为只供电的凝汽式发电厂、同时供应电能与热能的热电厂和供电/供热/供冷（制冷）的发电厂。

（3）按原动机类型可分为汽轮机发电厂、燃气轮机发电厂、内燃机发电厂和燃气—蒸汽联合循环发电厂。

（4）按单机容量或火电厂容量等级分为单机容量 6MW 及以下、全厂容量 25MW 及以下的小型发电厂，单机容量 6~50MW、全厂容量 25~250MW 的中型发电厂，单机容量 100MW 及以上、全厂容量 250MW 及以上的大型发电厂。

（5）按进入汽轮机的蒸汽初参数分为中低压（3.43MPa 及以下）发电厂、高压（8.83MPa）发电厂、超高压（12.75MPa）发电厂、亚临界压力（16.18MPa）发电厂、超临界压力（23.54MPa）发电厂和超超临界压力（30MPa 以上）发电厂。

（6）按电厂位置特点分为坑口（路口、港口）发电厂、负荷中心发电厂。

（7）按电厂承担电网负荷的性质分为基本负荷发电厂、中间负荷（腰荷）发电厂和调峰发电厂。

（8）按机炉组合分为非单元机组发电厂和单元机组发电厂。

（9）按服务规模分为区域性发电厂、企业自备电厂、移动式（如列车）发电厂和未并入电网的孤立发电厂。

对热力发电厂的基本要求是：在满足安全可靠生产的前提下，经济适用，符合环保要求及有关环保的法令、条例、标准和规定，满足可持续发展要求，以合理的投资获得最佳的经济效益和社会效益；提高发电厂的可靠性、劳动生产率和生产水平；要节约能源、节约用地、节约用水、节约材料，并确保质量；瞄准国际先进水平的一流企业不懈努力和提高。

四、发电厂的环境保护

电力工业作为国民经济的基础产业和主要能源行业，是资金密集的装置型产业，同时也是资源密集型产业。目前，电煤消耗约占全国煤炭产量的50%，火电用煤占工业用煤的40%，火电用水量占工业用水量的40%，SO_2 排放量占全国排放量的一半以上，烟尘排放量占全国排放量的20%，产生的灰渣占全国的70%，可见，电力行业在节能减排中占据了突出位置。

大型发电厂的建设，是工农业生产、国防建设、提高人民物质文化生活的重要物质基础，但要占用大面积土地资源，要耗费大量的一次能源和水资源，还要排放大量废气、废水和废渣（三废），给环境带来一定的影响。例如，2400MW 燃煤电厂，厂区占地 60～80 万平方米，厂区外灰场占地 200 万平方米，年耗煤约 750 万吨，助燃油 3 万立方米，采用循环供水系统时，耗补给水 5000～7000m^3。若以煤的含硫量 1%，除尘器效率 99.5% 计，年排放 SO_2 14 万吨，NO_x 7 万吨，飘尘 0.68 万吨，灰渣 150 万吨，补给水中有相当部分成为废水排放，被循环水排放至大气的热量约为全厂热耗的 55%（相当年烧 400 万吨煤的热量）。可见，火电厂已成为严重的污染大户。

（一）烟气污染及防治

火力发电厂通过烟囱进入大气的主要污染物有粉尘、硫和氮的氧化物及碳氢氧化物等。控制烟气污染主要是控制尘粒、SO_2 和 NO_x 的排放，具体措施有选用低含硫量、低灰分的煤做燃料；采用高效除尘器，如电除尘或布袋除尘器，使烟气中的灰尘除去 99.0%～99.7%；采用高烟囱排放，利用大气扩散稀释能力控制烟气中硫分的排放，同时应用二氧化硫控制技术和脱硫装置，降低二氧化硫的排放；开发应用电厂锅炉 NO_x 控制技术，降低锅炉的 NO_x 排放。

（二）水资源节约及废水处理

我国是人均水资源占有量很少的国家之一，特别是北方缺水地区。保护水资源、节约用水、一水多用、治理废水和废水资源化是电力行业面临的紧迫任务。

火力发电厂废水主要有冲渣、冲灰水，锅炉停用保护的排放水，锅炉启动化学清洗水，空气预热器冲洗水和锅炉排污水等。这些废水中含有害物质较高，若不加处理直接排放会对环境造成危害。针对不同污染状态的废水需采用不同的方法，常用于火力发电厂水处理的方法有中和法、氧化还原法和化学沉淀粉法等。

（三）灰渣治理及综合利用

我国发电厂燃用煤的灰分高、灰渣量多。传统的处置是"以储为主，储用结合"，灰场占地问题日益突出。近30年来，我国在灰渣利用方面有较大发展，灰渣利用量居世界前列。每利用1万吨灰渣，节约占地$200m^2$，减少灰场投资和运行费2万~8万元，节约运灰费用2万~5万元，降低火电厂的生产成本，增加利润。

【本章小结】我国能源发展中存在的问题主要表现在：能源生产消费以煤为主；能源资源分布不均，交通运力不足，制约了能源工业发展；电源结构不合理；能源供需形势依然紧张，特别是洁净高效能源，缺口依然很大；人均能源资源相对不足，资源质量较差，探明程度低；农村能源问题日趋突出；能源对环境的影响日趋严重，制约了经济社会发展；能源开发逐步西移，开发难度和费用增加；能源安全面临严重挑战；能源领域科技创新支撑力度不够等方面。因此，促进能源技术进步，加快开发可再生能源，推动能源转型发展，是今后能源建设和改革的重要任务。

一大批高参数、大容量机组建成，有力地支撑了我国电力工业的迅速发展。总体表现为以煤电为基础，多元发展，继续实行大电厂、大机组、高参数、环保节水的技术路线，采用超临界、超超临界压力机组及循环流化床技术，整体煤气化发电技术，增大热电联产（包括热、电、冷、气多联产）、燃气—蒸汽联合循环及分布式能源系统在电源中的比例等，以提高发电厂效率、降低发电成本，减少环境污染。

思　考　题

1. 我国能源结构及能源问题是什么？
2. 我国电力工业发展的方针是什么？
3. 热力发电厂的实质是什么？
4. 请归纳发电厂的技术发展方向？
5. 发电厂的污染物排放主要有哪些？

第二章　简单蒸汽动力装置循环及其效率

【本章导读】本章介绍了蒸汽的基本概念、热力过程和简单蒸汽动力装置循环及其效率。通过改善蒸汽动力循环的循环参数可提高循环热效率，主要有提高蒸汽初参数、降低蒸汽终参数，实质是提高循环吸热过程的平均温度或使循环放热过程平均温度降低，以提高其热效率。

第一节　蒸汽的基本概念和热力过程

一、蒸汽的基本概念

蒸汽是历史上最早广泛使用的工质，19 世纪后期蒸汽动力装置大量使用，促使生产力飞速发展，也促使资本主义诞生。蒸汽距液态较近，微观粒子之间作用力大，分子本身也占据了相当的体积，而且在工作过程中往往有汽、液间的状态变化。因此，蒸汽的物理性质较为复杂，在工程计算中，它的状态参数是通过查取为工程计算编制的蒸汽热力性质图表，或调用有关蒸汽热力性质的计算程序确定的。同样，由于蒸汽热力性质的复杂性，其热力过程的计算分析也只能依据热力学基本定律和热力性质图表（或计算机程序）进行。

下面首先介绍蒸汽的一些基本概念。

（一）汽化

物质从液态转变为气态的过程称为汽化。在热力发电厂中，给水进入锅炉后变成饱和蒸汽的过程就是汽化。汽化过程可以通过液体表面的蒸发，也可以通过液体内部产生气泡的沸腾来形成，其作用和结果都一样。

1. 蒸发

在液体表面进行的汽化过程称为蒸发。蒸发是液面上某些动能大的分子克服周围液体分子的引力而逸出液面的现象。蒸发有一个非常显著的特点，就是它能够在任何温度下进行。

液体的蒸发速度取决于液体的性质、液体的温度、蒸发表面积和液面上气流的流速等。显然，对于同种液体，液体温度越高、蒸发表面积越大、液面上气流的流动速度越高时，蒸发越快。热力发电厂的机力冷却塔，就是通过增加蒸发表面积并利用风机或冷却塔的强制通风提高蒸发气流的流速，来提高蒸发速度，以提高冷水塔的工作效率的。

2. 沸腾

在液体内部和表面同时进行的汽化过程称为沸腾。工程上所用的大量蒸汽都是在锅炉中加热产生的。这种对液体加热，不但使液体表面发生汽化，而且液体内部也产生气泡，形成液体强烈沸腾。在此过程中，液体内部气泡内的蒸汽压力等于或稍大于气泡外壁所受的压力，气泡升至液面而破裂，随之蒸汽进入气空间。因饱和蒸气压决定于温度，故气泡的形成也只能发生在与给定压力相对应的饱和温度，也就是该压力下液体的沸点，其定义为在某一压力下，液体沸腾时的饱和温度 t_s。

沸腾的特点是：在一定的压力下，液体沸腾时的温度是一定的。沸点与液体的性质有关，对同种液体，沸点还随压力的升高而增大。例如，在 0.1MPa 下，水的沸点是 99.634℃，酒精的沸点为 78℃；而在 1MPa 时，水的沸点为 179.916℃。

（二）凝结

物质从气态转变成液态的过程称为凝结（或液化）。从微观上讲，当气空间的气分子由于热运动而相互碰撞，使其动能减小到不足以克服液面分子对它的引力时，气分子就会重新返回液面而成为液体分子，这个过程就是凝结。

显然，凝结和汽化互为反过程。实际上，在密闭的容器内进行的汽化过程总是伴随着凝结过程同时进行。在热力发电厂中，汽轮机作完功的乏汽进入凝汽器后变成凝结水的过程，就是凝结过程。

二、定压下水蒸气的发生过程

工程上所用的水蒸气通常是由水在定压下（如锅炉中）产生的。为了说明方便起见，假设 1kg 0.01℃ 的纯水在如图 2-1 所示的气缸内进行定压加热，活塞上可加以不同的重量，使水处在各种不同的压力下。烟气通过汽缸壁对水加热，可以使水温度升高，以至加热到各种压力下的饱和温度。

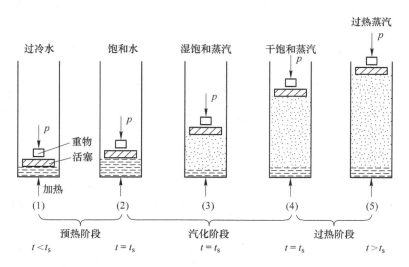

图 2-1　蒸汽的定压加热

当水温低于饱和温度时，称为过冷水，或未饱和水，如图 2-1 中（1）所示。对未饱和水加热,水温逐渐升高,水的比容稍有增大。当水温达到压力 p 对应的饱和温度 t_s 时,这时水将开始沸腾,称为饱和水,如图 2-1 中(2)所示。水在定压下从未饱和状态加热到饱和状态称为预热阶段,相当于锅炉中省煤器内水的定压预热过程,所需的热量称为液体热,用 q_1 表示。

把预热到饱和温度 t_s 的水继续加热,水开始沸腾并逐渐变为蒸汽,这时饱和压力不变,t_s 也不变。这种蒸汽和水的共存状态称为湿饱和蒸汽,如图 2-1 中(3)所示。随着加热过程的继续进行,水逐渐减少,汽逐渐增多,直至水全部变为蒸汽,这时的蒸汽称为干饱和蒸汽,如图 2-1 中(4)所示。由饱和水定压加热为干饱和蒸汽的汽化过程中,温度 t_s 保持不变,比容随蒸汽的增多而迅速增大。这一过程相当于锅炉汽包内的吸热过程。其所加入的热量用来转变蒸汽分子的位能和容积,增加对外做出的膨胀功,但气、液分子的平均动能不变,温度不变。这一热量称为汽化潜热 γ。1kg 蒸汽冷凝所放出的热量与同温下汽化潜热相等。对饱和蒸汽继续定压加热,将见蒸汽温度升高,比容增大,这时的蒸汽称为过热蒸汽,如图 2-1 中(5)所示。其温度超过饱和温度之值,称为过热度,过热过程中蒸汽吸收的热量称为过热热,用 q_{sup} 表示。这一过程相当于蒸汽在锅炉的过热器中定压加热过程。

上述由过冷水定压加热为过热蒸汽的过程在 p-V 及 T-S 图上可用 $1_0 1' 1'' 1$ 表示,如图 2-2 和图 2-3 所示。

改变压力 p 可得类似上述的汽化过程 $2_0 2' 2'' 2$、$3_0 3' 3'' 3$ 等,如图 2-2 和图 2-3 中各相应线段所示。

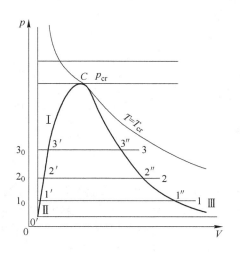

图 2-2 水定压汽化过程的 p-V 图

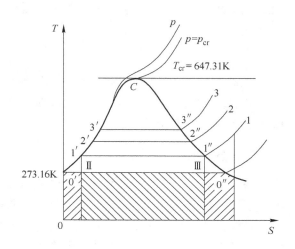

图 2-3 水定压汽化过程的 T-S 图

液态水的比体积随温度升高而明显增大,但随压力的增大变化并不显著,所以在 p-V 图上 0.01℃处各种压力下的水的状态点 1_0、2_0、3_0 等几乎在一条垂直线上,而饱和水的状态点 $1'$、$2'$、$3'$ 等的比体积因其相应的饱和温度 T_s 的增大而逐渐增大。点 $1''$、$2''$、$3''$ 等为干饱和蒸汽状态,压力对蒸汽体积的影响比温度大,所以虽然饱和温度随压力增大而升高,但 V' 与 V'' 之间的差值随压力的增大而减小。$1'$—$1''$、$2'$—$2''$、$3'$—$3''$ 等之间的各状态点均为湿蒸汽,点 1、2、3 等均为过热蒸汽状态。当压力升高到 22.115MPa 时,$T_s =$

374.15℃，如图中点 C 所示。此时，饱和水和饱和蒸汽已不再有区别，该点称为水的临界点，其压力、温度和比体积分别称为临界压力、临界温度和临界比体积，用 p_{cr}、T_{cr} 和 V_{cr} 表示。一般认为，当 $T > T_{cr}$ 时，不论压力多大，也不能使蒸汽液化。

连接不同压力下的饱和水状态点 $1'$、$2'$、$3'$、…得曲线 C—Ⅱ，称为饱和水线，或称下界限线。连接干饱和状态点 $1''$、$2''$、$3''$、…得曲线 C—Ⅲ，称为饱和蒸汽线，或称上界限线。两曲线汇合于临界点 C，并将 p-V 图分成三个区域：下界限线左侧为未饱和水（或过冷水），上界限线右侧为过热蒸汽，而在两界限之间则为水、汽共存的湿饱和蒸汽。由于水的压缩性很小，压缩后升温极微，所以在 T-S 图（如图2-3所示）上的定压加热线与上界限线很接近，作图时可近似认为两线重合。水受热膨胀的影响大于压缩的影响，故饱和水线向右方倾斜，温度和压力升高时，V' 和 S' 都增大。对于蒸汽则受热膨胀的影响小于压缩的影响，故饱和蒸汽线向左上方倾斜，表示 p_s 升高时，V'' 和 S'' 均减小。所以随饱和压力 p_s 和饱和温度 T_s 的升高，汽化过程的体积逐渐减小，汽化潜热也逐渐减小，到临界点时为零。而液体热则随着饱和压力和饱和温度的增大而逐渐增大。

因此，水的加热汽化过程在 p-V 及 T-S 图上可归纳为三个区：过冷水区、湿蒸汽区（简称湿区）和过热蒸汽区（简称过热区）；两条线：饱和水线和饱和蒸汽线；五个状态：过冷水、饱和水、湿饱和蒸汽、干饱和蒸汽和过热蒸汽。

值得注意的是，湿蒸汽是饱和水和饱和蒸汽的混合物，不同饱和蒸汽含量（或饱和水含量）的湿蒸汽，虽然具有相同的压力（饱和压力）和温度（饱和温度），但其状态不同。为了说明湿蒸汽中所含饱和蒸汽的含量，以确定湿蒸汽的状态，引入干度的概念。所谓干度 x 是指湿蒸汽中所含饱和蒸汽的质量分数，即

$$x = \frac{m_g}{m_f + m_g} \tag{2-1}$$

式中　m_g，m_f——湿蒸汽中饱和蒸汽和饱和水的质量。

显然，饱和水的干度 $x = 0$，干饱和蒸汽的干度 $x = 1$，也就是，在 1kg 湿蒸汽中含有 x kg 的饱和蒸汽，而余下的 $(1-x)$ kg 则为饱和水。

三、蒸汽的热力过程

蒸汽热力过程分析、计算的目的和理想气体一样，在于实现预期的能量转换和获得预期的工质的热力状态。由于蒸汽热力性质的复杂性，理想气体的状态方程和理想气体热力过程的解析公式均不能使用。蒸汽热力过程的分析与计算只能利用热力学第一定律和第二定律的基本方程，以及蒸汽热力性质图表。其一般步骤如下：

（1）由已知初态的两个独立参数（如 p、T），在蒸汽热力性质图表上查算出其余各初态参数的值。

（2）根据过程特征（定压、定熵等）和终态的已知参数（如终压或终温等），由蒸汽热力性质图表查取终态状态参数值。

（3）由查算得到的初、终态参数，应用热力学第一定律和第二定律的基本方程计算 q、w、Δh、Δu 和 ΔS_g 等。

在实际工程应用中，定压过程和绝热过程是蒸汽主要和典型的热力过程：

（1）定压过程蒸汽的加热（如锅炉中水和水蒸气的加热）和冷却（如冷凝器中蒸汽的凝结）过程，在忽略流动压损的条件下均可视为定压过程。对于定压过程，当过程可逆时有

$$w = \int_1^2 p \mathrm{d}v = p(V_2 - V_1) \tag{2-2}$$

$$q = \Delta h \tag{2-3}$$

（2）绝热过程蒸汽的膨胀（如蒸汽经汽轮机膨胀对外做功）和压缩（如制冷压缩机中对制冷工质的压缩）过程，在忽略热交换的条件下可视为绝热过程，有

$$q = 0 \tag{2-4}$$

在可逆条件下是定熵过程：

$$\Delta S = 0 \tag{2-5}$$

第二节　简单蒸汽动力装置及循环

一、水蒸气作为工质的卡诺循环

卡诺循环是一种理想的可逆循环，是理想气体做功效率最高的循环，它不可能付诸实践，但它在热力学的发展上起着重要的作用。首先，它奠定了热力学的理论基础，指明了在给定的温度范围内，热效率的最高极限值和提高循环热效率的基本途径；其次，卡诺循环的研究为提高各种热动力机热效率指出了方向：尽可能地提高工质的吸热温度和尽可能地降低工质的放热温度，使放热在接近可自然得到的最低温度——环境温度。

在采用实际气体作为工质的循环中，因定温加热和放热不能实现，故实际难以采用。在采用饱和蒸汽作为工质时，这两个困难都不存在。由于饱和水吸热汽化及饱和蒸汽凝结放热，当压力恒定时，温度也不变，因而有等温加热、等温放热的可能性。所以，如果以饱和蒸汽作为工质时，原则上可以采用卡诺循环。如果使用过热蒸汽作为工质，则不可能实现等温加热和放热，即不能按卡诺循环运行。图 2-4 中 1—2—c—5—1 为水蒸气卡诺循环在 p-V 图与 T-S 图上的表示。然而在实际中蒸汽动力装置不采用卡诺循环，因为在使用卡诺循环时，汽轮机中蒸汽的绝热膨胀过程 1—2、冷凝器中定温凝结过程 2—c 和锅炉中的定温吸热过程 5—1 可以近似实现，但是在压缩机中绝热压缩过程 c—5 却难以实现，主

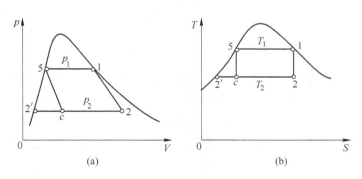

图 2-4　水蒸气卡诺循环的 p-V 图及 T-S 图
（a）p-V 图；（b）T-S 图

要是水和汽的混合物压缩有困难，工作不稳定，而且功耗较大。另外，循环局限于饱和区，上限温度 T_1 受临界温度限制，所以，即使采用卡诺循环热效率也不高，而且在汽轮机中膨胀终点蒸汽湿度较大，不利于汽轮机工作。

但是卡诺循环是实际热机选用循环时的最高理想状态，在工程中由于工质的局限性，大多数都会采用朗肯循环。简单蒸汽动力循环装置的实际工作循环可以理想化为两个可逆定压过程和两个可逆绝热过程，即朗肯循环。

二、朗肯循环及其热效率

蒸汽动力装置实际采用的基本循环是朗肯循环。最简单的电厂热力系统就是该循环所对应的热力系统，由一台锅炉、一台汽轮机、一台冷凝器和一台给水泵组成，如图2-5所示。图中，B 是锅炉，燃料在炉中燃烧，将化学能变成热能，在锅炉中水定压吸热，汽化成饱和蒸汽；S 为过热器，饱和蒸汽在其中加热成过热蒸汽；T 为汽轮机，蒸汽在其中膨胀做功；C 为凝汽器，从汽轮机排出的乏汽在其中凝结放热，变成凝结水；P 为锅炉给水泵，将凝结水升压，送入锅炉，完成一个循环。

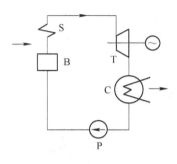

图2-5　简单蒸汽动力装置系统

图2-6 为朗肯循环的 $p\text{-}V$ 图与 $T\text{-}S$ 图。热电厂的蒸汽动力循环都是在朗肯循环的基础上加以改进而得到的，所以朗肯循环是各种复杂蒸汽动力装置的基本循环。

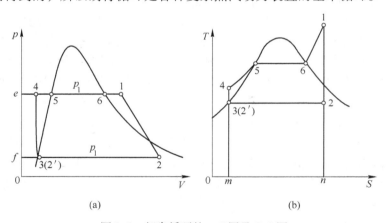

(a)　　　　　　　　　　　(b)

图2-6　朗肯循环的 $p\text{-}V$ 图及 $T\text{-}S$ 图

（a）$p\text{-}V$ 图；（b）$T\text{-}S$ 图

在朗肯循环的 $p\text{-}V$ 图与 $T\text{-}S$ 图上，1—2 为蒸汽在汽轮机中绝热膨胀做功，膨胀终了的状态 2 为低压绝热下的湿蒸汽，压力为 0.005MPa，相应的饱和温度 $t_s = 32.90℃$；2—3 为乏汽在凝汽器中凝结，将汽化潜热传给冷却循环水，这是等压等温过程；3—4 为凝结水通过凝结水泵及锅炉给水泵升压；4—1 为高压水在锅炉中吸热，从过冷水变成过热蒸汽，回到 1 点，完成了一个循环。

每 1kg 蒸汽绝热流过汽轮机时，做功 W_T：$W_T = h_1 - h_2 = p\text{-}V$ 图上面积 $e—1—2—f—e$；

每 1kg 水经过水泵时，水泵功耗为：$W_p = h_4 - h_3 = p\text{-}V$ 图上面积 $e—4—3—f—e$；

每1kg新蒸汽从热源吸收热量为：$q_1 = h_1 - h_4 = T\text{-}S$ 图上面积 m—4—5—6—1—n—m；

每1kg乏汽在凝汽器中的冷却水放出的热量为：$q_2 = h_2 - h_3 = T\text{-}S$ 图上面积 m—3—2—n—m；

循环净功为：$W_0 = W_T - W_p = (h_1 - h_2) - (h_4 - h_3) = p\text{-}V$ 图上面积 1—2—3—4—5—6—1；

循环有效热量为：$q_0 = q_1 - q_2 = (h_1 - h_4) - (h_2 - h_3) = T\text{-}S$ 图上面积 1—2—3—4—5—6—1。

因而 $q_0 = W_0$

循环热效率为：

$$\eta_t = \frac{W_0}{q_1} = \frac{q_1 - q_2}{q_1} = \frac{(h_1 - h_2) - (h_4 - h_3)}{h_1 - h_4} = \frac{W_T - W_p}{q_1} \tag{2-6}$$

根据上式计算循环的效率时，h_1 和 h_2 为蒸汽的焓值，可以在水蒸气焓—熵图上查得；1 点是新蒸汽的状态点（根据 p 值和 V 值确定），2 点是新蒸汽等熵膨胀的终点，确定膨胀终点压力，即可查出此值；h_3、h_4 为水的焓值，可根据压力和温度在水蒸气表上查得，也可以用近似公式计算。

由于水泵功耗较小，可将水泵的功耗略去。这时循环热效率的近似公式为：

$$\eta_t = \frac{h_1 - h_2}{h_1 - h_3} = \frac{h_1 - h_2}{h_1 - h_2'} \tag{2-7}$$

当循环的压力 p_1 很高时，例如在 9.8MPa 以上，水泵功耗 W_p 占汽轮机输出功 W_T 的 2% 左右。在较粗略的计算中，可将水泵功耗忽略不计。在设计热电厂时，水泵功耗列入厂用电考虑范围。

三、有摩阻的实际循环

以上讨论的是理想的可逆循环，实际蒸汽动力装置中的过程是不可逆的，尤其是蒸汽在汽轮机中的膨胀过程。由于蒸汽在汽轮机中流速很高，气流内部的摩擦损失及气流与喷嘴内壁的摩擦损失不能忽略，叶片对气流的阻力也相当大，这些都使理想的可逆循环与实际循环有较大的差别。

图 2-7 是只考虑汽轮机中有摩擦损失时简单蒸汽动力循环的 $T\text{-}S$ 图。1—2 是蒸汽在汽轮机中可逆绝热膨胀过程，1—2′是不可逆绝热膨胀过程。汽轮机中采用相对内效率描述其内部不可逆因素的大小，表达式为：

$$\eta_{ri} = \frac{W_t'}{W_t} = \frac{h_1 - h_{2'}}{h_1 - h_2} \tag{2-8}$$

η_{ri} 的大小可由实验测量或经验确定。根据上式可得到：

$$h_{2'} = h_1 - (h_1 - h_2)\eta_{ri} \tag{2-9}$$

这样可根据 p_2 和 $h_{2'}$ 查表或查图求得 2′点的其他参数。有关循环的进一步计算与可逆时的计算相同。

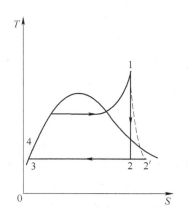

图 2-7　有摩阻的实际循环

第三节 提高蒸汽初参数

蒸汽动力循环的循环参数，指进入汽轮机的新蒸汽压力 p_0、温度 t_0 及再热后进入中压缸的再热蒸汽温度 t_{rh} 和进入凝汽器的排汽压力 p_c，蒸汽初参数是指新蒸汽压力 p_0 和温度 t_0。

提高蒸汽初参数的实质是提高循环吸热过程的平均温度，以提高其热效率 η_t。为简化计算，以理想朗肯循环为例，在依次讨论 p_0、t_0、p_c 三参数对 η_t 影响时，设其他两个参数为一定，仅分析另一个蒸汽参数的影响。

一、蒸汽初参数对发电厂热经济性的影响

（一）提高蒸汽初温 t_0

在相同的初压和背压下，提高新蒸汽的温度 t_0，可以使热效率增大。如图 2-8 所示，将朗肯循环 1—2—3—4—5—6—1 的初温由 T_0 提高到 T_0' 时，则该循环的吸热过程的平均温度将由 $\overline{T_1}$ 升高到 $\overline{T_1'}$。由 $\eta_t = 1 - \dfrac{\overline{T_c}}{\overline{T_1}}$ 可知，在 $\overline{T_c}$ 一定时，理想循环热效率 η_t 增加了。

提高新蒸汽的温度之所以能提高热效率，可以看作在原有的循环 1—2—3—4—5—6—1 上，加上一附加循环 1—1′—2′—2—1，由于附加循环的平

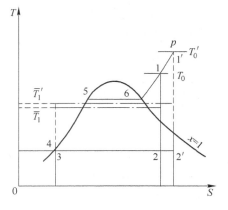

图 2-8　不同初温的朗肯循环 T-S 图

均温差比原来大，所以和原循环合并后热效率必然提高。

由图 2-8 可知，提高蒸汽初温，汽轮机的排汽湿度减小了，低压缸排汽湿汽损失降低了。还要指出，提高蒸汽温度使其比体积增大，使进入汽轮机的容积流量增加，当其他条件不变时，汽轮机高压端的叶片高度加大，相对减少了高压端漏气损失，因而可提高汽轮机的相对内效率 η_{ri}，从而提高了汽轮机的绝对内效率 η_i。

（二）提高蒸汽初压 p_0

当初温度 t_0 和排汽压力 p_c 一定时，提高初压 p_0 并不总能提高循环效率 η_t，这是由水蒸气性质所决定的。由图 2-9 看出，随着 p_0 的提高，水滴吸热、汽化、过热三个吸热过程中，汽化热 r' 的比重相对不断降低，而把水加热到该压力下沸腾温度的吸热量 q' 比重却相对增加。过热段的平均温度恒高于汽化段，而沸腾段的平均温度是三个吸热过程中最低者。

当蒸汽初压力提高到某一蒸汽初压力时，使得整个吸热平均温度 $\overline{T_1'} < \overline{T_1}$ 时，热效率就下降，使得 $\eta_t' < \eta_t$。因此，在初温和排汽温度一定的情况下，随着 p_0 的增加，有一使循环热效率开始下降的压力，称为极限压力。在极限压力范围内，随着初压的升高，初焓 h_0 虽略有减小，但汽轮机中焓降增加了。因此，理想循环热效率提高了，如图 2-10 所示。

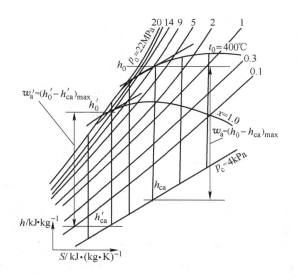

图 2-9 蒸汽初压与 η_t 的关系曲线

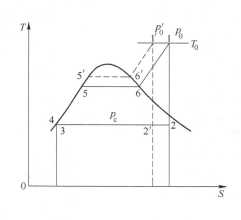

图 2-10 不同初压的朗肯循环 T-S 图

由图 2-10 可知，当 t_0、p_c 一定时，随 p_0 的提高，蒸汽理想焓降（即理想比内功 w_a）$\Delta h_0 = h_0 - h_{ca}$ 开始增加直至最大值 $(h_0 - h_{ca})_{max}$，然后开始减少。由于等温线 t_0 为一条向上凸的曲线，当初焓 h_0 在某一压力达到最大值后，若 p_0 继续提高，h_0 开始降低并先慢后快。因而 1kg 新汽的吸热量 $\overline{q} = h_0 - h_c'$、冷源热损失 $q_{ca} = h_c - h_c'$ 均随之变化。如图 2-11 所示，随着初压 p_0 的增加，在极限压力范围内 η_t 是增加的，蒸汽的初温越高，理想循环热效率越大，极限压力越高。

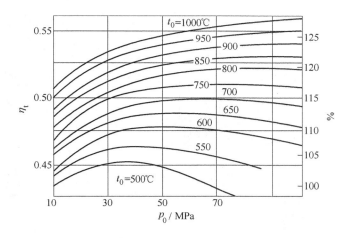

图 2-11 初压与 η_t 关系曲线

表 2-1 为 $t_0 = 400℃$，$p_c = 0.004\text{MPa}$，$h_c' = 120\text{kJ/kg}$ 时，$\eta_t = f(p_0)$ 情况下计算得到的循环热效率与初压的对应关系。随着 p_0 的提高，η_t 将不断增加，但相对提高幅度即 $\delta\eta_t$ 却越来越小，至 20MPa 时，$\eta_t = 42.6\%$ 达到最大值，再提高 $p_0 = 24\text{MPa}$，η_t 将下降为 42.1%。

表 2-1　p_0 与 η_t 的关系

p_0 /MPa	h_0 /kJ·kg^{-1}	h_{ca} /kJ·kg^{-1}	$w_a = h_0 - h_{ca}$ /kJ·kg^{-1}	$q_0 = h_0 - h'_c$ /kJ·kg^{-1}	$\eta_t = w_a/q_0$ /%	$\delta\eta_t$ /%
4.0	3211	2039	1172	3091	38.0	—
8.0	3128	1918	1220	3018	40.5	6.58
12.0	3057	1832	1225（最大）	2937	41.7	2.96
16.0	2956	1759	1197	2836	42.2	1.19
20.0	2839	1683	1156	2719	42.6（最高）	0.948
24.0	2654	1585	1069	2534	42.1	

　　现代热力发电厂在上述 p_c、t_0 值时，对应的 p_0 值远低于该值的极限压力值。故从工程实际应用来看，当 p_c、t_0 一定时，提高 p_0 是可提高 η_t 的。

　　另需指出，当 t_0、p_c 一定时，提高 p_0 使蒸汽干度减小，湿汽损失增加；提高 p_0 使进入汽轮机的蒸汽比体积和容积流量减小，相对加大了高压端的漏气损失，有可能要局部进汽而导致鼓风损失、部分进汽损失，使得汽轮机相对内效率下降。而排汽湿度增加，不仅严重影响机组热经济性，并且会危及机组的正常运行。

　　因此，在 t_0、p_c 和机组容量一定时，必然存在一个使 η_t 达最大值的初压 p_0，称为理论上最有利初压 p_0^{op}。随机组容量的增大、初温的提高，以及回热完善程度越好，所对应的 p_0^{op} 值越高，如图 2-12 所示。图 2-12（a）中实线为 20MW 机组，虚线为 80MW 机组，图 2-12（b）为 100~300MW 机组。

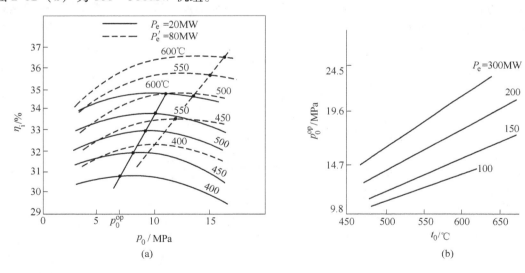

图 2-12　p_0^{op} 与 t_0 和机组容量的关系

（三）同时提高蒸汽初压 p_0 和初温 t_0

　　提高 t_0 总可提高 η_t，从实际工程应用情况而言，提高 p_0 也可提高 η_t，显然同时提高 p_0、t_0，当然使 η_t 提高。而且，同时提高 p_0、t_0 所增加的理想比内功为 Δw_a，远大于增加的冷源热损失 Δq_{ca}，如图 2-13 所示。

（四）提高蒸汽初参数与汽轮机容量关系

从前面的分析可知：提高 t_0，η_t、η_{ri} 和 η_i 均将提高。而提高初压 p_0，在工程应用范围内，仍可以提高 η_t，但 η_{ri} 却要降低，特别是容积流量（即汽轮机容量）小的汽轮机，η_{ri} 下降越多，当 η_{ri} 下降超过 η_t 的增加时，就使得 η_i（$\eta_i = \eta_t\eta_{ri}$）下降，则提高 p_0 效果就适得其反。若蒸汽容积流量足够大，使得提高 p_0 降低 η_{ri} 的程度远低于 η_t 的增加，因而仍能提高 η_i，这时提高 p_0 是有效益的，即大容量机组采用高蒸汽参数才是有利的。对于供热式机组，因有供热气流存在，使得进入汽轮机的蒸汽容积流量大增，因而供热式汽

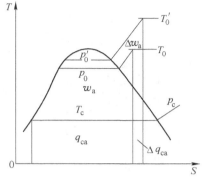

图 2-13　同时提高蒸汽初温、初压的理想朗肯循环 $T\text{-}S$ 图

轮机的蒸汽初参数比相同功率的凝汽式机组的蒸汽初参数要高一些。同样道理，背压式供热机组采用高蒸汽参数的汽轮机的容量更小些。

二、提高蒸汽初参数的技术经济可行性

（一）提高蒸汽初温 t_0 受金属材料的制约

提高蒸汽初温受动力设备材料强度的限制。一般优质碳素钢或低合金钢的允许蒸汽温度在 450℃ 以下，中合金钢为 510～520℃，高级合金钢如珠光体钢为 560～570℃，奥氏体钢可在 580～600℃ 高温下使用。当初温度升高时，钢材的强度极限、屈服点及蠕变极限都会降低得很快，而且在高温下，由于金属发生氧化、腐蚀、结晶变化，动力设备零件强度大大降低。金属材料的强度极限，主要取决于其金相结构和承受工作温度。奥氏体钢虽耐高温，但价格昂贵，且膨胀系数大，导热系数小，加工和焊接较困难，抗蠕变和抗腐蚀性能也较差。随着机组向更大容量、更高参数发展，对金属材料的要求也越高。

一般而言，钢材的价格随着其承受温度的提高而增加。不同国家耐热合金钢的体系各不相同，视其资源而定。

（二）提高 p_0 受蒸汽膨胀终了时湿度的限制

提高蒸汽初压力主要受到汽轮机末级叶片容许的最大湿度的限制，在其他条件不变时，对于无再热的机组随着初压力的提高，蒸汽膨胀到终点的湿度是不断增加的。这一方面会影响到设备的经济性，使汽轮机的相对内效率降低，同时还会引起叶片的侵蚀，降低其使用寿命，危害设备的安全性。根据末级叶片金属材料的强度计算，一般凝汽式汽轮机的最大湿度不超过 0.12～0.14。对调节抽气式汽轮机，最大容许的湿度可以提高到 0.14～0.15，这是因为调节抽气式汽轮机的凝气流量较少的缘故。为了克服湿度的限制，可以采用蒸汽的中间再热来降低汽轮机的排汽湿度。

图 2-14 为不同 p_0、t_0 与排汽干度 x 的关系。对于现代大型汽轮机的蒸汽膨胀终了时的湿度，允许值为 9%～10%。

（三）提高初参数对电厂的钢材消耗和总投资的影响

提高蒸汽初参数虽可提高发电厂的热经济性，节约燃料，但却使钢材消耗总投资增加。蒸汽初参数提高虽使蒸汽消耗量有所下降，锅炉受热面有所减少，但承压设备、部

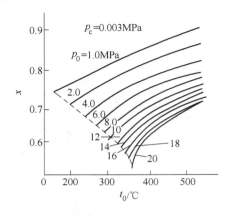

图 2-14　不同 p_0、t_0 与排汽干度 x 的关系

件、管道的厚度增加，耐热合金钢用量增加；因汽轮机级数增加，回热抽气级数和压力增加，使得锅炉、汽轮机、高压加热器、给水泵等造价提高；另一方面，由于提高 p_0、t_0 使汽耗量、煤耗量降低，使得燃料运输、制粉等的设备及其系统，送引风设备、除尘除灰系统，汽轮机低压部分、凝汽设备以及供水设备等的费用相对减少。因此，初参数的选择必须通过复杂的技术经济比较论证后方能确定。

发电厂的投资要以折旧方式计入电能成本。提高蒸汽初参数多追加的投资应能在允许的有限期限得以补偿，在经济上才是最合理的。一方面提高蒸汽初参数可节煤，另一方面会多耗钢材，故其技术经济比较的实质，可概括为钢煤比价。显然，不同国家、地区，一个国家不同时期的钢煤比价是不同的。冶金技术水平越高，钢材特别是耐热高合金的价格越低，燃料价格越高，即钢煤比价小，趋向采用更高的蒸汽初参数；反之，趋向于采用不高的蒸汽初参数。不同国家，甚至不同厂家，所采用蒸汽参数系列有所差异。我国火电厂采用蒸汽初参数系列，见表 2-2。

表 2-2　我国火电厂蒸汽初参数系列

设备参数等级	锅炉出口		汽轮机入口		机组额定功率/MW
	压力/MPa	温度/℃	压力/MPa	温度/℃	
次中参数	2.55	400	2.35	390	0.75、1.5、3
中参数	3.92	450	3.43	435	6、12、25
高参数	9.9	540	8.83	535	50、10
超高参数	13.83	540/540	12.75	535/535	200
			13.24	535/535	125
亚临界参数	16.77	540/540	16.18	535/535	300
	18.27[①]		16.67	537/537	300、600

注：1. 超临界参数、超超临界参数尚未列入我国火电厂蒸汽阐述系列。一般超临界为 24MPa 左右，超超临界为 28MPa 以上。

①锅炉最大连续出力并超压 5% 时的压力值。

三、发展高参数大容量机组的意义

工程热力学将水的临界状态点参数定义为：压力为 22.115MPa，温度为 374.15℃。当水的状态参数达到临界点时，在饱和水与饱和蒸汽之间不再有汽、水共存的两相区存在。与较低参数的状态不同，水的传热和流动特性等会发生显著的变化。当蒸汽参数值大于上述临界状态点的压力和温度值时，称之为超临界参数。

对于火力发电机组，当机组做功介质蒸汽的工作压力大于水的临界状态点压力时，称之为超临界压力机组。超临界压力机组一般可分为两个层次：一个是常规超临界压力机组（Conventional Supercritical），其主蒸汽压力一般为 24MPa，主蒸汽和再热蒸汽温度为 540 ~

560℃；另一个是高效超临界压力机组（High Efficiency Supercritical），通常也称为超超临界压力机组（Ultra Supercritical）或者高参数超临界压力机组（Advanced Supercritical），其主蒸汽压力为28.5～30.5MPa，主蒸汽和再热蒸汽温度为580～600℃。

实际上，超超临界参数的概念只是一种商业性的称谓，用来表示发电机组具有更高的蒸汽压力和温度，因此各国甚至各公司对超超临界参数的开始点定义也有所不同。例如：日本定义为主蒸汽压力大于24.2MPa，或主蒸汽温度达到593℃；丹麦定义为主蒸汽压力大于27.56MPa；西门子公司的观点是应从材料的等级来区分超临界和超超临界压力机组等。国家"'863'超超临界燃煤发电技术"课题研究将超超临界压力机组的研究范围设定为：主蒸汽压力大于25MPa，主蒸汽温度高于580℃。

发展高参数大容量的火电机组，已经成为当前世界电力工业发展的趋势之一，其主要原因有以下几点：

（1）热经济性高，节约一次能源，降低火电成本。随着蒸汽初参数的提高和机组单机容量的增加，发电厂的热经济性是提高的。由前面的分析可知，机组的热耗率大小反映了发电厂的热经济性。若与亚临界参数16.7MPa/538℃/538℃相比，当采用24.2MPa/538℃/538℃时，热耗率降低约1.8%；采用24.2MPa/538℃/566℃时，热耗率降低约2.5%；采用超临界参数可提高效率2%～2.5%；采用超超临界参数可提高4%～5%。目前，世界上先进的超临界压力机组效率已达到47%～49%。可见，机组的容量和初参数越高，机组热耗率就越低，发电成本越低，热经济性就越高。机组容量越大，火电厂的运行费用也越低。进入21世纪以来，我国大力发展超临界、超超临界压力的600MW、1000MW机组，同时强制性关停了相当大的一批小容量火电机组，使我国的平均供电标准煤耗率逐年下降。

（2）降低机组单位造价、缩短工期，减少土地占用面积。随着蒸汽初参数的提高，设备的投资相应要增加。但是，机组单机容量的增加使单位容量的投资降低。一般容量大一倍的火电机组，每千瓦投资可节省10%～15%，钢材节约20%～25%，建筑安装材料节约25%～35%，建设工作量减少30%～35%，故能缩短工期。如我国安装容量为4×300MW的机组，合理建设工期需要76个月，而2×600MW的机组只需56个月，工期缩短26%，而实际建设工期往往还会提前。

随着单机容量的增大，电厂每千瓦机组的占地面积相应减小。例如，电厂容量为4×300MW与电厂容量2×600MW相比，每千瓦机组占地由0.30～0.35m²降至0.28～0.32m²。

（3）促进电力工业的发展，满足国民经济的快速发展。随着国民经济的快速发展，电力负荷的增长速度比较快，需要快速发展电力工业来满足快速增长的电力负荷的需要。为此，要加快大容量机组的建设步伐。目前，我国的主力机组由原来的超高压力200MW和亚临界压力300MW的机组发展到以超临界、超超临界压力为主的600MW和1000MW机组。

（4）超临界发电的环境效益。超临界发电的主要环境收益来自于产生单位电量煤耗的减少，从而导致CO_2和其他排放物水平下降。超临界电厂的CO_2排放水平比典型的亚临界电厂低17.6%。同样的，其他排放物（如NO_x和SO_2）将会随煤耗的下降按一定比例减少。然而，为了获得最优的环境效益，超临界发电技术可以采用先进的排放物控制技术，以尽量降低有害排放物水平。

第四节　降低蒸汽终参数

火电厂的蒸汽终参数即汽轮机的排汽压力 p_c，它是凝汽设备、汽轮机的低压部分以及冷却水系统性能的综合反映，总称为火电厂的冷端，其取值应通过冷端系统的优化设计来确定。

一、蒸汽终参数对电厂热经济性的影响

在蒸汽初参数一定的情况下，降低蒸汽终参数 p_c 将使循环放热过程平均温度降低，根据 $\eta_t = 1 - \dfrac{\overline{T_c}}{T_1}$ 可知，理想循环效率将随着排气压力 p_c 的降低而增加。降低排汽压力 p_c，使汽轮机比内功 w_i 增加，理想循环热效率增加。

在决定热经济性的三个主要蒸汽参数初压、初温和排汽压力中，排汽压力对机组热经济性影响最大。排汽压力越低，工质循环的热效率越高，由图 2-15 可知，η_t 随 p_c 变化的情况。

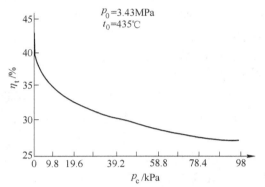

图 2-15　理想循环热效率 η_t 与排汽压力 p_c 关系曲线

二、降低蒸汽终参数的极限

凝汽器实际能达到的排汽温度 t_c 可由下式确定

$$t_c = t_{w1} + \Delta t + \delta t \tag{2-10}$$
$$\Delta t = t_{wo} - t_{wi} \tag{2-11}$$
$$\delta t = t_c - t_{w0} \tag{2-12}$$

式中　Δt——凝汽器的冷却水温升，℃；

$\quad\quad\delta t$——凝汽器的端差，℃；

$\quad\quad t_{wi}$——进入凝汽器的冷却水温度（取决于水源的水温），℃；

$\quad\quad t_{wo}$——凝汽器出口的冷却水温度，℃。

由于凝汽器的冷却水入口温度取决于水源的水温，根据排汽温度的计算式可知它是排汽温度的理论极限。

由于凝汽器冷却水量总是有限的，因此必然存在冷却水温升 Δt；同时由于排汽与冷却水间换热面积不可能无限大，因此也必然存在换热端差 δt，如图 2-16 所示。Δt 还与凝汽器工作状况有关，若凝汽器铜管有积垢，或有空气附于铜管等情况，都将使 δt 增大，排汽压力提高（真空降低），进而使机组的热经济性降低。

降低汽轮机排汽压力虽可提高热经济性、节约燃料，但要增加凝汽器的尺寸及造价，并影响

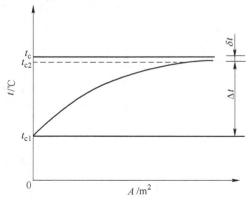

图 2-16　凝汽器中换热温度与换热面积的关系曲线

汽轮机排汽口数量和尺寸，使汽轮机低压部分复杂变化。由于降低排汽压力使汽耗量减少，又影响汽轮机的高压部分，总的来说使汽轮机造价增加，故应通过综合的技术经济比较来确定 p_c。

三、凝汽器的最佳真空

降低排汽压力，虽然汽轮机的焓降、循环效率和电功率都增大，但是随 p_c 的降低，其比容很快增大，会严重影响汽轮机排汽口尺寸、末级叶片高度，同时排汽湿度加大，增大余速损失和湿汽损失，影响叶片的寿命，汽轮机相对内效率下降。过分地降低排汽压力，则会使热经济性下降。因为随着排汽压力的降低，排汽比体积增大。在余速损失为一定的条件下，就得用更长的末级叶片或多个排汽口，凝汽器尺寸增大，投资增加；若排汽面积一定，则排汽余速损失会增加。当 p_c 小于极限压力后，再降低 p_c 则会使机组热经济性下降。因此，在极限背压以上，随着排汽压力 p_c 的降低热经济性是提高的。

电厂运行时的蒸汽终参数，现场多称为真空度，是影响汽轮机组热经济性的一项重要指标。在电厂运行中的凝汽器最佳真空是指：在冷却水温、蒸汽负荷一定的条件下，汽轮机输出功率随冷却水量增大而提高 Δp_e，同时循环水泵的功耗也随之增加 Δp_{pu}，当机组的输出净功率，$\Delta p_{max} = \Delta p_e - \Delta p_{pu}$ 为最大值时对应的真空。其所对应的冷却水量即为最佳真空时最佳冷却水量。如图 2-17 所示为最佳运行真空。实际机组在确定凝汽器最佳真空时，应通过计算和试验相结合才能确定。

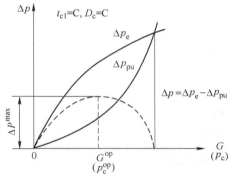

图 2-17　凝汽器的最佳真空

【**本章小结**】 汽化过程可以通过液体表面的蒸发，也可以通过液体内部产生气泡的沸腾来形成，其作用和结果都一样。凝结和汽化互为反过程，实际上，在密闭的容器内进行的汽化过程总是伴随着凝结的过程同时进行。

蒸汽动力装置实际采用的基本循环是朗肯循环，热电厂的蒸汽动力循环都是在朗肯循环的基础上加以改进而得到的。蒸汽动力循环的循环参数指进入汽轮机的新蒸汽压力 p_0、温度 t_0 及再热后进入中压缸的再热蒸汽温度 t_{rh} 和进入凝汽器的排汽压力 p_c，蒸汽初参数是指新蒸汽压力 p_0 和温度 t_0，蒸汽终参数是指进入凝汽器的排汽压力 p_c。提高蒸汽初参数、降低蒸汽终参数，可提高蒸汽动力循环的热效率。

思 考 题

1. 蒸汽定压加热过程包含哪几个阶段？
2. 蒸汽的热力过程包含哪些内容？
3. 影响朗肯循环热效率的因素主要有哪些？
4. 提高蒸汽初参数主要目的是什么？为何现代大容量汽轮发电机组向超临界、超超临界蒸汽参数发展，受哪些主要条件制约？

第三章 锅 炉 设 备

【本章导读】 本章首先简要介绍了锅炉的作用及组成、型号及分类、锅炉的经济与安全指标、锅炉技术的发展；其次详细介绍了锅炉的制粉系统、煤粉燃烧设备与系统、锅炉汽水系统及其设备，并对煤粉的性质、煤的特性及分类、锅炉热平衡、锅炉水循环系统、受热面的积灰和腐蚀等进行了介绍；最后介绍了锅炉主要辅助设备。

第一节 概 述

电厂锅炉是火力发电厂三大主机中最基本的能量转换设备，其作用是将燃料的化学能转变为蒸汽热能。电厂锅炉产生高温高压蒸汽，容量大，蒸汽参数高。锅炉运行水平的高低决定着整个电厂运行的安全性和经济性的高低。

一、锅炉的作用及组成

锅炉的作用是使燃料燃烧放出热量，产生高温烟气，再将高温烟气的热量传给工质（水），产生一定压力、温度和品质（指蒸汽中杂质的含量）的蒸汽。

锅炉设备包括本体设备和辅助设备。

锅炉本体设备包括燃烧系统，汽水系统，锅炉墙体构成的烟道、钢架构件与平台楼梯。锅炉的燃烧系统包括燃烧室（炉膛），燃烧器和点火装置，其作用是组织煤粉在炉膛内燃烧放出热量，产生高温火焰和烟气。锅炉的汽水系统包括蒸发设备和对流受热面，蒸发设备主要由汽包（直流锅炉的分离器）、下降管和水冷壁等组成，对流受热面是指布置在锅炉对流烟道内的过热器、再热器及省煤器。汽水系统的主要任务是通过各换热设备将高温火焰和烟气的热量传递给锅炉内的工质。钢架构件与平台楼梯主要用于支撑设备的重量及方便运行与检修。

锅炉的辅助设备主要包括通风设备（送风机、一次风机、引风机、烟囱）、给水设备（给水泵）、燃料运输设备、制粉设备（煤仓、粉仓、给煤机、给粉机、磨煤机、粗粉分离器、细粉分离器、排粉机等）、除灰设备（除尘器）、除渣设备（捞渣机、碎渣机、灰渣泵等）和锅炉辅件（如安全门、水位计）等。通风设备用于提供燃料燃烧需要的空气，引风机将燃料燃烧后的烟气排出炉外。给水设备主要保证连续不断地向锅炉提供符合要求的给水。制粉设备的作用是将煤干燥，制成符合要求的煤粉，并送入炉内燃烧。除灰设备的作用是分离除去烟气中的飞灰，以减少其对环境的污染和对引风机的磨损。除渣设备作用是除去锅炉底部大渣和除尘器分离下来细灰，用灰渣泵和灰浆泵等水力除灰设备将其送往灰场。

　　图 3-1 是电厂煤粉锅炉及其辅助系统示意图。下面按该示意图来介绍电厂锅炉的构成及工作过程。由煤仓落下的原煤经过给煤机 2 送入磨煤机 3 并磨制成煤粉。在煤粉的磨制过程中需要热空气对煤进行加热和干燥。送风机 26 将冷空气送入锅炉尾部的空气预热器 27，在此冷空气被烟气加热。从空气预热器出来的热空气一部分经排粉风机 5 送入磨煤机中，对煤进行加热和干燥，同时这部分热空气也是用来输送煤粉的介质。从磨煤机排出的煤粉和空气的混合物经过煤粉燃烧器 6 送入炉膛 11 进行燃烧。由空气预热器出来的另外一部分热空气经燃烧器进入炉膛参与燃烧反应。

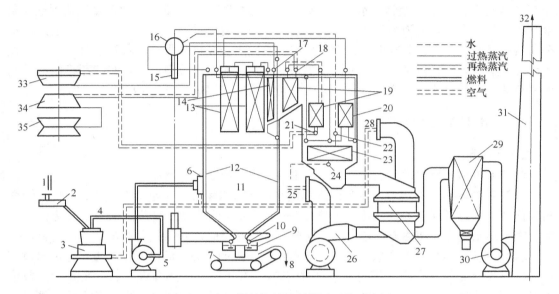

图 3-1　电厂煤粉锅炉及其辅助系统示意图

1—原煤进口；2—给煤机；3—磨煤机；4—风粉混合物出口；5—排粉风机；6—燃烧器；7—排渣装置；8—排渣；
9—水封装置；10—下联箱；11—炉膛；12—水冷壁；13—屏式过热器；14—高温过热器；15—下降管；16—汽包；
17—过热器出口联箱；18—再热器出口联箱；19—再热器；20—低温过热器；21—再热器进口联箱；
22—省煤器出口联箱；23—省煤器；24—省煤器进口联箱；25—冷风进口；26—送风机；
27—空气预热器；28—热风出口；29—除尘器；30—引风机；31—烟囱；32—排烟；
33—汽轮机高压缸；34—汽轮机中压缸；35—汽轮机低压缸

　　锅炉炉膛具有较大的空间，煤粉在此悬浮燃烧，放出热量，燃烧火焰中心温度高达 1500℃以上。炉膛周围布置大量的水冷壁，炉膛上部布置着顶棚过热器及屏式过热器 13 等受热面。水冷壁和顶棚过热器等是炉膛的辐射受热面，其受热管内有水和蒸汽流过，既吸收炉膛的辐射热，又保护炉墙不至于被烧坏。为防止熔化的灰渣黏结在烟道内的受热面上，炉膛上部出口处的烟气温度要低于煤灰的熔点。

　　高温烟气经过炉膛上部出口进入水平烟道，然后再向下流动进入垂直烟道。在锅炉本体的烟道内布置过热器、再热器 19、省煤器 23 和空气预热器 27 等受热面。烟气在流过这些受热面时，以对流传热为主的方式将热量传递给工质，这些受热面称为对流受热面。

　　过热器和再热器通常主要布置在烟气温度较高的区域，称为高温受热面，而省煤器和空气预热器布置在烟气温度较低的尾部烟道中，称为低温受热面或尾部受热面。烟气流过这一系列的对流受热面，不断地放出热量逐渐冷却下来，离开空气预热器的烟气（锅炉排烟）温度降至 110~160℃。

煤粉燃烧生成较大的灰粒沉积到炉膛底部的冷灰斗中，逐渐冷却凝固，并落进排渣装置 7，形成固态排渣。大量较细的灰粒随烟气流动一起离开锅炉。为减少和防止环境的污染，锅炉排烟先流经除尘器 29，捕捉大部分的飞灰，只有少量的细微灰粒随烟气通过引风机 30 由烟囱排入大气。

送入锅炉的水称为给水。首先给水被加热到饱和温度，然后饱和水蒸发，最后饱蒸汽过热。给水经省煤器加热后进入汽包锅炉的汽包 16，经过下降管 15 引入水冷壁的下联箱 10，再分配给各水冷壁管。水在水冷壁中继续吸收炉内高温烟气的辐射热量达到饱和温度状态，部分水蒸发成为饱和蒸汽。汽水混合物向上流动并进入汽包，在汽包中通过汽水分离器实现汽水分离，分离出来的饱和蒸汽进入过热器吸热成为过热蒸汽。过热蒸汽通过主蒸汽管道进入汽轮机做功。为了提高锅炉—汽轮机的循环效率，一般对高压机组都采用蒸汽再热，即过热蒸汽在汽轮机高压缸做完功后再送回锅炉再热器 19 进行再加热。

二、锅炉的型号及分类

（一）锅炉参数

锅炉参数用来简要说明锅炉的特征，主要有锅炉容量和蒸汽参数：

（1）锅炉容量。额定蒸发量是蒸汽锅炉在额定蒸汽参数、额定给水温度、使用设计燃料并保证效率时所规定的蒸发量，单位为 t/h。最大连续蒸发量是蒸汽锅炉在额定蒸汽参数、额定给水温度和使用设计燃料，长期连续运行时所能达到的最大蒸发量，单位为 t/h。

（2）蒸汽参数。蒸汽参数指锅炉过热器出口蒸汽的压力和温度，以及再热器进出口蒸汽的压力和温度。蒸汽压力用符号 p 表示，单位为 MPa；蒸汽温度用符号 t 表示，单位为℃。额定蒸汽压力和额定蒸汽温度合称为额定蒸汽参数。额定蒸汽压力是锅炉在规定的给水压力和负荷范围内长期连续运行时应保证的蒸汽压力，而额定蒸汽温度是蒸汽锅炉在规定负荷范围，额定蒸汽压力和额定给水温度下长期连续运行所必须保证的出口蒸汽温度。额定参数指锅炉设计时规定的参数。

（二）锅炉型号

电站锅炉型号反映了锅炉的某些基本特征，各部之间用短横线相连。我国锅炉目前采用三组或四组字码表示其型号。表示形式如下：

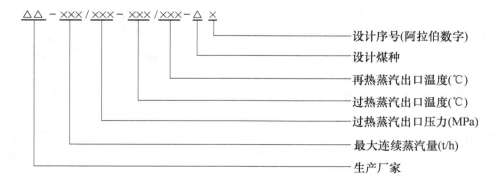

第一部分用两个汉语拼音字母表示锅炉的生产厂家，例如 HG，SG，WG，DG 分别表示哈尔滨锅炉厂，上海锅炉厂，武汉锅炉厂和东方锅炉厂。第二部分用数字表示锅炉基本参数，分子上的数字表示最大连续蒸汽量，分母数字表示锅炉过热蒸汽出口压力（工作压力，表压）。第三部分也是数字，分子和分母分别表示过热蒸汽和再热蒸汽出口温度。如果机组无再热器，第三部分省略。第四部分，符号表示燃料代号，数字表示设计序列编号。例如：DG-2950/26.25-/600/600-YM2 表示东方锅炉厂制造、锅炉最大长期连续蒸发量为 2950t/h，过热蒸汽出口压力 26.25MPa，过热蒸汽和再热蒸汽出口温度均为 600℃，设计煤种为烟煤，设计序号 2。

（三）锅炉分类

对于大型电站锅炉按照不同的方法，可以分为不同的类型。

（1）按锅炉用途的不同：电站锅炉（发电）、工业锅炉（为工业生产工艺提供蒸汽或供暖）、热水锅炉（民用采暖或供热）。

（2）按燃烧方式的不同：火床炉、煤粉炉（四角切圆燃烧、对冲燃烧、W 火焰燃烧）、旋风炉和流化床锅炉等。

（3）按工质在锅炉内的流动方式的不同：自然循环锅炉、控制循环汽包锅炉、低倍率循环锅炉、直流锅炉、复合循环锅炉。

（4）按锅炉的蒸汽压力分类：低压（小于 2.45MPa，表压，下同）、中压（2.94～4.92MPa）、高压（7.84～10.8MPa）、超高压（11.8～14.7MPa）、亚临界压力（15.7～19.6MPa）、超临界及超超临界压力（22.5～40MPa）。我国电厂锅炉和部分引进的超临界压力锅炉的蒸汽参数系列见表 3-1。

表 3-1　典型电厂锅炉参数系列

压力类型	蒸汽压力/MPa	蒸汽温度/℃	给水温度/℃	蒸发量/t·h⁻¹	配套机组容量/MW	汽水流动方式
高压	9.8	540	215	220	50	自然循环
				410	100	
超高压	13.7	555/555	240	400	125	自然循环、直流
		540/540		670	200	自然循环
亚临界压力	16.7	540/540	260	1000	300	自然循环
	16.7	540/540	262.4	1025	300	直流
	18.3	540.6/540.6	278.3	2008	600	控制循环
超临界压力	25	545/545	277	1000	300	直流
	25.4	541/569	286	1900	600	
	25	545/545	275	2650	800	

三、锅炉的经济与安全指标

锅炉是火力发电厂重要设备之一，它的安全性和经济性对发电生产非常重要。锅炉本身又是高温高压的设备，一旦发生爆炸和破裂，将导致人员伤亡和重大设备损坏，后果很严重。

（一）锅炉的经济性指标

锅炉的经济性一般从锅炉效率和锅炉投资两个方面进行评价。锅炉效率的定义是锅炉每小时的有效利用热量（即水和蒸汽所吸收的热量）占输入锅炉全部热量的百分比，即

$$\eta = \frac{\text{锅炉有效利用热量}}{\text{输入锅炉总热量}} \times 100\% \tag{3-1}$$

钢材使用率是指锅炉生产 1t/h 蒸汽所用的钢材吨数。锅炉的容量越小，蒸汽参数越高，其钢材使用率越大。电厂锅炉的钢材使用率约为 2.5~5t/(t/h) 范围内。

（二）锅炉的安全性指标

锅炉安全性常用下列指标进行衡量：

$$\text{连续运行小时数} = \text{两次检修之间运行的小时数} \tag{3-2}$$

$$\text{事故率} = \frac{\text{事故停运小时数}}{\text{总运行小时数} + \text{事故停运小时数}} \times 100\% \tag{3-3}$$

$$\text{可用率} = \frac{\text{运行总小时数} + \text{备用总小时数}}{\text{统计期间总小时数}} \times 100\% \tag{3-4}$$

锅炉事故率和可用率一般用一个适当长的周期来进行计算。在正常情况下，大型电站锅炉两年安排一次大修和若干次小修。因此，统计时可以以一年或两年作为一个统计期间，我国通常采用一年作为一个统计周期。连续运行的小时数越长，事故率越低，可用率越高，则认为锅炉的安全可靠性就越高。

四、锅炉技术的发展

（一）我国电厂锅炉的发展

我国电厂锅炉经历了 4 个发展阶段。第一阶段，1949~1960 年，我国设计制造了 6MW、12MW、25MW、50MW 中压和高压的汽轮发电机组相配套的锅炉；第二阶段，1961~1980 年，我国研制了超高压 125MW、200MW 和亚临界压力 300MW 的汽轮机发电机组相配套的自然循环和直流锅炉；第三阶段，1981~1990 年，火电装机容量增加迅速，从美国引进技术制造了与 300MW 和 600MW 汽轮机发电机组相配套的 1025t/h 和 2008t/h 的控制循环锅炉，进口了 300~800MW 亚临界压力和超临界压力锅炉，建设了 100MW 级的燃气—蒸汽联合循环发电机组；第四阶段，即 1991 年后，火力发电得到了迅速发展，提高各项技术经济指标和实现节能环保已成为火力发展的目标，循环流化床锅炉和燃气—蒸汽联合循环发电机组得到了重视和发展。

（二）锅炉参数的发展

对蒸汽动力装置循环的理论分析结果表明，提高初参数和降低循环的终参数都可以提高循环的热效率。实际上，蒸汽动力装置的发展和进步就是一直沿着提高参数的方向前进的。当其他条件不变时，蒸汽压力由亚临界提高到超临界时，循环效率提高，整个电厂具有较高的效率。亚临界机组参数 16.7MPa/538℃/538℃，供电热效率约为 38%；超临界机组参数 24.1MPa/538℃/538℃，供电热效率约为 41%；超超临界机组参数 27.5MPa/580℃/580℃，供电热效率约为 43%。蒸汽参数愈高，热效率也随之提高。热力循环分析表明，在超超临界机组参数范围的条件下，主蒸汽压力每提高 1MPa，机组的热耗率就可下降 0.13%~0.15%；主蒸汽温度每提高 10℃，机组的热耗率就可下降 0.25%~0.30%；

再热蒸汽温度每提高10℃，机组的热耗率就可下降0.15%~0.20%。在一定的范围内，如果采用二次再热，则其热耗率可比采用一次再热的机组下降1.4%~1.6%。超临界机组的热效率比亚临界高2%~3%，超超临界机组的热效率比超临界机组的高约2%~4%。

目前，实际应用的机组最高的主蒸汽压力达到了31MPa，主蒸汽温度最高已达到610℃，容量等级在300~1300MW内均有。世界上先进的超超临界机组效率已达到47%~49%，同时先进的大容量超临界机组具有良好的运行灵活性和负荷适应性，超临界机组大大降低了CO_2、粉尘和有害气体（主要SO_x、NO_x等）等污染物排放，具有显著的环境优势。

目前超临界机组的发展已进入成熟和实际应用阶段，具有更高参数的高效超超临界机组已经成功地投入商业运行。与亚临界锅炉机组比较，在结构上超临界锅炉机组在燃烧系统、过热器、再热器和省煤器的差异并不是很大，差别比较大的主要是水冷壁系统、锅炉启动系统与汽轮机旁路系统。但在运行特性与调节方法方面，还是存在较大差别。

（三）锅炉燃烧技术的发展

燃煤造成的环境污染越来越引起人们的重视，实现高效低污染燃烧已成为火力发电燃烧技术发展的必然需求。煤炭资源的短缺，使大多数电厂燃烧煤种偏离设计煤种，同时由于煤种多变和调峰的需要，对锅炉的稳定强化燃烧提出了新的要求。目前在解决锅炉燃烧污染方面，开发了选择性催化还原脱氮技术和煤粉着火初期低氧燃烧采用多级配风及NO_x还原燃烧技术，采用了烟气脱硫和煤粉炉中添加石灰石粉等脱硫技术，使用了燃烧中脱硫的流化床技术；在稳燃方面，在喷口附近加强热烟气回流以实现快速着火和低负荷不投油稳定燃烧；采用旋流式燃烧器对冲布置或直流式燃烧器反向双切圆辐射对流互补的方法减小热偏差。

（四）燃气—蒸汽联合循环机组锅炉的发展

燃气—蒸汽联合循环发电是提高发电效率的重要方法之一。目前燃煤联合循环发电技术主要有增压循环流化床燃气蒸汽联合循环、整体式煤气化燃气—蒸汽联合循环和增压流化床锅炉联合循环等。

联合循环是利用燃气轮机循环初温高和蒸汽轮机排汽温度低的特点，把燃气动力循环和蒸汽动力循环这两种循环联合起来组成燃气——蒸汽联合循环。它是Brayton（布雷登）循环和Rankine（朗肯）循环的串联组合。常规Brayton循环作为顶循环，作为第一工质的燃气经燃气轮机后，进入余热锅炉，余热被作为第二工质的水/蒸汽所回收，蒸汽进入蒸汽轮机后，由凝汽器冷凝回收，构成Rankine循环。该联合循环利用了燃气轮机和蒸汽轮机各自的优点，较大提高了整个循环的热效率。

由于石油和天然气储量有限，常规联合循环受到制约，而IGCC（整体煤气化联合循环发电系统）在效率、环境、经济三方面都可以和同容量、带有烟气脱硫、脱硝的常规煤粉炉进行竞争，有望成为本世纪最有发展前途的洁净煤发电技术之一。整体煤气化联合循环由于燃烧煤气，煤气经过清洗可脱硫99%，但效率有所降低。高温脱硫除尘，气化炉能量转换效率由76%提高到84%~95%。燃气轮机入口烟气达1300℃，效率可达到42%~45%，进一步发展有望达到50%。

采用增压循环流化床锅炉作为循环系统中的增压锅炉，可充分发挥流化床锅炉技术低温燃烧、高效和低排放的优点。第一代由于PFBC所提供的烟气温度在900℃以下，使发电效率最多只能达到40%~42%；第二代技术使煤先在炭化炉半焦化，所产生的煤气用以外燃，使燃气轮机入口烟温达1100~1150℃，效率提高6%~8%，可达到44%~46%。

五、典型锅炉

（一）亚临界压力自然循环锅炉典型布置

B&WB-2028/17.4-M为亚临界压力、一次再热、单炉膛平衡通风、自然循环、单汽包"W"形锅炉，如图3-2所示。设计燃料为无烟煤。采用双进双出钢球磨正压直吹冷一次风机制粉系统，燃烧器采用浓缩型双调风旋流燃烧器，燃烧器布置在锅炉水冷壁的前后拱上，形成"W"形燃烧方式。尾部设置双烟道，采用烟气分流挡板调节再热器出口汽温。

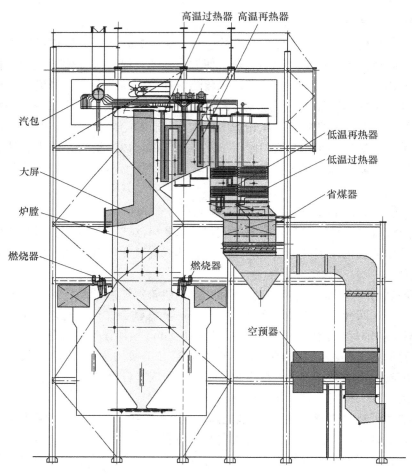

图3-2　600MW机组"W"形火焰锅炉

锅炉本体采用全钢构架加轻型金属屋盖、倒U形布置，固态连续排渣。锅炉汽包内径φ1775mm，壁厚185mm，筒身直段长25248mm，材料采用SA-299。水冷壁采用膜式全焊结构，由钢管和扁钢制成，在炉膛高热负荷区采用了内螺纹管。上部炉膛深度9900mm，下部炉膛深度17400mm，炉膛宽度32100mm，高53650mm（由前后水冷壁下集箱到顶棚管）。

锅炉采用自然循环方式，水循环系统采用集中供水，分散引入引出方式。一级过热器位于尾部竖井后部，由水平的进口管组和悬垂的出口管组组成。二级过热器位于折焰角上方，由入口和出口两个管组组成。采用两级喷水减温器调节过热蒸汽温度。第一级喷水减温器位于一级过热器出口集箱到屏式过热器（又称为大屏或分割屏）进口集箱的连接管道上，起主调作用。第二级喷水减温器位于屏出口集箱到二级过热器进口集箱的导管上。

再热蒸汽流程为，从高压缸排出的蒸汽经两根再热蒸汽管道，从左右侧引入再热器进口集箱，通过布置在尾部竖井前部的4个水平管组，经过渡管组进入垂直管组，最后汇集到再热器出口集箱，由左右两端引出与再热蒸汽管道延伸段相接。再热蒸汽温度调节主要通过位于尾部竖井底部的烟气调节挡板，调节尾部前、后烟道的烟气分配，再热蒸汽入口管道上装设了事故喷水减温器装置。

省煤器位于尾部竖井后部的烟温较低区，采用大管径顺列布置，在管束弯头的上下方均设有防止形成烟气走廊（即局部烟速和灰浓度均高的部位）的防磨衬板和挡板装置，省煤器设计平均烟速小于9m/s。锅炉配用两台容克式空气预热器，型号为32VNT-2000，三分仓结构，空气预热器主轴垂直布置，烟气与空气以逆流方式换热。

（二）多次强制循环锅炉典型布置

SG-2008/17.5-M901是上海锅炉厂制造的亚临界参数汽包炉，采用控制循环、一次中间再热、单炉膛、四角切圆燃烧方式、燃烧器摆动调温、平衡通风、固态排渣、全钢悬吊结构、露天布置燃煤锅炉，如图3-3所示。锅炉的制粉系统采用中速磨冷一次风机正压直吹式系统。过热器的汽温调节由两级喷水来控制。再热器的汽温采用摆动燃烧器方式调节（投自动），再热器进口设有事故喷水。锅炉燃烧系统按中速磨冷一次风直吹式制粉系统设计。尾部烟道下方设置2台三分仓容克式空气预热器。炉底排渣系统采用机械刮板捞渣机装置。

水冷壁由炉膛四周、折焰角及延伸水平烟道底部和两侧墙组成。过热器由炉顶管、后烟井包覆、水平烟道侧墙后部、低温过热器、分隔屏、后屏和末级过热器组成。再热器由墙式再热器、屏式再热器和末级再热器组成。省煤器位于后烟井低温过热器下方。24只直流式燃烧器分为6层布置于炉膛下部四角，煤粉和空气从四角送入，在炉膛中呈切圆方式燃烧。

控制循环锅炉的主要特点是，在锅炉循环回路的下降管和上升管之间加装了循环泵以提高循环回路的压头。锅炉采用"低压头循环泵＋内螺纹管"，称为改良型控制循环。控制循环锅炉汽包较一般自然循环锅炉汽包的主要差别在于它增加了1个内罩壳，并采用较低的正常水位高度。

直流燃烧器、四角布置、切圆燃烧是GE公司的传统燃烧方式，这种燃烧方式因气流在炉膛内形成一个较强烈旋转的整体燃烧火焰，对稳定着火、强化后期混合、保证燃料完全燃烧十分有利。采用了正压直吹式制粉系统，配置6台ZGM113N中速磨，燃烧器四角布置，切向燃烧。

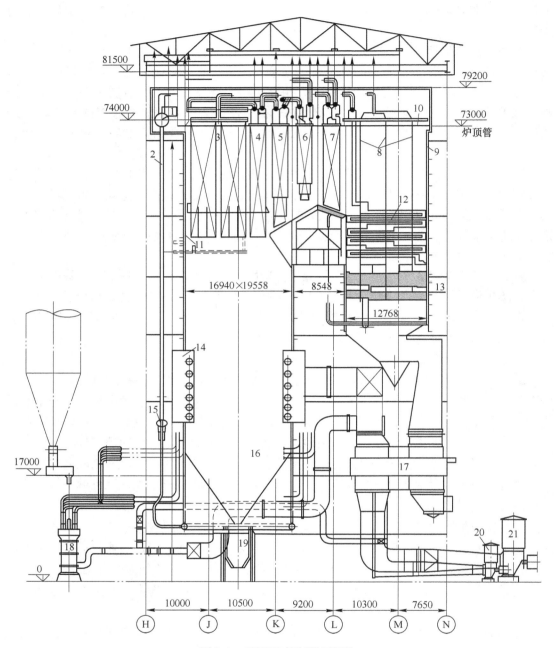

图 3-3　600MW 控制循环锅炉

1—锅筒；2—下降管；3—分隔屏过热器；4—后屏过热器；5—屏式再热器；6—末级再热器；7—末级过热器；
8—悬吊管；9—包覆管；10—炉顶管；11—墙式辐射再热器；12—低温水平过热器；13—省煤器；14—燃烧器；
15—循环泵；16—水冷壁；17—容克式空气预热器；18—磨煤机；19—出渣装置；20——次风机；21—二次风机

（三）超临界压力直流锅炉典型布置

图 3-4 为一台 600MW 超临界压力直流锅炉的整体布置图。该锅炉为典型的∏型布置，炉膛下部为螺旋管圈水冷壁，炉膛上部布置垂直管屏水冷壁。炉膛宽为 18.813m，深度为

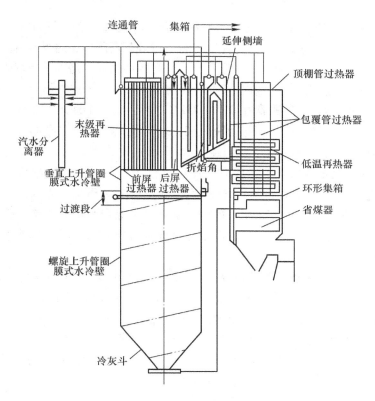

图 3-4 600MW 超临界压力直流锅炉的整体布置图

16.67m，冷灰斗转角至炉顶的高度为 53m，水冷壁下联箱至炉膛顶棚管的高度为 62.125m，燃烧器上层一次风喷口到底的距离为 20m。B-MCR（Boiler Maximum Combustion Rate）时的炉膛断面热负荷为 $4.8 \times 10^6 \text{W/m}^2$，炉膛容积热负荷为 $127 \times 10^6 \text{W/m}^3$，燃烧器区域壁面热负荷为 $1.039 \times 10^6 \text{W/m}^2$。燃用烟煤，采用直流煤粉燃烧器四角切圆燃烧方式。

600MW 超临界压力直流锅炉水冷壁实现了全悬吊结构，可以自由向下膨胀。螺旋管圈水冷壁通过焊接在鳍片上的拉力板悬吊在炉顶钢梁上，螺旋管圈水冷壁的重量负载传递给拉力板，再由拉力板把重量负载均匀地传递给炉膛上部的垂直管屏，从而实现了螺旋管圈水冷壁的悬吊。

锅炉沿烟气流程方向分别布置了前屏过热器、后屏过热器、高温再热器、高温过热器、低温再热器、省煤器和 2 台三分仓式空气预热器。600MW 超临界压力直流锅炉的过热蒸汽和再热蒸汽的吸热比例较大，约占工质总吸收热量的 46%。因此，需要布置较多的过热器和再热器受热面。

为增强摆动式燃烧器调节再热汽温的效果并增强传热，高温再热器受热面布置在靠近炉膛的部位。过热汽温调节由煤水比进行粗调，两级喷水减温进行细调。此外，还可以通过多层燃烧器的不同组合运行，实现过热汽温和再热汽温的调节。

（四）循环流化床锅炉典型布置

循环流化床燃烧是一种新型的高效、低污染的清洁燃煤技术，其主要特点是锅炉炉膛内有大量的物料，在燃烧过程中大量的物料被烟气携带到炉膛上部，经过布置在炉膛出口的分离器，将物料与烟气分开，并经过非机械式回送阀将物料回送至床内，多次循环燃烧。由于物料浓度高,具有很大的热容量和良好的物料混合,一般每千克烟气可携带若干千克的物料,这些循环物料带来了高传热系数,使锅炉热负荷调节范围广,对燃料的适应性强。循环流化床锅炉采用高流化速度,由于床内强烈的湍流和物料循环,增加了燃料在炉膛内的停留时间,因此具有更高的燃烧效率,在低负荷下能稳定运行,而无需增加辅助燃料。

循环流化床锅炉运行温度通常在 $850 \sim 900℃$ 之间,是一个理想的脱硫温度区间,采用炉内脱硫技术。向床内加入石灰石作为脱硫剂,燃料及脱硫剂经多次循环,反复进行低温燃烧和脱硫反应,加之炉内湍流运动剧烈,Ca/S 摩尔比约为 2 时,可以使脱硫效率达到 90% 左右,SO_2 的排放量大大降低。同时,循环流化床采用分级送风燃烧,使燃烧始终在低过量空气下进行,从而大大降低了 NO_x 的生成和排放。循环流化床锅炉还具有高燃烧效率、可以燃用劣质燃料、锅炉负荷调节性好、灰渣易于综合利用等优点,因此在世界范围内得到了迅速发展。随着环保要求日益严格,普遍认为循环流化床是目前最实用和可行的高效低污染燃煤设备之一。

图 3-5 为白马 300MW 循环流化床锅炉。原煤经过两级环锤式破碎机破碎后(粒度小于 8mm)进入主厂房煤仓,煤仓里的煤经过称重式皮带给煤机、刮板式给煤机进入回料器至炉膛的回料管,与旋风分离器分离下来的循环灰混合后一起进入炉膛燃烧。石灰石经过一级环锤式破碎机破碎后(粒度小于 30mm)进入主厂房石灰石仓,再经过第二级环锤式破碎机破碎后(粒度小于 1mm,100%)进入石灰石粉仓。粉仓里的石灰石粉经仓泵系统

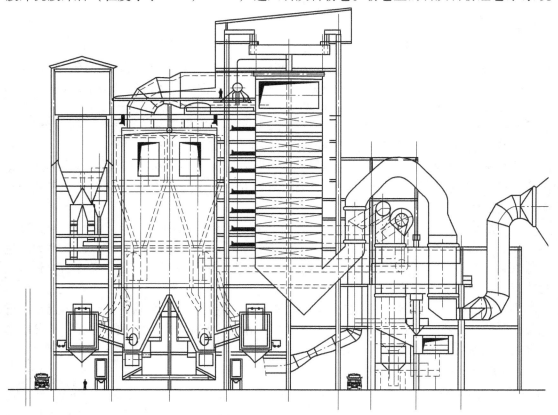

图 3-5 白马 300MW 循环流化床锅炉

通过压缩空气气力输送管道吹送进入回料器至炉膛的回料管，与旋风分离器分离下来的循环灰、新加入底燃料混合后一起进入炉膛，作为脱硫剂进入炉内燃烧脱硫。

锅炉设置两台各50%容量的一次风机和二次风机，为锅炉提供流化用风和燃烧空气。另外二次风机还为回料器、外置床、冷渣器等设备提供流化用风。4个高温绝热型旋风分离器分离出的高温烟气从旋风分离器顶部出，通过水平烟道进入尾部竖井，依次经过尾部竖井中布置高温过热器、低温再热器及省煤器后，进入1台四分仓回转式空气预热器、2台高效静电除尘器和引风机，最后通过210m的烟囱排入大气。

锅炉设有四个直径约8.7m高温绝热型旋风分离器，对称布置于炉膛的左右两侧。从旋风分离器分离下来的循环物料，一部分通过回料管直接进入炉膛，另一部分进入外置换热器换热后返回炉膛。每个旋风分离器下部分别对应配置一个回料器，设有布风板，流化用风由高压流化风供给，作用是确保旋风分离器分离下来的高温灰能够克服炉膛下部正压，通过回料管及外置床顺利返回炉膛，以建立起整个循环回路。

锅炉有四个外置式热交换器，分别安装有低温过热器、中温过热器及高温再热器，利用回料器中的高温灰进行换热。外置床换热器内蒸汽温度由进入外置床的灰量调节。锥形阀安装在回料器至外置床的热灰管上，通过锥形阀控制进入外置床的高温灰量，进而控制过热、再热蒸汽温度。其运行的可靠性直接影响锅炉主汽、再热汽温的控制，同时为避免灰控阀烧坏，必须有足够的冷却水，其冷却水源引自凝结水泵出口并在设计上考虑了紧急冷却水源。

第二节 制 粉 系 统

一、煤粉的性质

（一）煤粉的一般性质

煤粉由各种不同尺寸与形状的颗粒组成，其颗粒尺寸一般小于500μm，20~60μm颗粒最多。刚磨制的疏松煤粉的堆积密度为0.4~0.5t/m³，经堆存自然压紧后，其堆积密度约为0.7t/m³。

煤粉具有较好的流动性。煤粉粒径越小，其比表面积吸附空气的能力就越大，煤粉的堆积角越小，流动性越好，越有利于采用气力输送，但也容易引起煤粉仓中煤粉的自流现象，堵塞一次风管。

煤粉的自燃和爆炸。当煤粉吸附大量空气时，很容易发生缓慢的氧化作用，导致煤粉温度升高，当温度升高到煤粉的着火温度时，就会引起自燃。当自燃现象发生于封闭的环境中且燃烧速度很快时，便会发生爆炸现象。影响煤粉爆炸的因素包括煤的挥发分含量，煤粉细度、浓度和温度。一般条件下，$V_{daf} < 10\%$时，没有爆炸危险；煤粉在空气中的浓度为0.3~0.6kg煤粉/kg空气时，爆炸性最强；浓度大于1kg煤粉/kg空气时，爆炸性较弱；浓度小于0.1kg煤粉/kg空气时，不会发生爆炸；输送煤粉气流中的O_2浓度小于15%时，不会发生爆炸；当煤粉中含有CO_2、SO_2气体且两者含量均大于3%~5%时，不会发生爆炸。挥发分较高的烟煤在粉仓中储存的时间过长，易导致自燃和爆炸。

煤粉的水分对煤粉流动性与爆炸性有较大影响。燃煤水分主要影响电厂输煤的连续性、制粉系统出力与锅炉燃烧效率。煤粉含水量越低，煤粉在粉仓中的流动性越好，越有利于均匀送粉和燃烧的稳定。当煤粉中的含水量较高时，自燃爆炸的可能性下降，但在粉仓中易结块或形成煤桥，此时，煤粉下流不畅，影响给粉机的送粉均匀性，不利于燃烧安全与稳定。根据国家有关计算标准推荐，制粉系统出口后的煤粉，无烟煤和贫煤水分 M_{mf} $< M_{ad}$（M_{ad} 为内在水分），烟煤水分控制在 $0.5M_{ad} \sim 0.9M_{ad}$。

（二）煤粉的细度与筛分标准

一般用煤粉细度来反映煤粉颗粒粗细程度。煤粉粒子尺寸是不均匀的，通常所说的煤粉粒径是指煤粉能通过最小筛孔的尺寸，称为煤粉粒子的直径，常用筛分法确定。

筛分法测定煤粉细度是以通过某号筛子的煤粉量或残留在筛子上的煤粉量占被筛分煤粉总量的百分数来表示的。通过的煤粉百分数用 $D_x\%$ 表示，残留在筛子上的百分数用 $R_x\%$ 表示。下标 x 代表筛孔内边长（筛孔为正方形）。设筛子上残留煤粉量为 a，通过筛孔的煤粉量为 b，则煤粉细度可用 R_x 表示：

$$R_x = \frac{a}{a+b} \times 100\% \tag{3-5}$$

对于一定的筛孔尺寸，筛上的剩余煤粉量越小则表示煤粉磨得越细，也就是 R_x 越小。

在实际应用中，无烟煤煤粉细度通常用 R_{90} 表示，烟煤通常用 R_{200} 表示，褐煤则用 R_{200} 或 R_{500} 表示。煤粉细度是表征制粉系统工作状况的一个重要参数，也是影响锅炉燃烧好坏的一个重要因素。

（三）煤粉的颗粒特性与均匀性

煤粉理论上可以包含最大粒径以下的任意大小的煤粉。一般用全筛分得到的曲线 $R_x = f(x)$，也称煤粉颗粒组成曲线，即粒度分布特性，来比较煤粉粗细和表示煤粉的均匀程度。煤的颗粒分布特性可用破碎公式表示：

$$R_x = 100e - cx^n \tag{3-6}$$

式中　R_x——孔径为 x 的筛子上的全筛余量百分数，%；

　　　c——细度系数；

　　　n——均匀性指数。

n 值表示煤粉颗粒的均匀程度，n 越大，煤粉粒度分布越均匀，反之，n 越小，过粗和过细的煤粉较多，粒度分布不均匀。均匀性指数取决于磨煤机和粗粉分离器的型式，一般取 $0.8 \sim 1.2$。c 值表示煤粉的粗细，c 值小，煤粉粗；c 值大，煤粉细。

（四）煤粉的经济细度

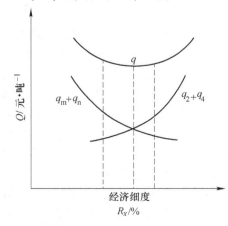

图 3-6　经济细度

煤粉细度对煤粉气流的着火和焦炭的燃尽以及磨煤运行费用（包括磨煤电耗费用和磨煤设备金属磨耗费用）都有直接影响。煤粉越细，着火燃烧越迅速，机械不完全燃烧损失 q_4 就越小；但是对磨煤设备而言，这将导致磨煤运行费用即制粉电耗 E 增加。因此，煤粉的经济细度是指当锅炉机械不完全燃烧损失 q_4、排烟热损失 q_2、制粉电耗 q_m、制粉金属消耗量 q_n 四者之和最小时的煤粉细度，如图 3-6 所示。

影响煤粉经济细度的因素很多，主要因素是煤的化学反应活性，即与煤粉的干燥无灰基挥发分 V_{daf} 及磨煤机和粗粉分离器的性能有直接关系。

煤中挥发分的含量越高，煤的反应能力越强，煤粉可以磨得稍粗些，相反，煤粉要磨得细些。磨煤机和粗粉分离器的性能决定煤粉的均匀性指数 n。n 值较大时，煤粉的粗细比较均匀，即使煤粉磨得粗一些，也能燃烧比较完全。综合考虑燃煤的挥发分 V_{daf} 和煤粉的均匀性指数这两个主要因素的影响，确定煤粉经济细度的经验公式为：

$$R_{90}^{zj} = 4 + 0.8nV_{daf} \tag{3-7}$$

式中　　R_{90}^{zj}，V_{daf}——煤粉的经济细度和可燃基挥发分的含量。

此外，最佳煤粉细度还与制粉系统型式及磨煤机的结构等有关。

（五）煤粉细度的调节

煤粉细度的调节方法与粗粉分离器的型式有关。煤粉细度的调节可以通过改变通风量、粗粉分离器挡板角度、套筒位置或叶片转速（对于回转式）来进行调节。对于直吹式系统，可以改变磨煤机内的通风量和调节粗粉分离器；对于中储式系统一般维持最佳通风量，用调节粗粉分离器的方法调节。

二、制粉系统的型式及其组成

燃用煤粉的锅炉由煤粉制备系统供应合格的煤粉。煤粉制备系统是指将原煤磨制成粉，然后送入锅炉炉膛进行悬浮燃烧所需的设备和相关连接管道的组合，简称制粉系统。煤粉制备系统可分为直吹式和中间储仓式两种。

（一）直吹式制粉系统

直吹式系统，是指煤粉经磨煤机磨成粉后直接吹入炉膛燃烧。每台锅炉所有运行磨煤机制粉量总和，在任何时候均等于锅炉煤耗量，即制粉量随锅炉负荷的变化而变化。直吹式制粉系统有正压和负压两种连接方式。其工程流程，排粉风机在磨煤机之后，整个系统处于负压下工作，称为负压直吹式制粉系统；反之，排粉风机在磨煤机之前则称为正压直吹式制粉系统。

在负压直吹式制粉系统中，热空气（干燥剂）与原煤分别进入磨煤机；排粉风机后的已完成干燥任务的废干燥剂，由于其温度低且含有水分，被称为乏气；携带煤粉进入炉膛的空气称为一次风；直接通过燃烧器送入炉膛，补充煤粉燃烧所需氧量的热空气称为二次风。另外，由于中速磨煤机下部局部有正压，故需要引入一股压力冷风起密封作用，这股冷风称为密封风。在这种制粉系统中，燃烧所需的煤粉均通过排粉风机，因此排粉风机磨损严重，这不仅降低风机效率，增加运行电耗，而且需要经常更换叶轮，增加维护费用，降低系统可靠性。负压直吹式制粉系统漏风较大，大量冷空气随一次风进入炉膛会降低锅炉效率。负压直吹式制粉系统的最大优点是不会向外漏粉，工作环境较干净。

图 3-7 和图 3-8 分别表示两种正压直吹式制粉系统。在正压直吹式制粉系统中，通过排粉机的是空气，不存在风机的磨损和冷空气漏入问题，因此运行的可靠性和经济性均比负压系统高。但这种系统的磨煤机需采取适当的密封措施，否则向外冒粉不仅污染环境而且易引起自燃和爆炸。该系统也称为热一次风机系统，其中排粉风机又称一次风机，它所输送介质是高温空气。热一次风机对结构有特殊要求，且运行可靠性差，效率也低。

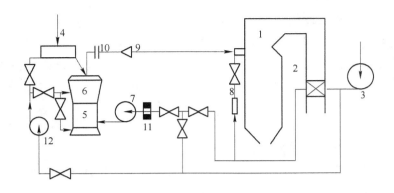

图 3-7　中速磨煤机直吹式热一次风机制粉系统

1—锅炉；2—空气预热器；3—送风机；4—给煤机；5—磨煤机；6—粗粉分离器；7——次风机；
8—二次风箱；9—煤粉分配器；10—隔绝门；11—风量测量装置；12—密封风机

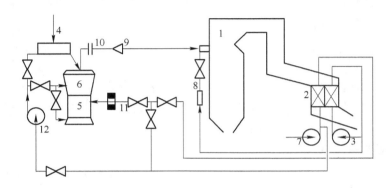

图 3-8　中速磨煤机直吹式冷一次风机制粉系统

1—锅炉；2—空气预热器；3—送风机；4—给煤机；5—磨煤机；6—粗粉分离器；7——次风机；
8—二次风箱；9—煤粉分配器；10—隔绝门；11—风量测量装置；12—密封风机

若将一次风机移置到空气预热器之前，通过风机的介质为冷空气，称为冷一次风机系统，如图 3-8 所示。冷一次风机的工作条件大为改善，且因冷空气体积小，通风电耗明显降低。为了与此相适应，需要采用三分仓回转式空气预热器，以分别加热工作压力不同的一次风和二次风。大型锅炉上一般都采用冷一次风机系统。

(二) 中间储仓式制粉系统

中间储仓系统，是将磨好的煤粉先储存在煤粉仓中，然后再根据锅炉运行负荷的需要，从煤粉仓经给粉机送入炉膛燃烧。在中间储仓式制粉系统中，磨煤机的制粉量不需要与锅炉燃煤量一致，磨煤机的运行方式在锅炉运行过程中有一定的独立性，并可经常保持在经济负荷下运行。这种系统最适合配用调节性能较差的普通筒式钢球磨煤机。

由于球磨机轴颈密封性不好，不宜正压运行，因此，配球磨机的中间储仓式制粉系统均负压运行，并要求球磨机进口维持 200Pa 的负压。与直吹式制粉系统相比，由于气粉分离及煤粉的储存、转运、调节的需要，中间储仓式制粉系统增加了细粉分离器、煤粉仓、螺旋输粉机和给煤机等设备。

原煤和干燥用热风在下行干燥管内相遇后一同进入磨煤机，磨制好的煤粉由干燥剂从磨煤机内带出，气粉混合物经过粗粉分离器分离后，合格煤粉被干燥剂带入细粉分离器进行气粉分离，其中90%左右的煤粉被分离出来并落入煤粉仓，或通过螺旋输粉机转送到其他煤粉仓。根据锅炉负荷的需要，给粉机将煤粉仓中的煤粉送入一次风管，再经燃烧器喷入炉内燃烧。

中间储仓式制粉系统中，磨煤机的运行工况对锅炉运行影响很小，提高了供粉的可靠性；可经常在经济负荷下运行；当锅炉负荷变化时，通过给粉机调节进入炉膛的煤粉量，方便灵敏；可采用热风送粉系统，提高了一次风的初温，有利于煤粉快速稳定着火与燃烧；采用负压运行时，排粉机放在系统尾部，排粉机存在一定程度的磨损，但避免了排粉机高温条件下工作，同时改善了工作环境；采用热风送粉系统时，当需要调节制粉系统的出力和干燥能力时，只需调节再循环管上闸门的开度即可，而与一次风量无关。

三、磨煤机的结构及工作原理

磨煤机是制粉系统中的重要设备，其作用是将送入磨煤机中的煤磨碎到规定的细度，并在磨制过程中，将煤粉干燥到规定水平。磨煤机的工作可靠性直接影响到整个制粉系统乃至整个锅炉机组工作的可靠性。磨煤机的型式主要有三大类，即低速磨煤机（钢球磨煤机），工作转速为 15～25r/min；中速磨煤机（E 型磨、碗式磨、平盘磨及MPS 磨等），工作转速为 50～300r/min；高速磨煤机（如风扇磨煤机、锤击式磨煤机），工作转速为 500～1500r/min。

磨煤机的选型包括型式、容量及台数的确定。型式的选择主要取决于燃煤的可磨性系数，煤种供应的稳定性，锅炉负荷特点及电厂用户以往的经验、运行、维护及管理技术水平，价格因素等。容量与台数的确定取决于一台锅炉的总耗煤量和锅炉最低稳燃负荷。

（一）筒式钢球磨煤机

磨煤机对煤的破碎作用是依靠磨煤金属元件对煤的撞击、挤压及研磨作用来实现的。我国有很多火电厂采用钢球磨煤机。

磨煤机由电动机经棒销联轴器、圆柱齿轮减速机及开式大齿轮减速传动来驱动转动部件旋转，转动部件筒体内装有研磨介质——钢球。当筒体转动时钢球在离心力作用下，被转动的筒体提升到一定高度后，由其本身重力的作用而跌落，使筒体内的煤在下落钢球的冲击和研磨作用下形成煤粉。在研磨的同时，煤粉受到干燥剂的干燥作用。制粉系统采用热风作为干燥剂，磨好的煤由干燥剂气流带出筒体。

筒式钢球磨煤机的优点是几乎可以磨制所有的煤种，可以连续工作很长时间，对煤中杂质不敏感，干燥能力强，工作可靠性高，操作、维护比较方便。钢球磨煤机的缺点是占地多，投资大，单位电耗高，金属磨损量也高，只适合于满负荷运行。

磨煤机由进出料斗、轴承部、传动部、转动部等主要部件与隔音罩、电动机、减速机、棒销联轴器和基础部等辅助部件组成，并且配有辅机。钢球磨煤机外形结构及工作原理示意图如图 3-9 所示。

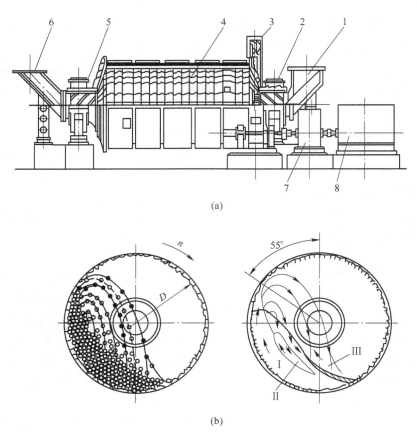

(a)

(b)

图 3-9　钢球磨煤机外形结构及工作原理示意图

（a）结构简图；（b）工作原理图

1—进料装置；2—主轴承；3—传动齿轮；4—转动筒体；5—螺旋管；6—出料装置；

7—减速器；8—电动机；Ⅰ—压力研磨；Ⅱ—摩擦研磨；Ⅲ—冲击破碎

　　双进双出钢球磨煤机包括两个非常对称的研磨回路，两个回路的工作原理是一样的。因为这两个回路是对称而彼此独立的回路，具体操作时可使用其中一个或同时使用两个回路。在低负荷运行状态下，可实现半磨运行。与单进单出磨煤机相比，双进双出磨煤机优点是低负荷时煤粉细度更高，磨煤机进口的螺旋输送装置可避免由于燃料水分过高而引起的磨煤机进口的堵塞，增加了运行的可靠性，短暂的给煤中断不影响磨煤机出力，能保持一定的风煤比。

　　（二）中速磨煤机

　　目前电厂中采用的中速磨煤机的型式主要有四种：辊—盘式（平盘磨煤机）、辊—碗式（碗式磨煤机或 RP 磨煤机）、辊—环式（MPS 磨煤机）、球—环式（中速球式磨煤机或 E 型磨煤机）。

　　中速磨煤机的结构各异，但工作原理相同。四种磨煤机沿高度方向自下而上可以分为四部分：驱动装置，研磨部件，干燥分离空间及煤粉分离和分配装置。工作过程为：电动机驱动通过减速装置和垂直分布的主轴带动磨盘或磨环转动。原煤经落煤管进入两组相对运动的研磨件的表面，在压紧力的作用下受到挤压和研磨，被粉碎成煤粉。磨成的煤粉随研磨部件一起旋转，在离心力和不断被碾磨的煤和煤粉推挤作用下被甩至风环上方。热风（干燥剂）经装有均流导向叶片的风环整流后，以一定的风速进入环形干燥空间，对煤粉进行干燥，并将煤粉带入磨煤机上部的煤粉分离器。不合格的粗煤粉在分离器中被分离下来，经锥形分离器底部返回碾磨区重磨。合格的煤粉经煤粉分配器由干燥剂带出磨外，进入一次风管，直接通过燃烧器进入炉膛，参与燃烧。煤中夹带的难以磨碎的煤矸石、石块等在磨煤过程中也被甩至风环上部，因风速不足难以将它们夹带而下降，通过风环降至杂物箱内被定期排出。

中速磨煤机具有结构紧凑、占地面积小、重量轻、投资省、运行噪声小、电耗及金属磨耗较低、磨制出的煤粉均匀性指数较高、特别适宜变负荷运行等特点。因此，在煤种适宜的条件下应优先采用中速磨煤机。中速磨煤机的缺点是结构复杂，需严格地定期检修、维护。此外，在排放的石煤中难免夹带少量合格煤粉，需另外处理。

四、制粉系统其他部件

（一）粗粉分离器

粗粉分离器的作用：一是将磨煤机出口中较粗的煤粉颗粒分离出来并使之返回到磨煤机中继续研磨，使之达到锅炉燃烧的要求；二是根据煤种、磨煤出力、干燥剂量的变化对煤粉的细度进行调节。

一般每台磨煤机配有两台分离器，两端各放置一台，磨煤机与粗粉分离器具有一定高度。它由内、外锥体，轴向分离叶片（折向门），锥形帽，进出管及防爆门等基本元件组成。其结构如图3-10所示。粗粉分离器利用重力、惯性力和离心力三种力的共同作用使粗煤粉得到分离。

煤粉气流以 $18 \sim 20 \text{m/s}$ 的速度进入分离器的入口管，由于分离器内外锥壳间通流面积增大，流速降至 $4 \sim 6 \text{m/s}$，此时在重力作用下，最粗的煤粉从气流中分离出来（一次分离）并经回粉管返回磨煤机内。其余的煤粉随气流经过导向叶片后在分离器上部形成一倒漏斗状旋转气流，而且越接近分离器中心，气流旋转越强烈，煤粉气流内的大颗粒因离心力与惯性力作用在分离器外锥壳内壁附近分离下来，较细的煤粉与气流一起以 $18 \sim 20 \text{m/s}$ 的速度从出口管流出而进入一次风管。

煤粉的细度（在磨煤机通风一定的条件下），可通过改变轴向分离叶片的角度和圆锥形帽的上下距离来进行调节。在内锥体内设有回粉锁气器，一方面使入口气流增加撞击分离，另一方面可使内锥体回粉在锁气器出口受到入口气流的吹扬作用，进行再次分离，进一步提高了分离效率。

（二）给煤机

给煤机的作用是根据磨煤机的负荷要求，连续不断地向磨煤机供给原煤。

称重式计量给煤机，设计出力为 $0 \sim 100 \text{t/h}$，正常出力为 47.5t/h。给煤机主要由煤仓出口煤闸门、上部落煤管及可调连接节、微机处理系统、给煤机本体、落煤斗、给煤机出口闸门、下部落煤管及可调连接节等部分组成。在入煤口的后面和两侧安装有挡板和裙板用以挡住皮带上的煤，挡板是可以拆除的，用于清除杂物和大煤块。其结构如图3-11所示。

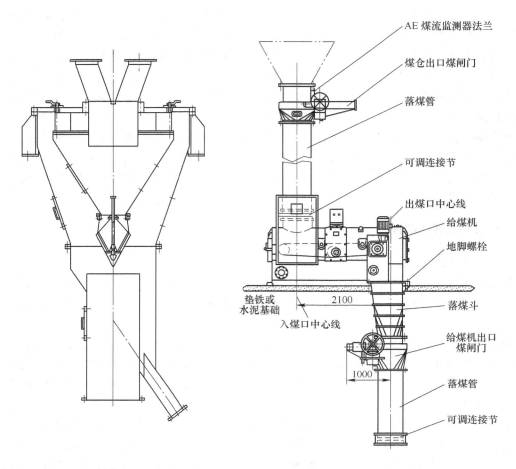

图 3-10 粗粉分离器结构简图

图 3-11 给煤器结构简图

称重式给煤机的主要优点是快速启动，便于更确切地控制风煤比例，燃料总量的累计使精确核算成为可能，改变需求量时提供最佳的燃料/空气比。

第三节 燃 烧 系 统

燃料在锅炉内燃烧，放出热量，产生高温火焰和烟气。如何组织好锅炉燃烧跟锅炉的燃烧系统具有很大关系。

一、煤的特性与分类

锅炉燃料有固体、液体和气体三大类。我国富煤、贫油、少气的能源资源结构决定了我国锅炉以燃煤为主，电站锅炉更是如此。锅炉一般不用其他工业部门所必需的优质原料，尽量利用劣质燃料。对于劣质燃料尚无确切的定义，一般说，是指水分大（$M_{ar} > 30\%$），灰分高（$A_{ar} > 30\% \sim 50\%$），发热量低（$Q_{gr} < 14.64\mathrm{MJ/kg}$），难燃烧（$V_{daf} < 10\%$）

的燃料。这里主要介绍煤及燃烧。

（一）煤的元素分析

煤的元素分析成分即煤的化学组成成分，包括碳（C）、氢（H）、氧（O）、氮（N）、硫（S）五种元素，以及水分（M）和灰分（A）。其中碳、氢、硫（指挥发硫）可燃，其余不可燃。

（1）碳（C）。碳是煤中的主要可燃物质。地质年龄越长的煤，其含碳量越高，通常各种煤的含碳量约占其可燃烧成分的50%～90%。煤中的碳不是以单质状态存在的，而是一部分与氢、氧、硫等结合成挥发性的复杂化合物，其余部分（煤受热析出挥发性化合物后余下的那部分碳）叫做固定碳。固定碳只在高温下才燃烧。煤中固定碳含量越高（如无烟煤），越不容易着火和燃烧，且燃烧慢，火焰短。

（2）氢（H）。氢是煤中的有利元素，1kg 氢完全燃烧时（生成水蒸气）约放出120000kJ的热量，但煤中含氢量一般只有3%～6%，并且随着地质年龄的增长，其含量逐渐减小。

（3）氧（O）和氮（N）。氧和氮都是不可燃元素。不同煤的含氧量差别很大，地质年龄越短，煤含氧量越高，褐煤的含氧量有时可达20%左右。煤中含氮量一般不多，只有0.5%～2%，但燃烧时会形成有害气体氧化氮（NO_x），对大气和环境造成污染。

（4）硫（S）。煤中硫可分为有机硫和无机硫二大类。无机硫包括黄铁矿硫（FeS_2）和硫酸盐硫（$CaSO_4$、$MgSO_4$、$NaSO_4$）等。有机硫和黄铁矿硫可以燃烧，合称为可燃硫。硫酸盐不能燃烧，故并入灰分。硫燃烧时的放热量不多，仅为碳的1/3.5左右，但硫燃烧后形成的SO_2和部分SO_3，随烟气排入大气，对人体和动、植物带来危害。

（5）水分（M）。煤的水分由外部水分和内部水分组成。外部水分，即煤由于自然干燥所失去的水分，又叫表面水分。失去表面水分后煤中的水分称为内部水分，也叫固有水分。一般来说，随着地质年代的增长，煤的内部水分减少。煤的外部水分则与开采方法、运输和储存等条件有关。水分存在使煤中的可燃元素相对减少，同时它汽化吸热，使燃烧温度降低，甚至会使煤难于着火。同时，由于水蒸气使烟气体积增加，又带走大量热量，降低锅炉热效率。原煤的水分过大，还会造成煤斗或落煤管道黏结，甚至堵塞，并增加碎煤和制粉的困难（湿煤不易破碎）。

灰分（A）。煤中含有不能燃烧的矿物杂质，它们在煤完全燃烧后形成灰分。灰分不仅使煤中的可燃元素相对减少，还会阻碍空气与可燃质接触，增加不完全燃烧损失。灰分在燃烧时会熔化、沾污受热面（结渣或积灰）、降低传热系数。烟气中的飞灰会磨损受热面，因而限制了烟速的提高，也会影响传热效果。同时，飞灰随烟气排入大气，会造成环境污染。因此，和水分一样，灰分也是燃料中的有害成分。

（二）煤的工业分析

煤的元素分析还不能很好地直接反映煤在燃烧时的某些性质（如结渣性，着火性等）。在燃烧过程中，煤的挥发物对煤的着火影响很大，高挥发分煤着火迅速，燃烧稳定，燃烧时火焰长，低挥发分的煤不易着火，燃烧时火焰短。这些都说明，应该有一种能够从应用角度要求来表征煤的某些特点的分析，称为煤的工业分析。计算煤中水分（M）、挥发分

（V）、固定碳（FC）和灰分（A）四种成分的质量分数，称为煤的工业分析。煤的工业分析成分能反映煤在燃烧方面的某些特性，也是我国电厂用煤分类的重要依据。

煤的工业分析是在一定的条件下进行加热和燃烧，采用称重的方法测定各成分的质量分数。测量方法如下：在实验室中，首先把除去表面水分的煤作为试样，将试样放入 $105 \sim 110℃$ 的恒温箱内干燥 $1.5 \sim 2h$，失去的重量为水分含量；把上述失去水分的试样置于温度保持在 $(900 \pm 10)℃$ 的马弗炉中，在隔绝空气的条件下加热 $7min$，失去的重量为煤的挥发分含量。煤在失去水分和挥发分后成为焦炭，将焦炭置于 $(815 \pm 10)℃$ 的马弗炉内，在空气充分供应下，灼烧 $2h$，失去的重量为固定碳含量，剩余部分为灰分含量。

（1）挥发分（V）。挥发分的组成，除了有少量不可燃气体如 O_2、CO_2、N_2 等以外，主要为可燃气体，如碳氢化合物（$\Sigma C_m H_n$）、一氧化碳（CO）、氢气（H_2）、硫化氢（H_2S）等。不同碳化程度的煤，挥发分析出的温度和数量不同。碳化程度浅的煤，挥发分析出的温度就低；在相同的加热时间内，煤的碳化程度越高，挥发分析出的数量越少。挥发分析出的数量除了取决于煤的性质外，还受到加热条件的影响，加热温度越高、时间越长，则析出的挥发分越多。因此，挥发分的测定必须按统一规定进行。挥发分的高低是煤变质程度的标志，是煤炭分类的主要依据。同时，挥发分对煤的着火、燃烧有很大的影响，是影响锅炉稳定燃烧的首要因素，而且也对煤场储煤、制粉系统安全运行有着重要影响。

挥发分是气体可燃物，其着火温度低，着火容易；大量挥发分析出来，其着火燃烧后可放出大量热量，促进固定碳的迅速着火和燃烧，因而挥发分多的煤也易于燃烧完全；挥发分析出后使煤具有孔隙性，挥发分越多，煤的孔隙越多、越大，煤和空气接触面越大，即增大了反应表面积，使反应速度加快，也使煤易于燃烧完全。

由于在加热过程中，煤中碳酸盐会发生分解而析出二氧化碳，它并不是煤中的挥发分，故测定碳酸盐二氧化碳含量较高的煤的挥发分时，在计算结果时还应扣除碳酸盐二氧化碳或焦渣中二氧化碳。

（2）固定碳（FC）。煤中的碳元素一部分以挥发分的形式逸出，其余部分是固定碳。固定碳的含量随煤的变质程度加深而增加。固定碳较高的煤不易燃烧和燃尽。

（三）煤的工业分析与元素分析之间的关系

根据工业分析测定的项目，煤的组成，可用水分、挥发分、固定碳和灰分来表示。煤的工业分析与元素分析成分的关系如图 3-12 所示。

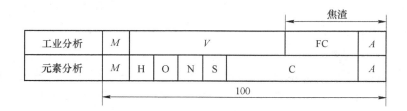

图 3-12　煤的工业分析与元素分析成分的关系

（四）煤的分析基准及换算

为了确切地反映煤的特性，不但要知道煤的成分，而且还应当知道分析煤成分时煤所处的状态。当同一种煤所处的状态不同时，分析得出的成分含量是不同的。常用的基准有收到基、空气干燥基、干燥基和干燥无灰基四种。

（1）收到基。以收到状态的煤为基准来表示煤中各组成成分的百分比。用下标 ar 表示，它计入了煤的灰分和全水分。

（2）空气干燥基。由于煤的外部水分变动很大，在分析时常把煤进行自然风干，使它失去外部水分，以这种状态为基准进行分析得出的成分称为空气干燥基，以下角码 ad 表示。

（3）干燥基。以无水状态的煤为基准来表达煤中各组成成分，以下角码 d 表示。

（4）干燥无灰基。除去灰分和水分后煤的成分，这是一种假想的无水无灰状态，以此为基准的成分组成，以下角码 daf 表示。

煤中本来只有碳、氢和可燃硫为可燃成分，但由于氧和氮总是同可燃元素结合在一起，故常把去除水分和灰分后的成分都算作可燃部分，以此为基准进行分析得出煤的干燥无灰基成分。

煤的各种基质成分之间，可以互相换算。由一种基质成分换算成另一种基质成分时，只要乘以一个换算系数即可。从表3-2中可以查出煤的各种基质之间的换算系数。分析结果要从一种基准换算到另一基准时，计算如下：

$$Y = KX_0 \tag{3-8}$$

式中　Y——按新基准计算的同一组成含量百分比；

　　　X_0——按原基准计算的某一组成含量百分比；

　　　K——基准换算的比例系数。

表3-2　不同基准的换算系数 K

项目		Y			
		收到基	空气干燥基	干燥基	干燥无灰基
X_0	收到基	1	$\dfrac{100 - M_{ad}}{100 - M_{ar}}$	$\dfrac{100}{100 - M_{ar}}$	$\dfrac{100}{100 - M_{ar} - A_{ar}}$
	空气干燥基	$\dfrac{100 - M_{ar}}{100 - M_{ad}}$	1	$\dfrac{100}{100 - M_{ad}}$	$\dfrac{100}{100 - M_{ad} - A_{ad}}$
	干燥基	$\dfrac{100 - M_{ar}}{100}$	$\dfrac{100 - M_{ad}}{100}$	1	$\dfrac{100}{100 - A_{d}}$
	干燥无灰基	$\dfrac{100 - M_{ar} - A_{ar}}{100}$	$\dfrac{100 - M_{ad} - A_{ad}}{100}$	$\dfrac{100 - A_{d}}{100}$	1

在表示试验项目的分析结果时，要在试验项目的代表符号下端标明基准，才能正确反映燃煤质量。

（五）煤的主要特性

（1）发热量。发热量是燃料的重要特性，是指单位质量的煤完全燃烧时所放出的热量。单位是 kJ/kg，用符号 Q 表示。煤的发热量有高位和低位之分。高位发热量指燃料燃烧产物中的全部水蒸气凝结为水（放出汽化潜热）后所能放出的热量，以 Q_{gr} 表示。实际锅炉的排烟温度很高，烟气中的水蒸气不会凝结放出汽化潜热。从高位发热量中扣除水蒸气的汽化潜热后就得到低位发热量 Q_{net}。通常，锅炉中能利用的燃料热量仅为低位发热量。由于各种煤的发热量不同，为了使燃用不同煤种的锅炉煤耗具有可比性，便于编制燃煤计划，需要规定一种标准煤，其他煤必须折算成标准煤后才能互相比较。把 $Q_{net.ar} = 29270 \text{kJ/kg}$ 的煤叫做标准煤。实际燃煤量 B（kg）折合成标准煤重量 B_b（kg）的公式为：

$$B_b = \frac{BQ_{net.ar}}{29270}$$ (3-9)

式中　B_b——标准煤耗量，kg/h；

　　　B——实际煤耗量，kg/h。

煤的灰分和水分不能确切表示出对锅炉工作的影响。但锅炉燃煤量是按热值计算的。把灰分的含量与发热量联系起来，就得到了折算灰分和折算水分，即当煤的折算成分 $M_{zs.ar} > 8\%$、$A_{zs.ar} > 4\%$ 时分别称为高水分、高灰分煤。

（2）煤灰的熔融性。煤灰的熔融性就是指煤中灰分熔点的高低。当炉内的温度达到或高于灰分的熔点时，固态的灰分将逐渐变为熔融状态。由于灰的组成很复杂，并且是变化的，所以它没有固定的熔点，而只有熔化温度范围。通常将它们分为三个阶段，DT（t_1）灰熔融性变形温度；ST（t_2）灰熔融性软化温度；FT（t_3）灰熔融性流动温度。为了测得上述数值，通常是在实验室中先把灰做成具有正三角形底（底边 7mm）、高为 20mm 的灰锥，然后送入电炉，在半还原性介质加热，并根据灰锥的变形情况，确定灰熔化的三个阶段温度。灰熔点的高低主要与灰的化学成分有关。另外，周围介质性质对灰熔点也有影响。在锅炉炉膛中，特别是灰渣形成区周围，往往有还原性气体存在，它促使熔点降低。通常各种煤的灰熔点多在 1100～1600℃，并以 ST 作为主要指标。ST > 1400℃ 的煤称为难熔灰分的煤；ST = 1200～1400℃ 的煤称作中熔灰分的煤；ST < 1200℃ 的煤称为易熔灰分的煤。

（3）煤的可磨性系数。不同的煤在相同的条件下磨碎到相同的细度，所消耗的能量是不相同的，煤的这种性质称为可磨性。显然，将煤破碎到某一细度所消耗的能量越多，煤就越难磨，为此，用煤的可磨性系数来描述煤磨制的难易程度。可磨性系数的定义如下：

$$K_{km} = \frac{E_b}{E_s}$$ (3-10)

式中　E_b——磨制标准煤所消耗的能量；

　　　E_s——磨制试验煤样所消耗的能量。

标准煤就是指选定一种难磨的无烟煤，规定它的可磨性系数为 1。由上式知，试验煤种越容易磨，所消耗的能量就越小，可磨性系数越大；反之，则可磨性系数越小。

可磨性系数有两种典型的测定方法。一种是我国普遍采用的前苏联"全苏热工研究所"（简称 ВТИ）的可磨性系数测定方法，另一种是欧美国家通用的哈得罗夫（Hardgrove）法。

（六）煤的分类

（1）无烟煤。无烟煤的碳化程度最深，即含碳量最高，挥发分含量低（＜10%）；不易点燃，燃烧缓慢，燃烧时没有烟，只有很短的蓝色火焰；发热量高，无焦结性。无烟煤呈黑色而有金属光泽，重度较大，质硬不易研磨。无烟煤主要成分为：$C_{ad} = 40\% \sim 95\%$，$M_{ad} = 1\% \sim 10\%$，$A_{ad} = 6\% \sim 25\%$（也有的达 30% 以上），$V_{daf} < 10\%$，$Q_{net} = 20900 \sim 32700 \mathrm{kJ/kg}$。由于挥发分低，故不易点燃，储藏较稳定，一般不会自燃。

（2）烟煤。烟煤的碳化程度次于无烟煤，挥发分含量范围较广（为 20%～40%）。大部分烟煤都容易点燃，火焰长，其发热量一般比无烟煤低。外表呈灰黑色，有光泽，质较松，有的焦结性强，个别含氢量多。灰分、水分少的优质烟煤，其发热量可超过无烟煤。但也有灰分很高的劣质烟煤，它的发热量很低，烟煤的主要成分为：$C_{ad} = 40\% \sim 60\%$（有的高达 75%），$M_{ad} = 3\% \sim 18\%$，$A_{ad} = 7\% \sim 30\%$，$V_{daf} = 20\% \sim 40\%$，$Q_{net} = 18800 \sim 29300 \mathrm{kJ/kg}$。

（3）贫煤。贫煤的碳化程度与烟煤相近，它的性质介于烟煤与无烟煤之间，其挥发分含量较低（为 10%～20%），不易点燃，火焰较短，焦结性差。发热量介于无烟煤与一般烟煤之间。

（4）褐煤。褐煤外观呈棕褐色，其碳化程度低，挥发物可达 40% 或更高。褐煤的挥发物开始析出温度低，容易着火，但它的吸水能力强，含水分高，多数情况下其总水分均大于 20%。褐煤的含碳量低，杂质多，故通常发热量低；褐煤的机械强度很差，易破碎；在空气中易风化，且易自燃，故不宜远距离运输和长时间储存。

我国现行煤炭分类方法是以干燥无灰基挥发分的产率和最大胶质层厚度作为分类标准的。此分类方法对发电用煤并不完全合适。为了能更合理地利用煤炭，为运行锅炉配给质量适宜的煤种，西安热工研究所和北京煤化学研究院共同提供了我国发电煤粉锅炉用煤分类标准 GB 7562—87（VAMST），见表 3-3。

该国标是以煤的干燥无灰基挥发分 V_{daf}、干燥基灰分 A_d、收到基水分 M_{ar}、干燥基全硫 $S_{d.t}$ 和灰熔融性软化温度 ST 作为主要的分类指标，以收到基低位发热量 $Q_{ar.net.p}$ 作为 V_{daf} 和 ST 的辅助分类指标。而 $Q_{ar.net.p}$ 是 V_{daf}、A_d、$M_{d.t}$ 的函数，所以 $Q_{ar.net.p}$ 是一个综合指标，其数值大小标志着燃烧过程炉内温度水平的高低。表中各分类指标 V、A、M、S、ST（即挥发分、灰分、水分、硫分、灰熔融性软化温度）等级的划分，是根据锅炉燃烧安全、经济性等方面的现场统计资料和非常规的煤质特性实验室指标数据，通过有序量最优化分割法计算，并结合经验确定的。

表 3-3　发电煤粉锅炉用煤我国分类标准（VAMST）

分类指标	煤种名称	等级	代号	分级界限	辅助分类指标界限值
挥发分 V_{daf}①	超低挥发分无烟煤	特级	V_0	≤6.5%	$Q_{ar.net.p}>23\,MJ/kg$
	低挥发分无烟煤	1级	V_1	>6.5%~9%	$Q_{ar.net.p}>20.9\,MJ/kg$
	低中挥发分贫瘦煤	2级	V_2	>9%~19%	$Q_{ar.net.p}>18.4\,MJ/kg$
	中挥发分烟煤	3级	V_3	>19%~27%	$Q_{ar.net.p}>16.3\,MJ/kg$
	中高挥发分烟煤	4级	V_4	>27%~40%	$Q_{ar.net.p}>15.5\,MJ/kg$
	高挥发分褐煤	5级	V_5	>40%	$Q_{ar.net.p}>11.7\,MJ/kg$
灰分 A_d (A^2)②	常灰分煤	1级	A_1	≤34%（≤7）	
	高灰分煤	2级	A_2	>34%~45%（>7~13）	
	超高灰分煤	3级	A_3	>45%（>13）	
表面水分 M_f	常水分煤	1级	M_1	≤8%	
	高水分煤	2级	M_2	>8%~12%	$V_{daf}≤40\%$
	超高水分煤	3级	M_3	>12%	
全水分 M_t	常水分煤	1级	M_1	≤22%	
	高水分煤	2级	M_2	>22%~40%	$V_{daf}>40\%$
	超高水分煤	3级	M_3	>40%	
全硫 $S_{d.t}$ (S_l^2)③	低硫煤	1级	S_1	≤1%（≤0.2）	
	中硫煤	2级	S_2	>1%~2.8%（>0.2~0.55）	
	高硫煤	3级	S_3	>2.8%（>0.55）	
煤灰熔融性 软化温度 ST	不结渣煤	1级	ST_1	>1350℃	$Q_{ar.net.p}>12.6\,MJ/kg$
				不限	$Q_{ar.net.p}>12.6\,MJ/kg$
	易结渣煤	3级	ST_2	≤1350℃	$Q_{ar.net.p}>12.6\,MJ/kg$

注：煤的采样按商品煤采样方法（GB 475—83）；煤样缩制按煤样的制备方法（GB 474—83）。

① $Q_{ar.net.p}$ 低于下限值时应划归 V_{daf} 数值较低的 1 级；

② $A^2=4.1816A_{ar}/Q_{ar.net.p}$，$Q_{ar.net.p}$ 的单位为 MJ/kg；

③ $S_l^2=4.1816S_{d.t}/Q_{ar.net.p}$，$Q_{ar.net.p}$ 的单位为 MJ/kg。

二、锅炉热平衡计算

锅炉机组热平衡是计算锅炉效率，分析影响锅炉效率的因素，提高锅炉效率途径的基础，同时也是锅炉效率试验的基础。

从能量平衡的观点来看，在稳定工况下，输入锅炉的热量应与输出锅炉的热量相平衡，锅炉的这种热量收、支平衡关系，就称为锅炉热平衡。锅炉热平衡是按 1kg 固体或液体燃料（对气体燃料则是 $1m^3$（标态）标准）为基础进行计算的。在稳定工况下，锅炉热平衡方程式可写为

$$Q_r = Q_1 + Q_2 + Q_3 + Q_4 + Q_5 + Q_6 \tag{3-11}$$

式中　Q_r——1kg 燃料的锅炉输入热量，kJ/kg；

　　　Q_1——锅炉的有效利用热量，kJ/kg；

　　　Q_2——排烟损失的热量，kJ/kg；

　　　Q_3——化学不完全燃烧损失的热量，kJ/kg；

　　　Q_4——机械不完全燃烧损失的热量，kJ/kg；

　　　Q_5——散热损失的热量，kJ/kg；

　　　Q_6——灰渣物理热损失的热量，kJ/kg。

如果将式（3-11）的右面部分和左面部分都除以 Q_r，并表示成百分数，可建立以百分数表示的热平衡方程式，即

$$1 = q_1 + q_2 + q_3 + q_4 + q_5 + q_6 \tag{3-12}$$

式中　q_1——锅炉有效利用热量占输入热量的百分数，$q_1 = (Q_1/Q_r) \times 100\%$；

　　　q_2——排烟损失的热量占输入热量的百分数，$q_2 = (Q_2/Q_r) \times 100\%$；

　　　q_3——化学不完全燃烧损失的热量占输入热量的百分数，$q_3 = (Q_3/Q_r) \times 100\%$；

　　　q_4——机械不完全燃烧损失的热量占输入热量的百分数，$q_4 = (Q_4/Q_r) \times 100\%$；

　　　q_5——散热损失的热量占输入热量的百分数，$q_5 = (Q_5/Q_r) \times 100\%$；

　　　q_6——灰渣物理热损失占输入热量的百分数，$q_6 = (Q_6/Q_r) \times 100\%$。

研究锅炉热平衡的意义，就在于弄清燃料中的热量有多少被有效利用，有多少变成热损失，以及热损失分别表现在哪些方面和大小如何，以便判断锅炉设计和运行水平，进而寻求提高锅炉经济性的有效途径。锅炉设备在运行中应定期进行热平衡试验（通常称热效率试验），以查明影响锅炉效率的主要因素，作为改进锅炉的依据。

锅炉效率可以通过两种测验方法得出。一种方法是测定输入热量 Q_r 和有效利用热量 Q_1 计算锅炉效率，称为正平衡求效率法或直接求效率法。用正平衡法求锅炉效率就是求出锅炉有效利用热量占输入热量的百分数，即

$$\eta = q_1 = (Q_1/Q_r) \times 100\% \tag{3-13}$$

正平衡法求效率方法简单，对于效率较低的（如 $\eta < 80\%$）工业锅炉比较准确。

另一种方法是测定锅炉的各项热损失 q_2、q_3、q_4、q_5、q_6 后再计算锅炉效率，称为反平衡求效率法或间接求效率法。用反平衡法可以求出锅炉效率，即

$$\eta = q_1 = 1 - (q_2 + q_3 + q_4 + q_5 + q_6) \tag{3-14}$$

目前电厂锅炉通常采用反平衡法求效率。一方面是因为大容量锅炉用正平衡法求效率时，燃料消耗量的测量相当困难，在有效利用热量的测定上常会带入较大的误差，因此一般利用反平衡法求效率更为方便准确；另一方面是通过各项热效率的测定和分析，可以找出提高锅炉效率的途径；此外，正平衡法要求比较长时间地保持锅炉稳定工况，这也是比较困难的。

在上述的各项热损失中，只有 q_3 和 q_4 是由燃烧不完全而引起的，如果要表示燃料在锅炉内的燃尽程度，可用锅炉燃烧效率表示，即

$$\eta_{rs} = 1 - (q_3 + q_4) \tag{3-15}$$

如果在热效率中扣除锅炉自用电能折算的热损失之后，所剩的效率值即为锅炉的净效率，即

$$\eta_j = \eta - \frac{\sum N \cdot b}{B} \times 100\% \tag{3-16}$$

式中　$\sum N$——锅炉制粉系统、送引风机、再循环风机、除渣及除灰系统、电除尘器等辅助机械的实际电功率，kW，即每小时总电耗量，kW·h/h；

　　　　b——电厂锅炉标准煤耗，kg/(kW·h)；

　　　　B——锅炉燃料消耗量。

三、锅炉输入热量和输出热量

（一）锅炉输入热量

对应于 1kg 固体或液体燃料输入锅炉的热量 Q_r 包括燃料收到基低位发热量、燃料的物理显热、外来热源加热空气时带入的热量和雾化燃油所用蒸汽带入热量，即

$$Q_r = Q_{ar.net.p} + i_r + Q_{wh} + Q_{wr} \tag{3-17}$$

式中　$Q_{ar.net.p}$——燃料收到基低位发热量，kJ/kg；

　　　　i_r——燃料的物理显热，kJ/kg；

　　　　Q_{wh}——雾化燃油所用蒸汽带入的热量，kJ/kg；

　　　　Q_{wr}——外来热源加热空气时带入的热量，kJ/kg。

（二）锅炉有效利用热量

锅炉有效利用热量包括过热蒸汽的吸热、再热蒸汽的吸热、饱和蒸汽的吸热和排污水的吸热。当锅炉排污量不超过蒸发量的 2% 时，此时排污水热量可略去不计。

锅炉效率的测验方法见本节"二、锅炉热平衡计算"。

（三）机械不完全燃烧热损失

机械不完全燃烧热损失是由于灰中含有未燃尽碳造成的热损失。运行中的煤粉锅炉，机械不完全燃烧热损失是根据锅炉的飞灰量与灰渣量，以及飞灰和炉渣中可燃物含量的百分数来计算。q_4 是燃煤锅炉主要热损失之一，通常仅次于排烟热损失。影响机械不完全燃烧热损失 q_4 的主要影响因素有燃烧方式、燃料性质、煤粉细度、过量空气系数、炉膛结构以及运行工况等。不同燃烧方式的 q_4 数值差别很大，层燃炉、沸腾炉这项热损失较大，旋风炉较小，煤粉炉介于两者之间。煤粉中灰分和水分越多，挥发分含量越少，煤粉越粗，则 q_4 越大；在燃料性质相同的情况下，炉膛结构合理（有适当的高度和空间），燃烧器结构性能好、布置适当，配风合理，气粉有较好的混合条件和较长的炉内停留时间，则 q_4 较小；炉内过量空气系数要适当，运行中过量空气系数减小时，一般会导致 q_4 增大。炉膛温度较高时，q_4 较小；锅炉负荷过高将导致煤粉来不及在炉内烧透，负荷过低，则炉温降低，这都会导致 q_4 增大。

（四）化学不完全燃烧热损失

化学不完全燃烧热损失是由于烟气中含有可燃气体造成的热损失。这些气体主要是一氧化碳，另外还有微量的氢气和甲烷等。影响烟气中可燃气体含量的主要因素是炉内过量空气系数、燃料挥发分含量、炉膛温度以及炉内空气动力工况等。一般来说，炉内过量空

气系数过小，氧气供应不足，会造成 q_3 的增加，过量空气系数过大，又会导致炉温降低；燃料挥发分含量较高，其 q_3 相对较大；炉膛温度过低时，燃料的燃烧速度很慢，此时烟气中的 CO 来不及燃烧就离开炉膛，会使 q_3 相应增加。此外，炉膛结构及燃烧器布置不合理，炉膛内有死角或燃料在炉内停留时间过短，都会导致 q_3 增大。

（五）排烟热损失

锅炉的排烟热损失是由于排烟温度高于外界空气温度造成的热损失。在室燃炉的各项热损失中，排烟热损失 q_2 是最大的一项，约为 4%~8%。影响排烟热损失 q_2 的主要因素是排烟焓的大小，即排烟容积和排烟温度的乘积。排烟温度越高，排烟容积越大，则排烟热损失 q_2 也就越大。一般排烟温度提高 15~20℃，q_2 约增加 1%。

降低锅炉的排烟温度，可以降低排烟热损失。但是要降低排烟温度，就要增加锅炉的尾部受热面积，因而增大了锅炉的金属耗量和烟气流动阻力；另一方面，烟温太低会引起锅炉尾部受热面的低温腐蚀，因而也不允许排烟温度降得过低。特别在燃用硫分较高的燃料时，排烟温度还应适当保持高一些。合理的排烟温度应根据排烟热损失和受热面金属耗量进行技术经济比较而确定。

排烟容积的大小取决于炉内过量空气系数和锅炉漏风系数。过量空气系数越小，漏风量越小，则排烟容积越小。为避免化学不完全燃烧损失，通常炉内过量空气系数均大于 1，其值与燃烧方式有关。但过量空气系数的减小，常会引起 q_3 和 q_4 的增大，所以最合理的过量空气系数（称为最佳过量空气系数）应使 q_2、q_3、q_4 之和最小。燃用低挥发分煤时最佳过量空气系数较高，根据燃烧调整试验确定。此外，炉膛在运行中，受热面积灰、结渣等会使传热减弱，促使排烟温度升高。

（六）散热损失

锅炉在运行中，汽包、联箱、汽水管道、炉墙等温度均高于外界空气的温度，这样就会通过自然对流和辐射向周围散热，形成锅炉的散热损失。影响散热损失的主要因素是锅炉额定蒸发量（即锅炉容量）、锅炉实际蒸发量（即锅炉负荷）、锅炉外表面积、水冷壁和炉墙结构、周围空气温度等。

（七）灰渣物理热损失

灰渣物理热损失 q_6 是由于炉渣和飞灰排出锅炉时还具有相当高的温度而引起的热损失。灰渣物理热损失的大小主要与燃料中灰含量的多少、炉渣中纯灰量占总灰量的份额以及排渣温度高低有关。简言之，q_6 的大小主要取决于排渣量和排渣温度。煤粉锅炉排渣量、排渣温度主要与排渣方式有关，固态排渣煤粉炉的渣量较小，液态排渣煤粉炉的渣量较大；液态排渣煤粉炉的排渣温度要比固态排渣煤粉炉的排渣温度高得多，所以液态排渣煤粉炉的 q_6 必须考虑。而对于固态排渣煤粉炉，只有当灰分很高，即 $A_{ar} \geqslant \dfrac{Q_{ar,net,P}}{419}$ % 时才考虑。

四、燃料的燃烧

（一）燃煤的燃烧特性指标

燃料的燃烧特性通常是指燃料的着火特性、燃烧稳定性及燃尽特性三大指标。煤种不同，在同样的热力环境与空气动力学条件下，其着火、燃烧稳定性及燃尽特性有很大不同，因此，了解燃煤燃烧特性的内在因素是十分必要的。目前，主要通过以下指标来大致判断煤的燃烧特性。

1. 煤的常规特性指标

（1）挥发分。挥发分对煤的着火和燃烧有很大的影响。着火温度与着火指数随燃料中挥发分的增加而快速下降。此外，挥发分对煤粉气流的燃烧稳定性也具有重大影响，挥发分含量越高，燃煤锅炉的最低不投油稳燃负荷越低。

（2）水分。水分对快速着火与燃烧的稳定性均不利，并且还会提高排烟温度，加剧尾部低温受热面的腐蚀。其原因是水分越多，燃料燃烧放出的有效热量越小，着火温度越高，同时使入炉煤粉气流的着火热大大增加，因此，当周围的热力条件一定时，高水分的煤粉燃料达到着火条件的难度增加，因而着火更困难。

（3）灰分。煤中的灰分是有害成分，对煤粉的着火与燃尽均不利，主要原因是：对于单位重量的煤粉燃料，灰分含量增加，则意味着煤中的可燃成分相应减少，降低了发热量；煤中的灰分不仅对燃烧放热没有贡献，相反，在燃烧过程中还要吸收大量热量，从而降低了煤粉粒子的加热速度；煤中的灰分会阻碍挥发分向外析出，同时煤灰在燃烧过程中包裹在焦炭表面，会阻碍外部氧气向内扩散，因而对后期的燃尽产生不利影响。当煤灰处于熔化状态时，熔化后的灰分会封闭焦炭粒子表面的微孔，对燃尽不利。

（4）硫分。煤中的硫分对煤的着火与燃烧本身并无不利影响，但随着含硫量的增加，煤粉自燃倾向增加，常会引起煤粉仓内煤粉温度升高，当有空气进入时，甚至会引起自燃。因此，燃用高硫分煤时，煤粉仓内的煤粉不易久存。

2. 碳氢比（C/H）

燃煤元素分析成分的碳氢比 C/H，可以表示煤的燃烧难易程度。碳氢比越高，说明燃煤的含碳量越高，着火与燃尽均较困难。

3. 燃料比（FC/V_{daf}）

燃料比是指煤中工业分析得到的固定碳 FC 与干燥无灰基 V_{daf} 的比值，它说明燃煤着火和燃尽的难易程度。燃煤的燃料比越大，说明这种煤的固定碳含量越高，挥发分含量越少，燃煤的着火温度越高，着火越困难，也越难燃尽。

4. 反应指数 T_{15}

反应指数 T_{15} 是煤样在氧气流中加热，使其温升速度达到 15℃/min 时所需要的加热温度。很显然，煤的反应指数越大，表明该煤越难以着火燃烧。如果将测得的各种煤的反应指数与煤的挥发分 V_{daf} 联系起来就会发现，V_{daf} 越低，煤的反应指数越高，并且大致以 20% 为分界点，当低于 20% 后，反应指数 T_{15} 会随着挥发分含量的下降急剧上升。

5. 着火特性

煤的着火是通过煤的着火温度或着火指数来描述的。煤粉粒子或煤粉气流开始着火燃烧时的温度，为着火温度。着火的显著标志就是反应系统的温度阶跃升高。所谓着火指数，是指将制得的 200×400 目窄筛筛分煤粉试样，高度离散地缓慢通过炽热的试验炉膛，取能使煤粉颗粒着火的最低炉膛温度为煤粉颗粒的着火指数。表 3-4 给出了几种典型煤种的着火温度与着火指数的测试结果。表 3-4 表明，无烟煤的着火温度比烟煤的高很多。为了改善无烟煤的着火特性，在无烟煤中掺混一部分高挥发分的烟煤时，可以明显地降低其着火温度，无烟煤中掺入的烟煤成分越多，其着火特性越好。但要说明的是，不能以简单的加权平均方法来判断混煤的着火特性。

表 3-4　典型煤种的着火温度与着火指数

煤　种	阳沁无烟煤	黄陵烟煤	无烟煤/烟煤 = 7/3	无烟煤/烟煤 = 3/7
着火指数/℃	710	585	605	590

6. 燃尽特性曲线

煤的燃尽率曲线是指在一定的热物理环境条件下，煤粉粒子达到某一规定的燃尽率时，燃烧所需的时间；或在规定的燃烧时间内所能达到的燃尽率的大小。温度越高，煤粉粒子的燃尽特性越好。对于几种煤粉燃料，可以将其在相同的热力条件下测得燃尽特性曲线进行比较，判断每种煤粉燃料的燃尽特性。

（二）煤的燃烧

燃料中的可燃成分与空气中的氧接触，经过物质的混合、扩散过程，一直到燃烧反应完成，整个过程称为燃烧过程。燃料的燃烧过程是由其化学动力学因素及燃烧流体力学因素共同作用的结果，它是一个复杂的化学反应和物理过程的综合过程。固体燃料的燃烧过程大体上可按进行时间的分为以下三个阶段。

1. 预热阶段

预热阶段包括燃料的预热、烘干和挥发分的分解析出等。煤被送入锅炉后，先被加热，水分逐渐被蒸发，然后被进一步加热升温到一定温度，煤发生热分解析出挥发分，300~400℃时分解最为强烈，剩余部分逐渐形成焦炭。这一阶段特点是燃料只是从炉膛中吸取热量，并没有开始燃烧，不需要供给空气。对于煤粉炉，主要是接受高温火焰和炉墙的辐射热。炉膛温度越高，煤中水分越少，煤粉磨得越细，这个阶段进行得就越迅速。

2. 燃烧阶段

燃料在受热的过程中温度不断升高，析出的挥发分首先着火燃烧，待挥发分将要燃尽时，大量焦炭便开始燃烧。这一阶段特点是燃料中的可燃成分与氧在高温环境中进行激烈的燃烧反应，放出大量的热量。这时就需要迅速供给足够的空气，并使其与燃料颗粒及可燃气体混合均匀，以保证燃烧的迅速进行，直至燃烧完全。

3. 燃尽阶段

燃层阶段中焦炭已所剩无几，灰分占大多数，可燃气体很少，所需空气量也较少。由于焦炭被灰分包围，不能与空气很好接触，燃烧进行得很缓慢，放热量也很少。

因此，为了使燃料能在炉内燃烧得很好，必须具备以下四个条件：一是保持足够高的炉膛温度；二是供给适量的空气；三是具备良好的燃烧设备以保证空气能与燃料很好的接触和混合；四是为燃烧提供足够的时间和一定的空间。

煤在锅炉中主要采用以下三种燃烧方式：层状燃烧、悬浮燃烧（室燃）和流化床燃烧。层状燃烧常用来燃烧颗粒较大的固体燃料，如链条炉，在我国多用于65t/h以下的小型锅炉；悬浮燃烧通常用来燃烧气体、液体和煤粉，一般用于大中型电站锅炉；流化床燃烧流化床的燃料处于流态化运动状态，并在流态化过程中进行燃烧。本书重点介绍在电站锅炉中用得比较多的悬浮燃烧（室燃）。

（三）燃烧稳定性

燃料由缓慢的氧化状态转变到反应能自动加速高速燃烧状态的瞬间称为着火。燃料由强烈的氧化放热反应向无反应过渡的瞬间称为熄火。熄火时系统的反应温度称为熄火温度。熄火现象的发生是由于燃烧工况的恶化而引起的。熄火过程与着火过程是不可逆的。熄火带有滞后性，即熄火时工况参数与着火时的工况参数不同，熄火温度通常高于着火温度，这一滞后特性对燃料的稳定燃烧是不利的，特别是在降负荷调峰运行时。

传统意义上的燃烧稳定性是指燃料在某一热力环境中燃烧时，燃烧过程能连续不断地进行，外观表现为火焰不熄火，也可以利用控制理论领域内系统的稳定性概念来研究煤粉燃烧的稳定性。将燃烧室视为一控制系统，当这个系统的输入参数（如燃料特性、风煤配比、气流初始温度等）在一个有界的范围内变化时，如果该系统的输出（如放热量、燃烧室内的温度等）能维持在一个稳定的范围内，则该系统是稳定的，即燃烧是稳定的。

目前主要从以下几方面解决燃煤锅炉的燃烧稳定性问题：（1）匹配优化炉型及燃烧器。电站锅炉用户根据设计煤种与校核煤种的燃烧特性，开展工程应用情况调研，选择适合设计煤种的炉型，同时对所配燃烧器进行优化论证，实现炉型与燃烧器的最佳配合，以达到最佳燃烧效果。（2）研发新型燃烧器。根据煤粉气流在炉内的着火与燃烧理论，目前主要以三种思路研发高稳燃性的新型燃烧器。一是以进一步增强入炉煤粉射流对炉内高温烟气回流能力的高性能回流型煤粉燃烧器；二是以进一步降低入炉煤粉气流着火热的高性能浓淡型燃烧器；三是将前两者有机结合起来的复合型高性能燃烧器。（3）采用卫燃带稳燃技术。国内外燃用无烟煤、贫煤的锅炉为了改善稳燃性能，强化燃烧，提高燃烧效率，几乎均采用了卫燃带。在众多的稳燃技术中，卫燃带是最简单、最有效的措施，但卫燃带易引起炉内的结渣。因此，在采用卫燃带时，应对卫燃带所用材料、敷设位置与方式、卫燃带的热物性及厚度进行全面的优化论证，达到既能稳定燃烧，又不引起结渣的双赢效果。（4）优化调整燃煤。燃烧调整是锅炉设计、安装完成后确保燃烧稳定高效的最后一项措施。

（四）影响燃烧效率的因素及其改进措施

燃料在炉内的燃烧效率取决于燃烧的反应动力学因素与燃烧器及炉内的空气动力学因素。反应动力学因素决定了燃料在炉内的燃烧反应速度；燃烧器与炉内的空气动力学因素决定了氧气向燃料粒子表面的扩散速度、空气与燃料混合的均匀性及燃料在炉内的停留时间。

燃烧反应动力学各种因素对燃烧反应速度的影响可由阿伦尼乌斯定律来描述，即

$$k = k_0 e^{(-E/RT)} \tag{3-18}$$

式中　k——燃烧反应的速度；

　　　k_0——反应速度的指前因子，是一个与燃料性质有关的常数；

　　　E——燃料的反应活化能；

　　　R——气体通用常数；

　　　T——反应环境的温度。

由上式可知，燃烧室中燃料的反应速度和燃料性质与温度有关。燃料的反应活化能 E

越低，反应越快；燃烧室的温度水平越高，反应速度越快。表征燃料反应活化能的外观因素有煤的地质年龄、挥发分含量 V_{daf}、煤中的灰分、燃料水分等。此外，反应温度有两个方面的含义：一是燃烧室内的温度水平，它由燃料燃烧反应的放热速度与燃烧室壁面冷却吸热速度的大小来决定，其具体影响因素有炉膛的设计热负荷水平（容积热负荷、断面热负荷、燃烧器壁面热负荷）、卫燃带的敷设面积、位置及厚度，另外，燃料的反应活性越高，局部温度水平也越高；二是煤粉粒子的升温速度及最终所能达到的温度水平。因此，小颗粒煤粉粒子因其比表面积大，温升速度快，燃烧速度快，燃尽率高。

当燃料反应的动力学因素确定后，燃烧器及炉内的整体空气动力学就会对燃烧效率起决定性的影响。事实上，反应动力学因素是内因，空气动力学因素是外因。在燃烧过程的组织与燃烧调整中，最难以把握的是空气动力学这些外部因素。对于直流燃烧器而言，燃烧器的空气动力学因素是指一、二、三风喷嘴中风量的分配比例、同层各喷嘴中空气分布的均匀性、每个一次风喷嘴中风煤的比例合理性、一次风与二次风混合点的控制等；对于旋流燃烧器而言，则是指同层燃烧器总功率的分配均匀性、每只燃烧器一、二、三次风的比例及旋流强度的控制等；炉内总体空气动力特性是要求为燃烧器出口着火后煤粉气流的中后期燃烧创造良好的条件，确保中后期焦炭的燃尽。因此，最为重要的是确保中后期在炉膛空间内焦炭粒子与空气分布的均匀性、空气与焦炭粒子间的强烈混合及尽可能延长焦炭粒子在炉内的停留时间。

影响燃烧效率的各种因素主要有：（1）合适的空气量，供应足够的空气是燃料完全燃烧的必要条件；（2）适当的炉膛温度，燃烧反应速度与温度成指数关系，炉温高，着火稳定，燃烧速度快，容易完全燃烧，但过高的炉温会引起炉壁结渣和水冷壁管内出现膜态沸腾；（3）足够的燃烧时间，在一定的炉温下，煤粉粒子的燃尽需要一定的时间，为延长燃烧时间，当煤粉粒子在炉内的总停留时间一定时，应尽量减小预热阶段所需时间；（4）空气与煤粉粒子的良好混合，要求有良好的燃烧器结构特性，使一、二次风良好配合，组织良好的炉内气流结构，特别要注意在燃尽后期的扰动与混合。上述四个条件是相互作用的，不是完全独立的，设计与运行时必须统筹考虑，并根据具体情况，分清主次，正确处理有关问题。

五、煤粉燃烧设备与系统

（一）燃烧设备

煤粉锅炉的燃烧设备主要由锅炉的炉膛（又称燃烧室）、布置于炉膛上的燃烧器及点火装置组成。

1. 炉膛

炉膛是指自冷灰斗到炉膛出口的燃烧空间，它既是组织燃料燃烧的空间，又是高温火焰和烟气与锅炉蒸发受热面进行辐射换热的空间。炉膛四周炉墙上布满了蒸发受热面（水冷壁），有时也敷设墙式过热器和墙式再热器。

2. 燃烧器

燃烧器作用是保证燃料和燃烧所用空气在进入炉膛时能够充分混合、及时着火和燃烧。燃烧器包括油燃烧器及煤粉燃烧器。其中，油燃烧器根据油雾化方式的不同，可分为蒸汽雾化、机械雾化及压缩空气雾化三种形式的油枪。对于采用轻柴油的南方电厂，目前大多采用结构简单的机械雾化油枪。为了避免油枪长期处于炉内高温环境下工作，油枪安装了专门的自动伸缩机构，当轻柴油投入运行而油枪熄灭时，伸缩机构自动将油枪退出炉膛以避免烧坏。煤粉燃烧器是一出口断面为矩形或圆形的喷管，根据喷管内流体的流动特征，煤粉燃烧器可分为直流燃烧器与旋流燃烧器两大系列。

大型电站煤粉锅炉中，燃烧过程的组织十分复杂，要求燃烧器送入锅炉的空气根据燃料的燃烧特性分批、分次送入，以确保快速、稳定着火与高效燃烧。按送入锅炉中空气的作用不同，通常将入炉空气分成三种，即一次风、二次风、三次风，而输送这些空气的燃烧器喷嘴分别称为一次风喷嘴、二次风喷嘴及三次风喷嘴。其中，一次风实际上是煤粉与空气的混合物，它既是煤粉燃料的输送介质，同时又为煤粉着火及燃烧初期提供燃烧所需的氧气，因而在整个燃烧过程中起决定性的作用。二次风是在煤粉着火后送入的空气，其主要作用有两点：一是为煤粉焦炭粒子的后期燃尽提供氧气；二是加强焦炭粒子与空气间的扰动与混合，以改进后期燃烧，提高燃烧效率。三次风通常是采用热风送粉时制粉系统排出的乏气，其中含有少量的细煤粉，因此，三次风的设计初衷是为了烧掉乏气中细粉分离器难以分离的那部分细煤粉。

炉内燃料燃烧的好坏与燃烧过程的组织具有重要的关系，而燃烧过程的组织是指一次风中煤粉浓度或风煤比的控制，一次风与二次风的配合，一、二次风风量分配比例，一、二次风混合时机及混合强烈程度的控制等。

（二）旋流燃烧器

根据旋流射流理论构造的燃烧器称为旋流燃烧器。旋流燃烧器的核心组件有两部分：一是使气流产生旋转的元件，通常称之为旋流器；二是输送旋转气流的圆形管道。

旋流燃烧器出口所形成的射流是一围绕燃烧器轴线旋转的气流，称为旋转射流。旋流燃烧器喷嘴出口通常为一环形通道。气流自旋流燃烧器入口进入燃烧器环形通道后，经专门的旋流装置（如旋流叶片或蜗壳）后，使气流获得一围绕燃烧器轴线旋转的切向速度分量，此时，燃烧器内的气流边旋转边前进，即螺旋式前进。气流到达燃烧器出口后，由于有切向旋转分量的存在，气流受到一离心力的作用，在此离心力的作用下，出口中心的原有空气有向四周运动的趋势。当气流的旋转强度足够大时，燃烧器出口附近会产生一定的负压，此时在燃烧器出口较远处的静压基本上为大气压，因此，在此静压差的作用下，离喷口较远处的气体介质会沿燃烧器轴线向喷口反向流动，从而产生一回流区，如图3-13所示。

最原始、最简单的旋流燃烧器就是旋转的一次风旋流燃烧器。随着人们对旋流燃烧器研究的深入，产生了将一次风、二次风；或一、二、三次风组合在一起的旋流燃烧器，旋流燃烧器的功率也越来越大，其功能也越来越复杂。随着环保要求的提高，对旋流燃烧器提出了低 NO_x 的要求，并开发出了相应的低 NO_x 燃烧。

旋流燃烧器中产生切向旋转运动的方式通常有简单切向进风、蜗壳、切向叶片和轴向可动叶轮等。气流旋转强度的大小通过调节气流进入燃烧器的切向角度及入口气流速度实现。

1. 典型旋流燃烧器

典型旋流燃烧器有轴向叶轮式多级配风旋流式燃烧器、双调风旋流燃烧器、PAX 型双

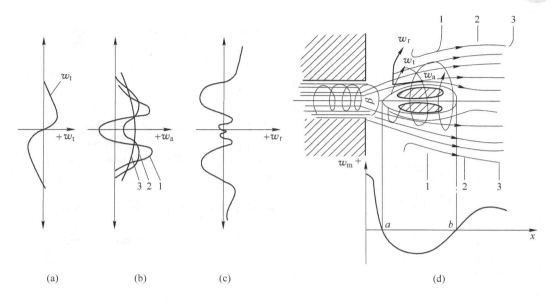

图 3-13 旋流燃烧器出口射流

（a）截面 1—1 内切向速度 w_t 的分布；（b）截面 1—1、2—2、3—3 内轴向速度 w_a 的分布；

（c）截面 1—1 内径速度 w_r 的分布；（d）沿射流轴线方向，轴向速度 w_m 的分布

调风旋流燃烧器、石川岛播磨 IHI-WR-PC 型旋流燃烧器、日立 NR 型旋流燃烧器、径向浓淡型旋流煤粉燃烧器。

轴向叶轮式多级配风旋流式燃烧器。国内部分电厂 600MW 超临界锅炉采用轴向叶轮式多级配风旋流式燃烧器。燃烧器供风分为 4 级，一次风为煤粉空气的混合物，二次风通过轴向可动叶轮式旋流器产生旋转射流，三次风（即外二次风）沿火焰外围通过调节叶片形成弱旋转气流，既防止火焰贴壁，又满足火焰后期的可燃物与空气混合。其主要特点是在轴向可动叶轮式双调风燃烧器的基础上，在内二次风和三次风之间增设另一股直流四次风。这股四次风的主要作用是在高温火焰外围形成空气屏蔽，以推迟三次风与火焰的混合，有利于还原火焰中的 NO_x。

双调风旋流燃烧器。双调风旋流煤粉燃烧器是各种改进型旋流煤粉燃烧器的基础。普通型双调风旋流煤粉燃烧器的结构如图 3-14 所示。燃烧器由点火器、中间的煤粉一次风管、与煤粉一次风管同轴的内二次风与外二次风（也可称为三次风）管、旋流叶片及内、外二次风进口处设置的调风装置（或称为调风器）、燃烧器出口处的稳焰环等组成。当锅炉正常运行时，在燃烧器出口的中心区域形成富燃火焰，这有利于抑制 NO_x 的生成，在火焰的外侧为贫燃火焰，在该区域因氧气充足，将使富燃区中未燃尽的焦炭在该区域充分燃尽。运行时，通过调节内外二次风的流量及其旋流强度就可以调节二次风与中心一次风的混合强度与混合时机，从而调节着火的迟早与燃烧的稳定性及 NO_x 生成特性。

日立 NR 型旋流燃烧器。东方锅炉公司与巴布科克日立公司合作制造的 600MW 超临界锅炉和 1000MW 超超临界锅炉采用日立技术的 NR 燃烧器。NR 燃烧器由环形稳焰器、煤粉浓缩器、外周空气导管、调风器等组成。NR 燃烧器供风也分为 3 个区域，煤粉由一次风送入，助燃风由内二次风和外二次风（或称三次风）供给，如图 3-15 所示。

径向浓淡型旋流煤粉燃烧器。径向浓淡旋流燃烧器的结构特点是：（1）气粉气流分四

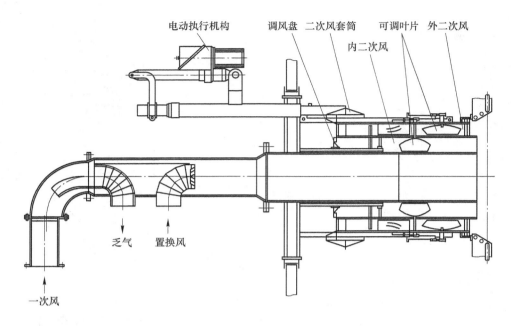

图 3-14　PAX 型双调风燃烧器结构示意图

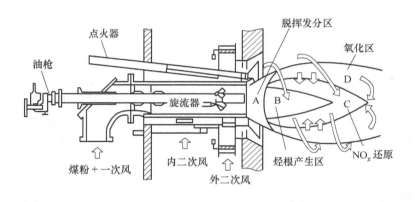

图 3-15　DG 超临界锅炉的 NR 燃烧器

A—挥发分燃烧区；B—还原区；C—NO_x 分解区；D—碳燃烬区

部分喷入炉膛，自内向外分别是浓一次风、淡一次风、旋流二次风、直流二次风；（2）中心管喷口有较大扩口（扩锥），类似钝体，以加强煤粉的浓缩作用，并增大回流区；（3）各喷口均采用了适当的扩口；（4）采用固定的轴向抛物线形旋流叶片，并置于燃烧器近喷口处，以减小二次风的阻力；（5）直流二次风采用挡板调节，以保障调节的灵活性。

2. 旋流燃烧器的布置及炉内气动特性

旋流燃烧器在炉膛上的布置方式有：前墙布置、两面墙布置、炉底布置和炉顶布置等。对于大型固态排渣煤粉锅炉，旋流燃烧器广泛采用前后墙对冲布置与错开布置方式。如图 3-16 所示。

旋流燃烧器因其射流的扩散混合强烈，射流速度衰减快，射流刚性小，射程短，各燃

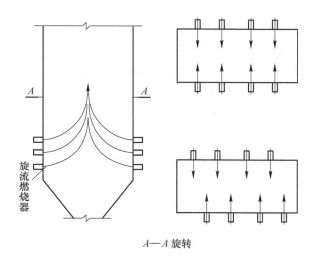

图 3-16　旋流燃烧器前后墙布置示意图

烧器出口射流之间的相互作用较小，远不及直流燃烧器四角切圆燃烧炉膛中邻角气流间的相互作用对整个炉膛内空气动力特性的影响。因此，采用旋流燃烧器的炉内整体空气动力特性主要取决于单只旋流燃烧器的空气动力特性及布置方式。

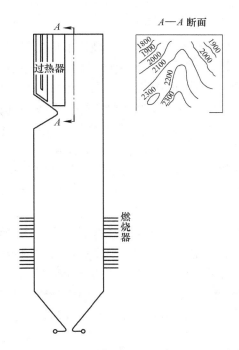

图 3-17　前后墙对冲燃烧炉膛出口温度分布

炉膛中燃烧器前后墙迎面对冲布置时，前后墙气流在炉室中间相互撞击后，大部分气流向炉室上方运动，部分气流下冲到冷灰斗。当两面墙上燃烧器错开布置时，燃烧时炉内的炽热火焰相互穿插，改善了炉内火焰与气流的充满度。与直流燃烧器四角切圆燃烧炉膛相比，炉内空气流场沿炉膛深度方向的分布以及炉膛出口宽度方向上的气流速度与温度分布对前后墙上同层燃烧器配风的变化不是很敏感，有利于避免过热器的热偏差，但也应避免两面墙上同层燃烧器功率出现过大的不对称性，否则仍会导致炉内的火焰偏向一方炉墙，从而引起结渣；相反，沿炉膛宽度方向上的气流分布及炉膛出口速度与烟温，受宽度方向上燃烧器的配风及燃烧器输出功率的影响较大，变化比较敏感，因此，应特别注意同墙、同层燃烧器配风与功率的均衡性。一般情况下，燃烧器前后墙布置时炉膛出口的烟气呈现出近似左右对称的温度分布，如图 3-17 所示。

　　燃烧器前后墙对冲与错开布置的缺点是在低负荷和切换磨煤机停用时，沿炉膛宽度方向容易产生温度不均匀。另外，燃烧器布置在前后墙时，一般还会引起侧墙水冷壁中部热负荷偏高。

（三）直流燃烧器

旋流燃烧器喷口中气流的切向旋转速度分量为零时的气流即为直流射流，相应的燃烧器称为直流燃烧器。直流燃烧器喷口端部的形状通常为矩形、方形与圆形。直流燃烧器出口射流的流动与热物理特征如图 3-18 所示。

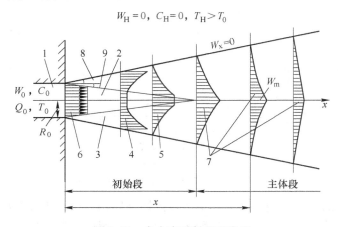

图 3-18　自由直流射流示意图

1—煤粉空气喷口；2—射流等速核心区；3—射流边界层；4—射流内温度分布；
5—射流内煤粉浓度分布（初始段内速度分布图与此相似）；6—出口速度分布；
7—主体段内速度分布；8—射流外扩展角；9—内扩展角

直流煤粉燃烧器喷出的一、二次风都是不旋转的直流射流。直流燃烧器出口的射流射程比较远，但对周围介质的卷吸能力较弱，卷吸量较小，这意味着在炉内采用直流燃烧器时，燃烧器出口射流卷吸炉内高温烟气的能力不强，不利于煤粉气流着火。因此，直流燃烧器一般布置成四角切圆燃烧方式。直流燃烧器除了用于四角切圆燃烧炉外，在采用旋流燃烧器的墙式燃烧炉膛及 W 火焰炉膛中均有应用。在大型的墙式燃烧炉膛中，因为低 NO_x 燃烧的需要，往往采用了顶部燃尽风（Over Fire Air—OFA）技术。由于要求这些 OFA 喷嘴具有很强的炉内穿透能力，因此，OFA 均采用直流燃烧器喷嘴。在 W 火焰燃烧炉膛上，一、二、三次风喷嘴均可采用直流燃烧器。

1. 常见的直流燃烧器

（1）回流型燃烧器。对于特定煤种的煤粉空气流，当其初始温度、煤粉细度、煤粉浓度等一定时，其着火温度 T_i 是一定的，此时将煤粉气流加热到其着火温度所需吸收的着火热量也是一定的。如果通过改进燃烧器的空气动力特性，使燃烧器出口的煤粉空气流卷吸炉内高温烟气的能力大大提高，则燃烧器出口的煤粉气流能在更短的时间内被加热到其着火温度，可有效改善入炉煤粉气流的着火与燃烧性能。这就是回流型燃烧器的设计指导思想。

回流燃烧器的结构设计是利用气流经过各种形状的物体时产生回流这一特性进行的，如钝体燃烧器、波纹钝体宽调节比燃烧器、稳燃腔钝体燃烧器、双通道燃烧器。钝体燃烧器，所谓钝体，就是一切非流线性物体。钝体表面形状的一个重要特征就是具有十分鲜明的棱角。早期的钝体燃烧器就是在普通直流燃烧器的出口装设三棱柱钝体，如图 3-19 所示。此时，矩形通道中的气流流经该钝体时，因气体的黏性作用，钝体后部空间原有的气体在钝体两侧气流的黏性摩擦作用下，被卷吸带走，因而在钝体的后部产生一负压区。由于远离钝体的气体静压大于钝体后部的静压，在此静压差的作用下，远处的高温烟气就能自动回流至燃烧器出口处，对入炉的煤粉气流快速加热，从而改善了煤粉气流的着火性能。显然，只要燃烧器中有气流连续流动，烟气回流就不会停止。

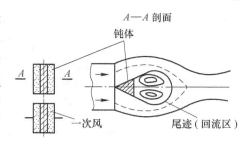

图 3-19 钝体燃烧器及其工作原理

（2）浓淡型燃烧器。为了改善入炉煤粉气流着火的稳定性，一种有效的办法就是尽可能降低一次风煤粉气流中的空气量（也可以说是提高一次风煤粉气流中的煤粉浓度），此时，当燃烧器出口射流回流卷吸的高温烟气量一定时，煤粉气流中单位质量的煤粉粒子可以获得更多的高温烟气热量，因而其加热速度更快，可以很快地达到其着火温度。基于上述思想设计出来的燃烧器称为浓淡燃烧器。浓淡燃烧器提高燃烧器出口煤粉浓度的方法有两种：一种是在整个燃烧器出口断面上提高煤粉的浓度；一种是在燃烧器出口断面的局部提高煤粉的浓度。浓淡燃烧器实现煤粉浓缩大多是利用煤粉粒子与空气的密度不同，如图 3-20 所示。浓淡燃烧器主要有导向块式浓淡燃烧器、基于旋风分离器的浓淡燃烧器、百叶窗式浓淡燃烧器、轴向旋流叶片浓淡分离燃烧器。

2. 直流燃烧器的布置及四角切圆燃烧煤粉炉的气流特性

四角切圆燃烧煤粉炉的燃烧器均采用直流燃烧器，W 形火焰煤粉炉也大多采用直流煤粉燃烧器。对于采用直流燃烧器的锅炉，炉内的总体空

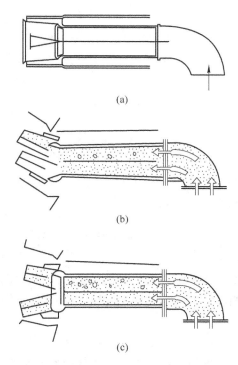

图 3-20 弯头型浓淡燃烧器示意图
（a）带钝体的浓淡燃烧器；
（b）正常工况下的摆动喷嘴浓淡燃烧器；
（c）低负荷工况下的摆动喷嘴浓淡燃烧器

气动力特性既与单只燃烧器出口的空气动力特性有关，也与直流燃烧器在炉膛内的整体布置有关。对于四角切圆燃烧煤粉炉，在分析或试验调整炉内空气流场时，要把握以下几点：一是燃烧器布置的对称性对炉内气流的影响；二是注意燃烧器布置时"角"与"层"概念，即要特别注意同层不同角上燃烧器喷嘴出口射流对炉内整体流动的影响；三是各种类型喷嘴的切圆布置方式对炉内整体气流工况的影响。图 3-21 给出了几种典型的直流燃烧器切圆燃烧布置方式。

四角切圆燃烧煤粉炉内最受关注的气流流动是自燃烧器出口开始到炉膛出口这一空间内的流动特性。这一区间内的流动特性会对燃料的着火、燃烧稳定性、燃烧效率、水冷壁管热负荷的均匀性、燃烧器喷嘴运行的安全性、炉内是否结渣、炉膛出口烟温与气温的偏

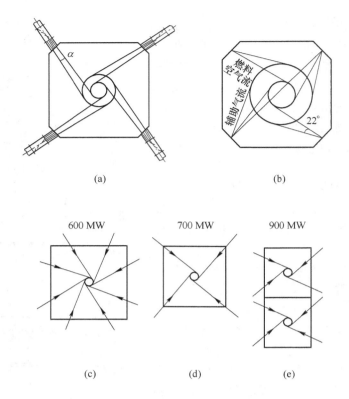

图 3-21　典型的切圆燃烧布置方式示意图

（a）四角小双切圆燃烧；（b）四角大双切圆燃烧；（c）八角单切圆燃烧；
（d）四角单切圆燃烧；（e）双炉膛四角切圆燃烧

差等均产生很大的影响。总的说来，四角切圆燃烧煤粉炉的炉内气流工况受多种因素的影响，邻角气流的冲力对炉内切圆及火焰中心具有重要影响，炉内气流与火焰中心容易出现偏斜。

（四）点火装置

锅炉点火装置主要是在锅炉机组启动时，用来点燃主燃烧器的煤粉气流，有时也用来稳定着火和燃烧。现代大中型煤粉炉一般采用过渡燃料的点火装置，可分为气—油—煤粉的三级点火和油—煤粉的二级点火系统。目前三级点火系统应用较少，主要采用二级点火系统。二级点火系统中，采用燃料油作点火燃料，锅炉点火时先点燃燃料油，再由燃料油来点燃煤粉。目前，等离子无油直接点火装置开始在一些电厂得到应用。

第四节　锅炉汽水系统及其设备

汽水系统的主要任务就是通过各换热设备将高温火焰和烟气的热量传递给锅炉内的工质。燃料在燃烧室内燃烧放热，一部分热量被炉膛吸收，另一部分热量由高温烟气带至炉膛出口，进入后面的各换热设备。进入锅炉的水称为给水。由送入的水到送出的蒸汽，中间要经过一系列加热过程。首先把给水加热到饱和温度，然后是饱和水的蒸发，最后是饱和蒸汽的过热。给水经省煤器加热后进入汽包锅炉的汽包，经下降管引入水冷壁下联箱，再分配给各水冷壁管。水在水冷壁管中继续吸收炉内高温烟气的辐射热达到饱和状态，并使部分水蒸发变成饱和蒸汽。汽水混合物向上流动并进入汽包，在汽包中通过汽水分离装置进行汽水分离，分离出来的饱和蒸汽进入过热器吸热变成过热蒸汽。过热蒸汽进入汽轮机做功，高压机组大多数都采用蒸汽再热，即在汽轮机高压缸做完部分功的过热蒸汽被送回锅炉中的再热器进行再加热。锅炉的汽水系统包括蒸发设备和对流受热面。对流受热面是指布置在锅炉对流烟道内的过热器，再热器，省煤器，有的锅炉为强化燃烧还布置了空气预热器受热面。

一、锅炉水循环系统

（一）自然循环原理及自然循环锅炉

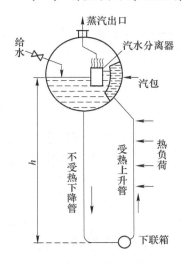

图 3-22　自然循环的原理图

图 3-22 是自然循环的原理图。整个自然循环回路是由不受热的下降管、受热的上升管（即水冷壁管）、汽包、水冷壁下集箱、水冷壁上集箱和汽水引出管等组成。上升管中水被加热到饱和温度并产生部分蒸汽，而下降管中为水或未饱和水（欠热水）。由于蒸汽的密度小于水的密度，因而上升管中汽水混合物平均密度小于下降管中水的密度，这个密度差推动上升管中汽水混合物向上流动进入汽包，并在汽包中进行汽水分离；分离出来的蒸汽由汽包送出，分离出来的饱和水和给水混合后进入下降管，并且从上向下流动，这样就构成了水循环。只要上升管不断受热，这个流动过程就会不断地进行下去。这样，就形成了水和汽水混合物在蒸发设备的循环回路中的连续流动，这种水循环称为自然循环，利用自然循环原理设计制造的锅炉，就称为自然循环锅炉。

随着压力的升高，饱和水和饱和蒸汽的密度差减小，运动压头也将减小，这导致组织稳定的水循环更为困难；因此随着压力的升高，应适当增大上升管中的含汽率和循环回路高度，以维持足够的运动压头；目前采用自然循环方式锅炉，最高饱和蒸气压为 19MPa。

（二）强制流动原理及强制流动锅炉

强制流动锅炉是大型锅炉发展的主要形式之一。强制流动锅炉有控制循环锅炉、直流锅炉和复合循环锅炉三种基本类型。

1. 控制循环锅炉

控制循环锅炉是在自然循环锅炉的基础上发展起来的，由于随着锅炉工作压力的提高，汽、水的重度差减小，自然循环锅炉的循环动力降低，依靠自然循环运动压头使工质在水冷壁内流动变得困难。为了提高锅炉循环的可靠性，确保蒸发设备的安全，出现了控制循环锅炉。控制循环锅炉在结构和运行特性上与自然循环锅炉基本相似，二者的主要区别在于，自然循环锅炉的循环动力是借助于汽水的重度差，而控制循环锅炉的循环动力主要来自炉水循环泵提供的压头。图 3-23 所示为控制循环汽包锅炉蒸发回路的示意图，只是在下降管系统中加装了炉水循环泵。炉水循环泵所提供的循环压头一般为 0.25~0.5MPa。控制循环锅炉的循环压头比自然循环锅炉的循环压头提高了 3~5 倍。

2. 直流锅炉

直流锅炉没有汽包，给水在给水泵压头的推动作用下，依次流过省煤器、水冷壁、过热器，完成给水加热、汽化和蒸汽过热，形成过热蒸汽。直流锅炉特点如下：

（1）直流锅炉流动阻力完全由给水泵压头克服，给水泵压头要比汽包锅炉的高，给水泵电耗相应也较大。但直流锅炉可不受工质压力的限制，目前汽包锅炉的工质压力最高可达亚临界压力，而直流锅炉超临界压力或亚临界压力都适用。

（2）直流锅炉水冷壁允许有较大的压力降。由于给水泵能提供较高的压头，因此，直流锅炉的水冷壁允许有较大流动阻力。

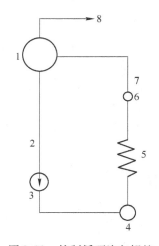

图 3-23　控制循环汽包锅炉
蒸发回路示意图
1—汽包；2—下降管；3—炉水泵；
4—下水包；5—水冷壁；6—上集箱；
7—上升管；8—饱和蒸汽引出管

（3）直流锅炉在结构上虽然有省煤器、水冷壁和过热器，但在运行工况下，水、汽水混合物，过热汽的分界点在受热面上的位置随不同工况而发生变化，使其运行特性和汽包锅炉不同。

3. 复合循环锅炉

复合循环锅炉是在直流锅炉和控制循环锅炉的基础上发展起来的，适合亚临界和超临界参数，它是依靠锅炉水循环泵的压头使部分工质在水冷壁中再循环。再循环的负荷范围分为部分负荷再循环和全负荷再循环。部分负荷再循环是在低负荷时进行再循环，高负荷时转入直流运行，又称复合循环锅炉。

二、蒸发设备

锅炉中吸收火焰和烟气的热量使水转化为饱和蒸汽的受热面称为蒸发受热面。自然循环锅炉的蒸发设备由汽包、下降管和联箱、水冷壁及连接管道等组成。

（一）汽包

1. 汽包的作用

汽包是自然循环锅炉中最重的受压部件，其作用为：

（1）汽包与下降管、水冷壁管连接，组成自然水循环系统。同时汽包又接受省煤器输送的给水，还向过热器输送饱和蒸汽。所以，汽包是加热、蒸发、过热这三个过程的连接枢纽。

（2）汽包中存有一定水量，因而具有一定的储热能力。在负荷变化时起蓄热器和蓄水器的作用，可以减缓汽压变化的速度。例如，外界负荷增加而燃烧还未跟得上变化时，由于汽压降低，使处于原汽压下饱和温度的水迅速降温并蒸发产生一部分蒸汽；另外由于饱和温度降低，与蒸发系统相关联的金属壁、炉墙的温度也将下降，它们都会将蓄热释放出来从而产生了附加蒸汽量。由于附加蒸汽量的产生，就弥补了部分蒸发量的不足，使汽压下降的速度减缓。锅炉储热能力大，表示自行保持负荷及参数的能力强，这一特点对锅炉运行而言，有利于维持参数的稳定。显然，储热能力的大小取决于锅炉汽压允许变化的数值、汽包水容积、给水温度的高低和金属壁、炉墙等的面积和重量。

（3）汽包中装有各种设备，用以保证蒸汽品质。汽包中装有各种内部装置，可以进行蒸汽净化从而获得品质良好的蒸汽。汽包中的加药管可以进行锅内水处理，改善蒸汽品质。此外，汽包中还有连续排污等装置，可以降低炉水的含盐量，汽包上装有压力表、水位表、事故放水门、安全阀等附件设备，用以控制汽包压力，监视汽包水位，以保证锅炉安全工作。

2. 汽包的结构

汽包是一个钢质圆筒形容器，它由筒身与封头两部分组成。圆柱部分称为筒身，两端突出部分称为封头。筒身部分由钢板卷制焊接而成，封头用钢板模压成型，加工后与筒身焊成一体。在封头上留有椭圆形或圆形人孔，以备安装和检修之用，其人孔盖通过拉力螺栓由汽包里面向外关紧，这样可以借助运行中汽包内的压力进一步将人孔盖压紧，见图3-24。

汽包外面有很多管接头，连接着各种管道，如给水管、汽水引入管、下降管、饱和蒸汽引出

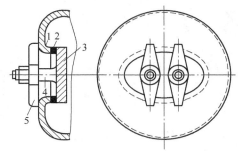

图3-24 汽包的椭圆形人孔
1—汽包封头；2—衬垫；3—人孔盖；
4—拉力螺栓；5—人孔盖紧固梁

管以及连续排污管、事故放水管和加药管等。另外，还有一些连接压力表、水位计、安全阀等附件的管接头。

3. 蒸汽净化与汽包内部装置

蒸汽品质就是指蒸汽中杂质含量的多少，合格的蒸汽品质是保证锅炉和汽轮机安全经济运行的重要条件。蒸汽污染来源，一是由汽包送入过热器的饱和蒸汽携带有锅炉水，二是压力较高时，蒸汽能溶解某些盐类。蒸汽携带锅炉水称为机械携带，蒸汽溶解盐类称为蒸汽溶盐或选择性携带。

汽包内部装置是布置在汽包内部，用于净化蒸汽、分配给水、排污和加药等装置的总称。

汽水分离装置的作用就是把蒸汽中携带的水分分离出来，使蒸汽干燥，以达到清洁蒸汽、提高蒸汽品质的目的。汽水分离设备有挡板、孔板分离装置、百叶窗及旋风分离器。

（1）挡板。当汽水混合物由蒸汽空间进入汽包时，可在入口处装设进口挡板，又称导向挡板（如图3-25所示）。挡板的作用是消除来自蒸发管汽水混合物的动能，减小水滴的飞溅；并借助惯性作用使大量水和蒸汽分开，分离出来的水在挡板上形成一层水膜，沿挡板下缘滴入炉水中，而蒸汽沿着挡板下行再转向，将水滴甩入炉水中而再次得到分离。

（2）孔板分离装置。孔板分离装置包括集汽孔板和水下孔板（如图3-26所示）。孔板由钢板制成，板上开有许多蒸汽孔。当汽水混合物由汽包水空间引入时，常采用水下孔

板；水下孔板装在汽包中间水位以下 100～150mm 处，它用于消除汽水混合物的动能，并使蒸汽沿蒸发面均匀分布。这时，蒸汽在孔板下形成一层稳定的蒸汽垫，使蒸汽均匀通过孔板，减少蒸汽的机械携带。集汽孔板装在汽包顶部蒸汽引出管之前的蒸汽空间，并沿汽包长度方向布置。装置集汽孔板的目的是利用孔板的节流作用，使蒸汽空间的负荷沿汽包长度和宽度均匀分布，避免蒸汽局部流速过高，有利于重力分离。

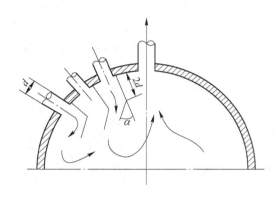

图 3-25　挡板分离装置

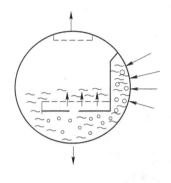

图 3-26　孔板分离装置

（3）百叶窗。百叶窗分离装置由许多平行波纹板组成（如图 3-27 所示），它是一种有效的二次分离元件，能够聚集和分离蒸汽中带有的细微水滴。当携带水滴的蒸汽在波纹板之间流经弯曲通道时，细微水滴黏附在板上，并形成一层水膜，然后靠自身重力流入水空间中。百叶窗可以平置或立置。

（4）旋风分离器。旋风分离器是一种高效分离装置，它的分离效果最好，在大中型锅炉中得到了广泛应用。它的结构形式很多，但主要有立式、涡轮式和卧式三种。

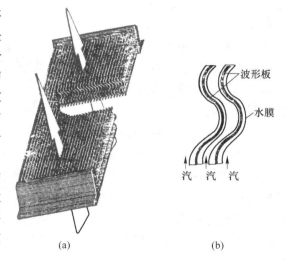

图 3-27　百叶窗分离装置

饱和蒸汽的品质在很大程度上取决于炉水的含盐浓度。在锅炉运行中，水由于不断蒸发而发生浓缩，给水中的杂质只有少部分被蒸汽带走，绝大部分留在炉水中，使炉水的含盐浓度不断增大。为了保证合格的蒸汽品质，必须将炉水的含盐浓度维持在合理范围内，就要将部分含盐较浓的炉水排出，并补充一些较为清洁的给水，这就是锅炉排污。

汽包锅炉的排污有连续排污和定期排污两种。连续排污是连续不断的排出一部分炉水，降低炉水含盐浓度，并维持炉水具有一定的碱度。炉水中可能有沉渣和铁锈，为防止这些杂质在水冷壁管沉积和堵塞，经过一段时间必须把这些杂质排出，这就是所谓的定期排污。由于杂质多沉积在汽水系统的较低处，因此定期排污一般从水冷壁的下联箱引出，间断进行。

（二）下降管和联箱

下降管的作用是把汽包中的水连续不断地送往下联箱再分配到各水冷壁管。为了保证水循环的可靠性，下降管一般置于炉外不受热。为减少散热损失，下降管外一般保温。下降管的一端与汽包相连接，另一端与下联箱连接，以维持正常的水循环。下降管有小直径分散下降管和大直径集中下降管两种。小直径分散下降管的特点是管径小、阻力大，对水循环不利，一般直接与水冷壁下联箱连接。为了减少流动阻力，节约钢材，目前生产的高压、超高压、亚临界压力自然循环锅炉都采用大直径下降管，它不直接与下降管相连，在锅炉下部通过较小直径的分支引出管和各水冷壁下联箱连接，达到配水均匀的目的。

联箱实际上是直径较大而两端封闭的圆管，用来将直径较小的管子连接在一起，起到汇集工质、混合工质和分配工质的作用。锅炉的省煤器、水冷壁、过热器上都有联箱。联箱一般不受热，此外，下联箱上还装有定期排污装置和监视水冷壁膨胀用的膨胀指示器，有的还加装了加强水循环用的循环推动器。

（三）水冷壁

现代锅炉的炉膛四周布满水冷壁，水冷壁成为主要的辐射蒸发受热面。它的作用是保护炉墙，防止结渣以及熔渣对炉墙的腐蚀，使火焰对水冷壁的辐射传热成为锅炉传热的重要方式。水冷壁有下列几种类型：

（1）光管水冷壁。小容量锅炉广泛采用光管水冷壁，沿炉膛四壁互相平行地竖直布置，光管水冷壁由不带鳞片的光管组成。

（2）膜式水冷壁。大型电站锅炉为了使炉膛气密性能更好，通常采用模式水冷壁。膜式水冷壁通常是用光管或内螺纹管与鳍片焊接而成。图 3-28 为两种膜式水冷壁的结构。

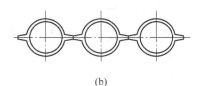

图 3-28　膜式水冷壁结构
（a）光管焊成的膜式水冷壁；
（b）肋片管焊成的膜式水冷壁

在水冷壁中部热负荷高的区域内采用内螺纹管，增大水循环安全裕度。为了防止膜态沸腾，提高水循环的安全性，锅炉可在高热负荷区采用内螺纹管水冷壁，图 3-29 为内螺纹管及端部加工样图。

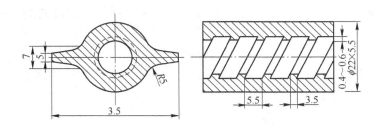

图 3-29　内螺纹管

为了提高燃烧器区域温度，有利于煤的着火与燃烧，在燃烧器区域水冷壁处敷设了耐火材料组成卫燃带，其水冷壁为销钉管式，如图 3-30 所示。

（3）扰流子水冷壁。直流锅炉在蒸发受热面管内加装扰流子，可以有效破坏管壁内的气膜，减轻传热恶化。扰流子使汽水流动阻力增加，同时使汽水混合物产生扰动，混合加强，增大管壁放热系数，改善冷却效果。

三、过热器和再热器

现代大型锅炉过热器和再热器的受热面都很大，形成了不同类型的过热器和再热器的布置方案。

由于流过过热器和再热器的烟气温度和蒸汽温度都很高，蒸汽对管壁的冷却条件差，传热的热流密度高，所以金属壁温很高，靠近金属的许用温度。管壁的超温爆管是锅炉的核心问题。

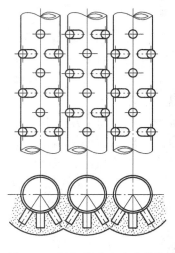

图 3-30　销钉管式水冷壁结构

过热器在锅炉内布置位置的不同，其传热方式也不同。按照传热方式可分为：对流过热器、半辐射式过热器（屏式过热器）和辐射式过热器。对流过热器一般布置在炉膛出口的对流烟道内，以对流换热为主；屏式过热器布置在炉膛出口处或炉膛上部，既吸收火焰直接辐射，又吸收烟气对流换热；辐射式过热器一般布置在炉膛内壁面上，只吸收火焰辐射。有些过热器布置在炉膛的顶棚上，称为顶棚过热器；在水平烟道和后部竖井的内壁，像水冷壁那样布置的过热器管，称为炉顶及包墙管过热器。

（一）对流过热器和再热器

对流过热器和再热器由蛇形管形成，其进出分别用联箱连接，不同的分类方式如下。

1. 按管子的排列方式分类

对流过热器和再热器可分为错列和顺列两种形式。顺列布置传热系数小于错列布置，错列布置比顺列布置管壁磨损严重，要综合考虑确定。

2. 按蒸汽和烟气的相对流动方向分类

对流过热器和再热器可分为顺流、逆流、双逆流和混流布置四种。顺流式管壁温度最低，但传热温差小，相同传热量时所需受热面最多，多应用于高温级受热面的高温段；逆流则相反，管壁温度最高，传热温差最大，相同传热量所需受热面最少，多应用于低温级受热面；双逆流和混流式的壁温和受热面大小居于前两者之间，多应用于高温级受热面。

过热器的蛇形管可做成单管圈、双管圈和多管圈式。为了同时满足烟气速度和蒸汽速度的要求，并受烟道宽度的限制，大容量锅炉过热器蛇形管一般采用多管圈形式，在烟速不变的前提下，可降低蒸汽流速。

3. 按受热面的布置方式分类

对流过热器和再热器可分为垂直式和水平式两种。垂直式过热器又称立式过热器，这种布置结构简单，吊挂方便，积灰少，但停炉后产生的凝结水不易排除，应用广泛。水平式过热器又称卧式过热器容易疏水，但支吊较复杂，为了省合金钢，常用管子吊挂。这种过热器常用在塔式和箱式锅炉中，有时也布置在Ⅱ型锅炉的尾部竖井中。

（二）屏式过热器

屏式过热器由焊在联箱上的许多U形管紧密排列成的管屏组成，管屏通常悬挂在炉顶构架上，可以自由向下膨胀。为了增加屏本身的刚性，保证各屏之间正常的节距，两相邻屏间各抽出一根管子相互夹持在一起。布置在炉膛上部的屏式过热器称为前屏，其作用主要是降低炉膛的出口烟温，减少烟气扰动和旋转，改善过热蒸汽或再热蒸汽的汽温特性。布置在炉膛出口处的屏式过热器称为后屏。前屏和后屏的结构形式基本相同，只是横向节距不同，前屏节距较大，后屏比前屏横向节距小。

（三）辐射式过热器

高参数大容量的锅炉蒸发吸热比例较小，为了在炉膛内部布置足够的受热面，需要布置辐射式过热器或再热器。辐射式受热面具有与对流式受热面相反的汽温特性，有利于整个过热器和再热器的汽温调节性能的改善和调节，同时由于辐射传热的强度较大，可有效减少锅炉的耗量，目前已在锅炉中广泛应用。辐射式过热器不仅可以布置在炉膛四壁或炉顶，而且可以沿炉膛高度布置或布置在炉膛中上部，也可以与水冷壁间隔排列或集中布置在某一面墙。

（四）包墙管过热器

包墙管过热器主要用于悬吊炉墙，传热效果差，不能作为主要受热面。包覆式过热器作为炉壁，仅受烟气的单面冲刷，贴壁处烟速较低。对流换热效果较差，辐射吸热量也小，蒸汽温度较低。包覆式过热器具有较低的管壁温度，有利于减少锅炉的散热损失，同时，也具有将蒸汽输送到布置在尾部烟道的低温过热器进口的作用。

（五）蒸汽温度的调节方法

汽包锅炉引起汽温变化的具体因素有锅炉负荷、过量空气系数、给水温度、燃料性质、受热面污染情况、燃烧器的运行方式、风量分配等。直流锅炉引起过热汽温变化的具体因素有燃水比、给水温度、过量空气系数、火焰中心位置、受热面粘污或结渣等。直流锅炉再热器的汽温特性与汽包锅炉再热器的汽温特性相似。需要指出的是，当直流锅炉的燃料量与给水量不相适应时，出口汽温的变化很剧烈，而且工作压力越低，变化幅度越大。因此直流锅炉主要是靠调节煤水比来维持给定汽温。直流锅炉这个特点明显不同于汽包锅炉。对于汽包锅炉而言，由于有汽包，所以煤水比基本不影响汽温。对于直流锅炉，在水冷壁温度不超限的条件下，几种影响过热汽温的因素都可以通过调整煤水比来消除；所以，只要控制、调节好煤水比，在相当大的负荷范围内，直流锅炉的过热汽温可保持在额定值，这个优点是汽包锅炉无法比拟的。

蒸汽温度的调节方法通常分为两类，蒸汽侧的调节和烟气侧的调节。蒸汽侧的调节是指通过改变蒸汽焓来调节汽温，主要有喷水式减温器和表面式减温器。烟气侧的调节则是通过改变锅炉内辐射受热面和对流受热面的吸热量分配比例的方法（采用对燃烧器摆角、燃烧器运行方式、煤粉浓度和旋流强度的调节；采用烟气再循环等）或改变流经过热器、再热器的烟气量的方法（如烟气挡板）来调节汽温。对于汽包锅炉，过热汽温采用蒸汽侧方法调节为主，以烟气侧调节为辅的调节手段。对于直流锅炉，过热汽温采用燃水比作为主要调节过热汽温的方法，并用喷水作为细调和辅助手段。对于汽包锅炉和直流锅炉，再热汽温均以烟气侧调节为主要手段，以喷水为辅助手段或精调手段。

1. 喷水减温装置

喷水减温器又称混合式减温器，其原理是将减温水直接喷入过热蒸汽中，使其雾化、吸热蒸发，达到降低蒸汽温度的目的。其优点是结构简单，调节灵敏，减温器出口的汽温延迟时间仅 5～10s，减温幅度可达 100℃ 以上，压力损失小，一般不超过 50kPa。其缺点是要求减温水的品质不能低于蒸汽品质，对于给水品质不高的中小容量锅炉，可采用自制的冷凝水。现代大型电站锅炉的过热蒸汽温度的调节也采用喷水减温的方法，对于多级布置的过热器系统，为减少热偏差，可采用 2～3 级喷水减温。

再热器一般不宜采用喷水减温。因为喷入再热器的水转化的蒸汽仅在汽机中、低压缸中做功，就好像在电厂的高压循环系统中附加了一个中压循环系统。由于中压系统热效率较低，因此整个系统的热效率下降。此外，机组定压运行时，因再热器调温幅度大，为保证低负荷下的汽温，高负荷时，需投入大量减温水，在超高压机组中，每增加 1% 喷水量，降低效率 0.1%～0.2%。因此，再热器常采用烟气侧调节法作为汽温调节的主要手段，而用喷水减温器作为辅助调节方法。有的锅炉也将喷水减温器作为细调手段或消除热偏差的手段，有时也在事故下使用。

2. 分隔烟道挡板

烟气挡板是利用改变烟气流量的方法来调节蒸汽温度的装置。图 3-31 为分隔烟道挡板调温法受热面的布置方式。由图可见，对流后烟道分隔成两个并联烟道。其中一面布置再热器，另一个面布置过热器。在两个烟道受热面后的出口布置可调的烟气挡板，利用调节挡板开度，改变流经两烟道的烟气量来调节再热汽温。

这种调节方法结构简单，操作方便，但挡板一般布置在烟温低于 400℃ 的区域，以免产生热变形，并

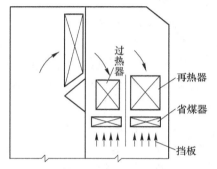

图 3-31 分隔烟道挡板调温法
受热面的布置方式

注意尽量减少烟气对挡板的磨损。平行烟道的隔墙要注意密封，最好采用膜式壁结构，以防止烟气泄漏。当再热器与过热器并列布置时，过热器的辐射特性应在设计时给予增大，这样过热器与再热器两者汽温变化相互配合较好。

其缺点是对流受热面布置较受约束，挡板的节流增加了烟风系统阻力，对尾部烟道的磨损也不利。其优点在于挡板对汽温控制精确，再热减温水可只作为事故喷水使用，且挡板的操作灵活简便、控制可靠。减少再热器减温水，不仅使循环效率提高，而且有利于提高锅炉的效率。相对于燃烧器摆动喷嘴对汽包锅炉主汽温与再热汽温的同向影响，烟道挡板对主汽温与再热汽温的影响是反向的，即在解决任何一方（主汽温或再热汽温）偏低或偏高的同时，可利用另一方（再热汽温或主汽温）汽温的余量来平衡，不会出现类似于燃烧器摆角喷嘴控制中为解决再热汽温的偏低而使过热汽减温水量过大的情况。

3. 烟气再循环

烟气再循环的工作原理是采用再循环风机从锅炉尾部低温烟道中（一般为省煤器后）抽出一部分温度为 250～350℃ 的烟气，由炉子底部（如冷灰斗下部）送回到炉膛，用以

改变锅炉内辐射和对流受热面的吸热量分配，从而达到调节汽温的目的。但该调节方式会降低炉膛温度，可能影响燃烧，我国一般较少应用。

4. 燃烧器摆角

四角切圆燃烧的锅炉中，燃烧器摆角常作为再热蒸汽调温的主手段。通过摆动燃烧器喷嘴角度来改变火焰中心高度，从而改变炉膛出口烟温。喷嘴上下摆动角度一般为 30°。由于末级再热器布置于炉膛出口高温烟气区域，对摆动喷嘴的调温具有较大的敏感性。

5. 燃烧调整

燃烧调整要满足燃烧的经济性与可靠性及外部负荷的要求，一般只作为汽温调整的辅助手段，即一般的汽温调整手段已不能维持正常的汽温时采用。通过改变着火点位置，炉内气流结构，过量空气系数等，改变锅炉内辐射和对流受热面的吸热量分配，从而达到调节汽温的目的。采用直流燃烧器的锅炉中，通过调整燃烧器摆角，燃烧器运行方式，一、二次风比例，二次风的配风方式，煤粉细度等措施改变火焰中心位置，也可起辅助调整汽温的作用。在后烟井布置有对流传热的低温再热器，当负荷低于一定值后，也可适当改变过量空气系数来调节再热汽温。

6. 过热器的热偏差及防止措施

过热器是由许多并列管子组成的管组。管组中各根管子的结构尺寸、内部阻力系数和热负荷可能各不相同。因此每根管子中的蒸汽焓增 Δi 也就不同，工质温度亦不同。这种现象称为过热器的热偏差。焓增大于管组平均值的那些管子叫偏差管。产生热偏差的原因是烟气侧热力不均（吸热不均）和工质侧水力不均匀（流量不均）。

为防止热偏差，在锅炉设计中应使并联各蛇形管的长度、管径、节距等几何尺寸按照受热的情况合理分配，燃烧器的布置尽可能均匀；在运行操作中确保燃烧稳定烟气均匀并充满炉膛空间，沿炉膛宽度方向烟气的温度场、速度场尽可能均匀，控制左右侧烟温差使其不至于过大；根据受热面的污染情况，适时投入吹灰器减少积灰和结渣。目前减少热偏差的主要方法有沿烟气流动方向，将过热器受热面分成若干级，级间有集箱使蒸汽充分混合；为改善各屏受热面之间的吸热不均，锅炉屏式受热面采用了沿炉膛宽度方向的不等距布置；采用合理的蒸汽引入和引出方式；采用不同的管径和不同壁厚的蛇形管管圈；在运行中通过合理的燃烧调整，使火焰尽量均匀充满整个炉膛，并防止火焰偏斜，尽量维持炉膛烟气温度场与速度场的均匀性；设计合理的炉膛形状；各级过热器、再热器之间采用单根或数量很少的大直径连接管相连接，使蒸汽能起到良好的混合作用，消除热偏差。

四、省煤器

省煤器和空气预热器是现代锅炉不可缺少的受热面。由于它们装在锅炉尾部烟道内，故统称为尾部受热面。省煤器是利用锅炉尾部烟气的热量加热锅炉给水的设备。其作用有两点：一是让给水在进入锅炉前，利用烟气的热量对其进行加热，同时降低排烟温度，提高锅炉效率，节约燃料耗量；二是由于给水流入蒸发受热面之前，先被省煤器加热，这样就降低了炉膛内传热的不可逆热损失，提高了经济性，同时减少了水在蒸发受热面的吸热量。因此，采用省煤器可以取代部分蒸发受热面，也就是以管径较小、管壁较薄、传热温差较大、价格较低的省煤器来代替部分造价较高的蒸发受热面。

现代大容量锅炉广泛采用钢管省煤器，其由许多并列的 $\phi 28 \sim 51$ 的蛇形管组成。为使省煤器结构紧凑，一般总是力求减少管间距离（节距）。顺列布置时，蛇形管束的纵向节距 S_2 就是管子的弯曲半径，所以减少节距 S_2 就是减少管子的弯曲半径。而当管子弯曲时，弯头的外侧管壁将减薄。弯曲半径越小，外壁就越薄，管壁强度降低就越厉害。因此，管子的弯曲半径一般不小于 $(1.5 \sim 2.0)d$，即省煤器纵向节距 $S_2 \geqslant (1.5 \sim 2.0)d$，其中 d 为蛇形管的外径。

省煤器蛇形管可以错列布置或顺列布置。错列布置可使结构紧凑，管壁上不易积灰，但一旦积灰后吹灰比较困难，磨损也比较严重。顺列布置时的情况正好相反，因为容易清灰，经常在大型锅炉中采用。

钢管省煤器的蛇形管可以采用光管，也可以采用纵向鳍片管、螺旋形鳍片管和整焊膜式受热面。光管结构简单，加工方便，烟气流过时的阻力小。而鳍片管则可强化烟气侧的热交换，使省煤器结构更加紧凑，在同样的金属消耗量和通风电耗的情况下，焊接鳍片管所占空间比光管约可减少 $20\% \sim 25\%$；而采用轧制鳍片管，可使省煤器的外形尺寸比光管减少 $40\% \sim 50\%$，膜式省煤器也具有同样的优点。鳍片管和膜式省煤器还能减轻磨损，这是因为，它们比光管占有的空间小，因此在烟道截面不变的情况下，可以采用较大的横向节距，从而使烟气流通截面增大，烟气流速下降，磨损大为减轻。肋片式省煤器的主要特点是热交换面积明显增大，比光管大 $4 \sim 5$ 倍，这对缩小省煤器的体积，减小材料消耗很有意义。

为了便于检修，省煤器管组的高度是有限制的。当管子紧密布置（$S_2/d \leqslant 1.5$）时，管组高度不得大于 $1m$；布置较稀时，则不得大于 $1.5m$。如果省煤器受热面较多，沿烟气行程的高度较大时，就应把它分成几个管组，管组之间留有高度不小于 $600 \sim 800mm$ 的空间，以便进行检修和清除受热面上的积灰。

为防止飞灰颗粒磨损，省煤器管束与四周墙壁间装设防止烟气偏流的阻流板，管束上设有可靠的防磨装置，即在边缘管处加防磨盖板。在吹灰器有效范围内，省煤器设有防磨护板，以防止吹坏管子。省煤器入口有取样点，并有与其相应的接管座及一次门。省煤器能自疏水，进口联箱上装有疏水、锅炉充水和酸洗的接管座，并带有相应的阀门。省煤器在最高点设置排放空气的接管座和阀门。

五、空气预热器

空气预热器是利用锅炉尾部烟气热量来加热燃烧及制粉所需要的空气设备。由于它工作在烟气温度较低的区域，吸收了烟气热量，进一步降低了排烟温度，因而提高了锅炉效率；同时由于燃烧空气温度的提高，有利于燃料着火和燃烧，减少了不完全燃烧损失；炉膛温度的提高，强化了炉内的辐射传热，减少了单位蒸发量所需的炉内水冷壁面积，节省了金属材料，降低了锅炉造价；此外，排烟温度的降低改善了引风机的工作条件。

按传热方式的不同，空气预热器可以分为传热式和蓄热式（再生式）两种。前者热量由烟气侧连续通过传热面传给空气侧，烟气和空气有各自的通道，这种空气预热器漏风很小。后者是烟气和空气交替地通过受热面，热量由烟气传给受热面金属，被金属积蓄起来，然后空气通过受热面，将热量传给空气，连续不断地循环加热，这种空气预热器漏风系数比传热式的要大得多。

随着电厂锅炉蒸汽参数和机组容量的加大，管式空气预热器受热面也不断增加，从而使其体积和高度增加，这给锅炉布置带来困难。因此，现在大机组都采用结构紧凑、重量轻的回转式空气预热器。回转式空气预热器有两种布置形式：垂直轴和水平轴布置。垂直轴布置的空气预热器又可分为受热面转动和风罩转动。国内通常使用的是受热面转动的容克式回转式空气预热器，风罩转动的罗特缪勒式回转式预热器使用较少。

按进风仓的数量分类，容克式空气预热器可以分为二分仓和三分仓两种。不同之处在于一、二次风在预热器中是否分开。热一次风系统配置二分仓回转式空气预热器，一次风机布置在空气预热气与磨煤机之间，输送的是热空气，空气温度高，比容大，风机体积大，电耗高，运行效率及可靠性低。冷一次风系统配置三分仓回转式空气预热器，一、二次风各自由单独风机输送，风机处于空气预热器之前，输送的是干净的冷空气，空气温度低，比容小，风机体积小，电耗低，热风温度不受一次风机的限制，可满足磨制较高水分煤种的要求。三分仓型式容克式空气预热器，如图 3-32 所示。

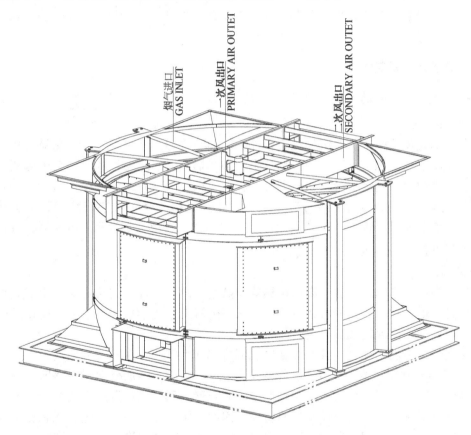

图 3-32 空气预热器外观图

加工成特殊波纹的金属蓄热元件被紧密地放置在转子扇形隔仓格内，转子以 0.99r/min 的转速旋转，其左右两半部分分别为烟气和空气通道，空气侧又分为一次风道和二次风道。当烟气流经转子时，烟气将热量释放给蓄热元件，烟气温度降低；当蓄热元件旋转到空气侧时，又将热量释放给空气，空气温度升高。如此周而复始地循环，实现烟气与空气的热交换。空气预热器由转子、蓄热元件、壳体、梁、扇形板及烟风道、密封系统、电驱动装置、轴承、自控系统及相关附件等组成，此外，预热器上还有吹灰、清洗、润滑、火灾报警及消防装置等。

回转式空预器与管式空预器相比较有以下特点：

（1）回转式空气预热器受热面密度高达 $500mm^2/mm^2$，结构紧凑，占地小，体积为同容量管式预热器的 1/10，因而布置灵活方便，使锅炉本体更容易得到合理的布置。

（2）重量轻，因管式预热器的管子壁厚 1.5mm，而回转预热器的蓄热板厚度为 $0.5 \sim 1.25mm$，布置相当紧凑，所以回转式预热器金属耗量约为同容量管式预热器的 1/3。

（3）在相同的外界条件下，回转式空气预热器因受热面金属温度较高，低温腐蚀的危险比管式的轻。

（4）回转式空气预热器的漏风量比较大，一般管式不超过 0.5%，而回转式在状态好时为 6% ~ 10%，密封不良时可达 20% ~ 30%。

（5）回转空气预热器的结构比较复杂，制造工艺要求高，运行维护工作多，检修也较复杂。

六、受热面的积灰和腐蚀

（一）对流受热面的高温积灰和高温腐蚀

1. 高温积灰

在高温烟气环境中，飞灰沉积在管束外表面的现象称为高温积灰。过热器与再热器管外的积灰即属于高温积灰。积灰使传热热阻增加，烟气流动阻力增大，还会引起受热面金属的腐蚀。锅炉设计和运行的重要任务之一就是将积灰减少到最低限度。对于灰中含钙较多的燃料，设计过热器与再热器时应重点考虑防止烧结成坚实灰层或减轻其危害性的措施，如加大管子横向节距 S_1，减小管束深度，采用立式管束，装设高效吹灰器，并保证对每根管子都进行有效吹灰。

2. 高温腐蚀

高参数锅炉的高温过热器、高温再热器及其管束的固定件、支吊件等，由于它们的工作温度很高，烟气和飞灰中的有害成分会与管子金属发生化学反应，使管壁变薄、强度降低，这种现象称为高温腐蚀。

燃煤锅炉中高温腐蚀主要发生在金属壁温度高于 540℃ 的迎风（迎烟气）面，金属壁温度 650 ~ 700℃ 时腐蚀速率最高。在燃煤中，当 K、Na、S 等成分含量较多时，要防止过热器和再热器管壁外部的腐蚀，就应该严格控制管壁温度。管壁温度高的管子，腐蚀速度也快。现在主要采用限制汽温控制高温腐蚀。因此，国内外对高压、超高压和亚临界压力机组，锅炉过热蒸汽温度趋向于采用 540℃，在设计和布置过热器时，要注意高温蒸汽出口段不要布置在烟气温度过高的区域。

由于燃油中含有 V、Na、S 等化合物，在过热器管壁上形成低熔点的 V_2O_3 和各种钠钒化合物，当管壁温度大于 600 ~ 620℃ 时就会熔化成液态，造成严重腐蚀，SO_3 在结垢和腐蚀过程中起触媒作用。在燃油中加入碱制剂可提高灰熔点，降低腐蚀速度。如果限制过热器和再热器的管壁温度在 600℃ 以下，能有效防止钒腐蚀。采用低氧燃烧，降低燃油的过量空气系数到 1.03 以下时，可使烟气中 SO_3 的含量减少，减少 V_2O_3 的生产量，有利于减轻腐蚀。

3. 减少或防止高温积灰和腐蚀的措施

主蒸汽温度不宜过高；严格控制炉膛出口烟温；对处于高温烟区的末级过热器和再热器，采用顺流布置并加大横向节距；选用抗腐蚀材料，如高铬钢管、双金属挤压管、防护涂层、添加剂等；定期吹灰并提高吹灰效果；实现低氧燃烧。

（二）低温受热面的积灰、磨损和腐蚀

1. 低温受热面的积灰及防止措施

在烟气温度低于 600 ~ 700℃ 的烟道内，低温受热面管子表面形成的积灰为松散灰。烟气中携带的飞灰，由各种颗粒组成，一般均小于 200μm，其中大部分是 10 ~ 20μm 的颗粒。当含灰烟气流冲刷受热面管束时，背风面产生旋涡区，大颗粒飞灰惯性大，不易卷入旋涡区，进入旋涡区的灰粒基本上小于 30μm，细灰粒、特别是小于 10μm 的微小灰粒碰上管壁便可能聚积在管子壁面上。大灰粒不仅不易沉积，而且还有冲刷作用，一般沿管壁的两侧面及管子的迎风面不易积灰。对于燃用固体燃料的锅炉，当烟气流速在 8 ~ 10m/s 以上时，迎风面上不易产生灰粒沉积，而烟气流速低于 2.5 ~ 3m/s 时，迎风面上也会产生较多的积灰。此外，积灰程度与烟气流中飞灰粒度的分散度有较大关系，烟气流中含粗灰少而细灰多时，则因粗灰的冲刷作用减弱而使积灰较为严重。在烟气流速和管径相同时，顺列管束的灰层厚度比错列管束要厚，错列管束的纵向相对节距 S_2/d 越大，灰层越厚。水平管与倾斜管的积灰比垂直管严重。

对于燃烧高硫油的锅炉，低温受热面管子表面会产生黏性的玻璃状沉积层，可加入适量碱可使沉积的灰尘变得松散容易清除，也可采用低氧燃烧。对于以积松灰为主的受热面，可采用以下措施减轻和防止积灰：正确设计和布置吹灰装置，运行时定期进行吹灰；空气预热器要布置水冲洗装置；设计时采用足够的烟气流速；采用适当的管束布置，包括管束排列形式、管径、横向和纵向节距。

2. 低温受热面的飞灰磨损及防止措施

高速烟气携带的飞灰颗粒冲击受热面金属壁面时，对金属壁面产生冲击和切削作用，形成受热面磨损。对于顺列管束，第 1 排最严重的磨损点发生在与烟气流呈对称 30° ~ 40° 的角度上，对于第 2 排及以后各排管子的磨损则集中在 60° 的对称点上，最大的磨损发生在第 5 排及以后各排管子上。对于纵向管束，磨损比横向冲刷减轻很多，只有在距离进口约 150 ~ 200mm 长的一段管道内发生严重的磨损。飞灰颗粒对金属表面的磨损主要决定于下列因素：飞灰颗粒的动能、单位时间内冲击到管壁金属表面上的飞灰量、飞灰颗粒与管壁金属表面发生碰撞的概率或飞灰撞击率。

减轻和防止磨损的措施有：防止烟道内出现局部烟速过高和飞灰浓度过大，消除烟气走廊；防止局部地方的飞灰浓度过大，消除漏风；改善省煤器结构，如选用大直径管子，采用较大的横向节距与直径的比值 S_1/d，采用顺列管束，采用膜式省煤器或螺旋肋片管省煤器；限制烟气流速；采用防磨措施，如安装省煤器的防磨装置，空气预热器的防磨装置。

3. 尾部受热面的低温腐蚀及防止措施

尾部受热面的低温腐蚀是指硫酸蒸汽凝结在受热面上而发生的腐蚀，这种腐蚀也称硫酸腐蚀。它一般出现在烟温较低的低温级空气预热器的冷端。低温腐蚀会导致受热面泄漏，造成低温黏结性积灰，严重腐蚀时甚至会导致大量受热面更换。

锅炉燃用的燃料中含有一定的硫分，燃烧时会生成二氧化硫，其中一部分又会生成三氧化硫。三氧化硫与烟气中的水蒸气结合形成硫酸蒸汽。当受热面的壁温低于硫酸蒸汽露点（烟气中硫酸蒸汽开始凝结的温度，简称酸露点）时，硫酸蒸汽会在壁面上凝结成为酸液而腐蚀受热面。烟气露点与燃料中的硫分和灰分有关。腐蚀速度与管壁上凝结的酸量、硫酸浓度及管壁温度等因素有关。除壁温外，影响低温腐蚀的主要因素是烟气中三氧化硫的含量。燃料中的硫分多，火焰温度高，过量空气系数增加都会增加三氧化硫的含量；当烟尘中氧化铁或氧化钒等催化剂含量增加时，烟气中三氧化硫将增加；飞灰中的某些成分，如钙镁氧化物和磁性氧化铁及未燃尽的焦炭粒等，有吸收或中和二氧化硫和三氧化硫的作用。

减轻低温腐蚀的措施有：一是减少烟气中三氧化硫的含量，可采用燃料脱硫、烟气脱硫、低氧燃烧和烟气再循环等措施；二是提高受热面壁温，可采用热风再循环，在空气预热器进口装设暖风器，采用螺旋槽管等措施。此外，还可采用玻璃管或热管作前置式预热器，提高进入主预热器的风温；采用耐腐蚀材料，如管式空气预热器采用铜管，再生式空气预热器采用 Corten-A 钢、搪瓷波纹板或陶瓷材料作传热元件；将管式空气预热器的冷段设计成独立体，便于腐蚀后更换。

第五节　锅炉主要辅助设备

锅炉的辅助设备主要包括：通风设备（送风机、一次风机、引风机、烟囱），给水设备（给水泵），燃料运输设备，制粉设备（煤仓、粉仓、给煤机、给粉机、磨煤机、粗粉分离器、细粉分离器、排粉机等），除灰设备（除尘器），除渣设备（捞渣机、碎渣机、灰渣泵等），锅炉辅件（如安全门、水位计）等。制粉设备在前面已做介绍，这里不再重复。

一、通风设备

通风设备，通常指送风机、一次风机、引风机和烟囱等，其作用是供给燃料燃烧需要的空气，排走燃烧产生的烟气，并克服空气流过各个部件和烟气流过各个受热面的流动阻力，维持锅炉的燃烧能够不断进行。

（一）通风方式

锅炉通风有自然通风和强制通风两种方式。

1. 自然通风

烟囱内的烟气温度高达100℃，密度较小，而外界空气温度低，密度大，在烟囱高度范围内，冷热气流因为密度差会产生吸力，称为自然通风。一般通风能力的大小取决于烟囱的高度，烟气与外界空气的温度差和当地大气压力等因素。烟气温度越高，环境温度越低，烟囱越高，则通风能力越大。现代大型电厂锅炉为了能够使烟尘远距离的扩散，都建很高的烟囱，产生一定的自生通风能力，但是单纯的自然通风，仍然不能满足锅炉通风的需要，自然通风这种方式只适用于流动阻力很小的小容量锅炉。

2. 强制通风

采用专门的通风机械来实现强制通风，一般有负压通风、正压通风和平衡通风三种方式。

（1）负压通风。该通风方式一般只适宜于小型锅炉，在烟囱前加装引风机，使整个锅炉处于负压状态运行，越接近引风机入口，负压越大。

（2）正压通风。该通风方式是在锅炉的通风系统中装送风机，利用送风机的正压头克服烟风道的全部流动阻力。使用该通风方式，锅炉中的所有设备均处于正压状态下运行，从送风机出口到烟囱进口，压力逐渐降低。其优点是省去了在烟气高温下工作的引风机，简化了系统，系统不向锅炉内漏风，提高了锅炉效率，风机无磨损。其缺点是火焰和烟尘容易外漏，锅炉密封的要求较高。

（3）平衡通风。该通风方式，是在锅炉烟道中同时装有送风机和引风机，利用送风机的正压头来克服空气流动的阻力，包括风道、空气预热器和燃烧器的阻力；利用引风机的负压头来克服烟气的流动阻力，包括烟道和各个受热面的阻力，并在炉膛出口维持 $20 \sim 50Pa$ 的负压。采用这种通风方式，炉膛和烟道的负压都不高，漏风较小，而且炉膛和烟道的烟尘不外漏。

（二）送、引风机

风机是把机械能转化为气体的势能和动能的设备，风机可以分为轴流式和离心式两种形式。送风机向锅炉送入燃料燃烧需要的空气，引风机将燃烧后的烟气吸出并送往烟囱，排入大气。中小型机组常用的风机为离心式，大容量锅炉的送风机趋向于采用轴流式风机。而锅炉的引风机由于烟气中含有的尘粒，对叶片磨损严重，目前多数采用离心式风机。轴流风机和离心风机比较：

（1）动叶调节轴流风机的变工况性能好，工作范围大。因为动叶片安装角可随着锅炉负荷的改变而改变，既可调节流量又可保持风机在高效区运行。

（2）轴流风机对风道系统风量变化的适应性优于离心风机。由于外界条件变化使所需风机的风量、风压发生变化，离心风机就有可能使机组达不到额定出力，而轴流风机可以通过关小或开大动叶的角度来适应变化，同时由于轴流风机调节方式和离心风机的调节方式不同，所以轴流风机的效率较高。

（3）轴流风机重量轻、飞轮效应值小，使得启动力矩大大减小。

（4）与离心式风机比较，轴流风机结构复杂、旋转部件多，制造精度高，材质要求高，运行可靠性差。但由于动调是引进技术使得运行可靠性提高。

1. 轴流风机的工作原理

流体沿轴向流入叶片通道，当叶轮在电机的驱动下旋转时，旋转的叶片给绕流流体一个沿轴向的推力（叶片中的流体绕流叶片时，根据流体力学原理，流体对叶片作用有一个升力，同时由作用力和反作用力相等的原理，叶片也作用给流体一个与升力大小相等方向相反的力，即推力），此叶片的推力对流体做功，使流体的能量增加并沿轴向排出。叶片连续旋转即形成轴流式风机的连续工作。

送风机的结构和一次风机相类似，只是送风机是一级叶轮，一次风机为两级叶轮。送风机和一次风机由驱动电机，联轴器，主轴承，轴承润滑油系统，消声器，进气箱以及连接管道，风机轴，轴流叶片，液压供油系统，确定叶片角度的液压缸，调节杆，失速探针等组成。每台送风机均有润滑油系统，主轴承的润滑油是由位于轴承座上的油槽提供。当主轴承温度超过90℃时，将会报警，运行人员需监视该温度并分析产生的原因，其原因可能为润滑油中断、冷却水系统故障。如温度继续升高达110℃时，必须立即停机。

2. 风机的喘振

轴流风机在不稳定工况区运行时，还可能发生流量、全压和电流的大幅度的波动，气流会发生往复流动，风机及管道会产生强烈的振动，噪声显著增高，这种不稳定工况称为喘振。喘振的发生会破坏风机与管道的设备，威胁风机及整个系统的安全性。

防止喘振的具体措施：

（1）使泵或风机的流量恒大于 Q_K（Q_K 为工作点 K 所对应的流量，下同）。如果系统中所需要的流量小于 Q_K 时，可装设再循环管或自动排出阀门，使风机的排出流量恒大于 Q_K。

（2）如果管路性能曲线不经过坐标原点时，改变风机的转速，也可能得到稳定的运行工况，通过风机各种转速下性能曲线中最高压力点的抛物线，将风机的性能曲线分割为两部分，右边为稳定工作区，左边为不稳定工作区，当管路性能曲线经过坐标原点时，改变转速并无效果，此时各转速下的工作点均是相似工况点。

（3）对轴流式风机采用可调叶片调节，当系统需要的流量减小时，则减小其安装角，性能曲线下移，临界点向左下方移动，输出流量也相应减小。

（4）最根本的措施是尽量避免采用具有驼峰形性能曲线的风机，而采用性能曲线平直向下倾斜的风机。

二、给水设备

锅炉运行时，不仅需要不断地向锅炉给水，而且需要根据锅炉负荷的变化对给水量进行调节。给水泵的作用是向锅炉连续给水，要求给水可靠，并且在锅炉负荷变化时，调整给水量，给水压力变化要小。一般每台锅炉均设有备用给水泵，以保证供水的可靠性。给水泵的驱动方式有电动和汽动两种。为了提高系统的经济性，节省厂用电，便于负荷调节，大型发电机组一般主给水泵采用汽动泵，启动给水泵采用电动泵。

给水管道主要由管子、管子的连接件（弯头、法兰等）、附件（各种阀门）、远距离操纵机构、测量装置、管子支吊架等元件组成。给水管道附件主要是各种阀门，如用来关断的阀门（截止阀、闸阀等）、用来调节的阀门（压力调节阀、流量调节阀等），用作保护的阀门（逆止阀、安全阀）等。

三、除灰设备（除尘器）

目前我国大容量锅炉使用的除尘器主要有离心式水膜除尘器、文丘里管湿式除尘器和静电除尘器等。由于静电除尘器的除尘效率较高，因此在火电厂得到了广泛的应用。

静电除尘器利用电晕放电，使气体中的尘粒带有电荷，通过静电作用使其从气体中分离出来。通常负极称为放电极或电晕极，正极为集尘极。一般放电极在中间，集尘极在两侧，当放电极的电压高达数万伏或十几万伏时，产生电晕，烟气发生电离，产生大量的离子和电子。负离子和电子在电场的作用下向正极移动。途中和烟气中浮悬的尘粒互相撞击将电荷传给尘粒，从而使带电的尘粒向正极运动，并沉积在集尘极上。当集尘极上的灰层达到一定厚度时，振击电极板，使灰落入灰斗中。静电除尘器的除尘效率可达99.9%。

四、锅炉辅件

（一）安全阀

安全阀是一种自动阀门，无需人为操作。当锅炉工作压力达到预定限值时，安全阀会自动开启，向外排放介质限制压力进一步升高，而当介质排放压力使压力下降到额定值时，它又能自动关闭并恢复密封。锅炉汽包、过热器上均安装有安全阀，为避免它们同时开启导致排汽过多，将锅炉的安全阀分为控制安全阀和工作安全阀。控制安全阀的开启压力较低，低于工作安全阀的开启压力。安全阀的开启压力跟锅炉的参数有关。高压以上的锅炉，其控制安全阀的开启压力为$1.05p$（p为汽包工作压力），而工作安全阀的开启压力为$1.08p$。常用的安全阀有重锤式、弹簧式和脉冲式三种结构型式。

（二）防爆门

防爆门是安装在炉墙、各段烟道、除尘器及制粉系统等处的安全门。当炉内的烟气压力由于某些原因，如燃料发生二次燃烧，压力突然升高到一定限度时，防爆门就会自行打开释压，防止或减轻炉墙和烟道的破坏。制粉系统中所装设的防爆门也起到同样的释压作用。

（三）吹灰器

吹灰器的作用是清除受热面上的积灰，使传热过程得以正常进行。吹灰器由吹灰管和操作阀门等组成。吹灰管上开有许多小孔，定期地向吹灰管通入少量过热蒸汽或压缩空气，通过将吹灰管伸入炉内或使其转动调节吹灰角度，利用高速射流将炉内各种受热面上的灰吹掉。目前采用的吹灰器有枪式吹灰器（一般用于水冷壁），振动式除灰器（一般用于炉膛出口和水平烟道受热面）、钢珠除灰器（一般用于锅炉尾部垂直烟道受热面）等。

（四）压力表

压力表是测量锅炉汽压大小的仪表。在锅炉运行过程中，司炉人员需要根据压力表的指示值对锅炉运行进行调整，从而保证锅炉能在允许的工作压力下安全运行。

锅炉除了必须装有与汽包蒸汽空间直接相连接的压力表，还需要在下面部位装设压力表：给水调节阀前、可分式省煤器出口、过热器出口和主汽阀之间、再热器出入口、直流锅炉启动分离器、直流锅炉截止阀前、气动安全阀控制气源入口。

目前使用广泛的是弹簧管压力表，这种压力表结构简单、价格低、安全可靠、易于维修、可测压力范围较大，并具有足够的精度，是测量锅炉汽压与给水压力的理想仪表。

（五）水位表

水位计（水位表）是用来监视锅炉汽包水位的一种装置。汽包水位过高，会影响汽水分离效果，使饱和蒸汽湿度增大，导致含盐增加，造成过热器积盐，严重时还会造成过热器爆管等严重事故。汽包水位过低，会破坏锅炉正常的水循环，使锅炉局部受热面因得不到足够的冷却而过热损坏。所以，每台锅炉必须安装两个彼此独立的水位表，并要求水位表能够准确、灵敏地显示锅炉内汽包的水位。

水位表有液面水位表和远距离水位表两大类，常用的有云母水位计和电接点水位计。云母水位计由水位计本体、汽阀、水阀和放水阀等构成。其上端用汽连通管与汽包的蒸汽空间相连，下端用水连通管与汽包的水空间相通，这样，云母水位计就与汽包构成一个连通器，因而它能反映出汽包水位的高低。由于云母水位计内的水会受到外界空气冷却的影响，其温度一般要低于汽包中炉水的温度，此外，炉水中还有气泡，因而水位计中水的密度要大于汽包中炉水的密度，使水位计中的水位高度稍低于汽包中实际水位的高度。锅炉压力越高，炉水温度就越高，炉水与水位计中水的密度差也就越大，此时水位计的水位与汽包中的实际水位差值也就越大。电接点水位计由旁通容器、电极、显示器及测量线路等构成，它是利用饱和水及饱和蒸汽的导电性能不同来观测水位。

一般每台锅炉至少安装两支水位计，其中一只就地安装在汽包的一端，另外一只安装在控制室，以便运行人员进行及时观察。水位计如果失灵，会导致运行人员的误操作，造成锅炉缺水或满水事故。因此，必须对水位计进行定期冲洗以防堵塞，定期检查核对汽包上和控制室内的水位指示是否一致。另外，锅炉还装有高、低水位警报器，在汽包水位上升或下降到所允许的最高（或最低）水位时，自动发出某种光或声音的信号，以示报警。

【本章小结】电厂锅炉是火力发电厂三大主机中最基本的能量转换设备，对电力及其他工业的生产有着极其重要的作用。电厂锅炉一般先把煤磨制成煤粉，然后送入锅炉燃烧放热并产生过热蒸汽，根据其生产过程可将电厂锅炉分为制粉系统、燃烧系统、汽水系统及风烟系统。锅炉设备包括本体设备和辅助设备。锅炉本体包括燃烧系统，汽水系统，锅炉墙体构成中的烟道、钢架构件与平台楼梯。锅炉的辅助设备主要包括空气预热器，通风设备、给水设备、燃料运输设备、制粉设备，除灰设备、除渣设备，锅炉辅件等。锅炉的制粉系统分为直吹式和中间储仓式制粉系统两种。煤粉既具有流动性、自燃和爆炸等一般性质，又具有其颗粒特性和均匀性。煤的特性包括煤的工业分析、元素分析、发热量、煤灰的熔融性及可磨性系数。燃料的燃烧特性包括燃料的着火特性、燃烧稳定性及燃尽特性。煤燃烧分为预热阶段、燃烧阶段和燃尽阶段。煤粉锅炉的燃烧设备主要由锅炉的炉膛、布置于炉膛上的燃烧器及点火装置组成。燃烧器分为旋流燃烧器和直流燃烧器。锅炉的汽水系统包括蒸发设备和对流受热面。对流受热面是指布置在锅炉对流烟道内的过热器、再热器、省煤器，有的锅炉为强化燃烧还布置了空气预热器受热面。锅炉的蒸发设备由汽包、下降管和水冷壁、联箱及连接管道等组成。锅炉水循环系统分为自然循环和强制流动，强制流动锅炉有控制循环锅炉、直流锅炉和复合循环锅炉三种基本类型。此外，对流受热面还存在高温积灰和高温腐蚀问题，低温受热面存在积灰、磨损和腐蚀等问题。锅炉的辅助设备主要包括通风设备（送风机、一次风机、引风机、烟囱）、给水设备（给水泵）、燃料运输设备、制粉设备（煤仓、粉仓、给煤机、给粉机、磨煤机、粗粉分离器、细粉分离器、排粉机等）、除灰设备（除尘器）、除渣设备（捞渣机、碎渣机、灰渣泵等）、锅炉辅件（如安全门、水位计）等。

思 考 题

1. 什么是锅炉的额定蒸发量、最大长期连续蒸发量、容量、额定压力、额定汽温?

2. 以一台电厂锅炉为例,简单画出并简述锅炉中汽水、燃料、空气、灰渣的基本工作流程。

3. 按水循环方式不同,锅炉可以分为哪几类,各有何特点?

4. 按燃烧方式不同,锅炉可以分为哪几类,各有何特点?

5. 锅炉本体主要由哪些主要部件组成,各有什么主要功能?

6. 煤中所含的灰分、水分对锅炉运行有哪些不利影响?

7. 什么是折算成分,在锅炉运行中有何意义?

8. 什么是q_4,影响q_4的因素有哪些,计算它至少需要测试哪些项目,在运行中可以采取哪些措施减小它?

9. 分别论述在炉膛、烟道前部、烟道尾部及制粉系统中,漏风对锅炉运行有哪些影响?

10. 大型电站锅炉常用什么方法求热效率,为什么?

11. 什么是乏气再循环,有什么作用?

12. 制粉系统分为几类,各有何特点?

13. 什么是冷、热一次风机系统,各有何特点?

14. 四角布置的直流燃烧器的调节措施有哪些?

15. 煤粉炉中一次风、二次风、三次风的作用是什么 ?

16. 简述回转式空气预热器工作的基本原理。

第四章　汽轮机设备

+-+

【本章导读】 本章首先简要介绍了汽轮机的发展、分类及其型号；其次详细介绍了汽轮机本体主要部件的结构及汽轮机辅助设备；然后对汽轮机的基本工作原理进行阐述；随后介绍了汽轮机调节系统、保护系统及供油系统；最后简要介绍了汽轮机运行的相关知识。

+-+

第一节　概　　述

汽轮机是一种将水蒸气的热能转变成机械能的热力原动机，也被称为蒸汽透平机。在热力发电厂中，锅炉将燃料的化学能转变成蒸汽的热能，蒸汽经过汽轮机将热能转变为旋转机械能，汽轮机带动发电机又将机械能转变为电能。汽轮机与其他类型原动机（如燃汽轮机等）相比，具有单机功率大、热经济性高、运行平稳可靠、寿命长等优点。除了热力发电厂之外，汽轮机还广泛应用于冶金、化工、运输等部门，直接拖动各种泵、风机、压缩机和船舶的螺旋桨等从动机械。因此，汽轮机对电力及其他工业的生产都有着极其重要的作用。

一、汽轮机的发展

19 世纪末，瑞典工程师拉瓦尔和英国工程师帕森斯分别研制了单级冲动式汽轮机和单级反动式汽轮机，大大推动了汽轮机在世界范围内的应用。20 世纪初，法国的拉托和瑞士的佐莱分别研制了多级冲动式汽轮机，为增大汽轮机功率开拓了道路，促进了机组功率的提升。目前，世界上汽轮机的主要制造企业有：美国的通用电气、西屋电气公司，日本的三菱、东芝和日立公司，欧洲的 ABB 公司，俄罗斯的列宁格勒金属工厂、哈尔科夫透平发动机厂和乌拉尔透平发动机厂，英国的通用电气公司和帕森斯公司，法国的阿尔斯通—大西洋公司，德国的电站设备联合制造公司等。随着科学技术的不断发展，特别是冶金工业和制造水平的提高，汽轮机的进气参数已经发展到超临界、超超临界水平，单机容量也在不断提高。由瑞士制造的双轴 1300MW 汽轮机、前苏联制造的单抽 1200MW 汽轮机和法国制造的 1500MW 核电站汽轮机等都已投入运行，2000MW 汽轮机也在开发研制中。

中国制造汽轮机始于 20 世纪 50 年代。1955 年，上海汽轮机厂制造了我国第一台 8MW 汽轮机。之后，中国逐渐建立了比较完善的汽轮机制造工业，包括上海汽轮机厂、哈尔滨汽轮机厂、东方汽轮机厂、北京重型电机厂、武汉汽轮发电机厂、杭州汽轮机厂、南京汽轮机厂、青岛汽轮机厂、广州汽轮机厂、中州汽轮机厂等。二十世纪六七十年代，中国依靠自己的力量设计制造了 100MW、125MW、200MW 和 300MW 汽轮机，蒸汽参数从中温中压到高温高压，从超高压到亚临界。20世纪80年代，中国开始从发达国家引进先进的汽轮机制造技术，目前已经能够自主制造600~1000MW的超超临界参数汽轮机和1000MW的核电汽轮机。

近年来，汽轮机制造业发展的特征主要有：（1）增大单机功率，以便降低单位功率投资成本，提高机组的热经济性，加快电站建设速度；（2）提高蒸汽参数，以便提高电厂循环效率和汽轮机效率，同时也可提高单机功率；（3）采用一次中间再热，以便降低汽轮机末级蒸汽湿度，为提高蒸汽初压创造条件，从而提高机组的热效率和运行可靠性；（4）采用燃气—蒸汽联合循环发电装置，可使电厂的热效率提高至60%以上，大幅度提高发电的热经济性；（5）提高机组的运行水平，通过配备智能化故障诊断系统，提高机组运行、维护和检修水平，增强机组运行的可靠性，保证设备使用寿命；（6）发展核能电站汽轮机。核电站汽轮机投资高，但运行费用较低，而且功率大，相对的投资和运行费用小。

二、汽轮机的分类及型号

（一）汽轮机的分类

不同类别的汽轮机各自特点不尽相同。为便于区分，常按工作原理、热力特性、主蒸汽压力等对汽轮机进行分类，见表4-1。

表4-1 汽轮机分类及特点

分类方式	类别名称	基 本 描 述
按工作原理	冲动式	蒸汽主要在静叶栅（喷嘴叶栅）中膨胀，在动叶栅中只有少量膨胀
	反动式	蒸汽在静叶栅和动叶栅中都进行膨胀，且膨胀程度大致相同
按热力特性	凝汽式	蒸汽在汽轮机中膨胀做功后，在低于大气压力的真空状态下进入凝汽器凝结成水
	背压式	汽轮机的排气压力大于大气压力，排气直接供热用户使用，而不进入凝汽器
	抽汽式	汽轮机中间某级抽出一定的可以调整参数、流量的蒸汽对外供热，其余汽流排入凝汽器
	抽汽背压式	具有调整抽汽的背压式汽轮机，调整抽汽和排汽分别供热用户
	多压式	汽轮机的进汽不止一个参数，在汽轮机的某中间级前又引入其他来源的蒸汽，与原来的蒸汽混合共同膨胀做功
按主蒸汽压力	低压	新汽压力为1.2~2.0MPa，如新汽压力1.3MPa，温度340℃
	中压	新汽压力为2.1~8.0MPa，如新汽压力3.4MPa，温度435℃
	高压	新汽压力为8.1~12.5MPa，如新汽压力9.0MPa，温度535℃
	超高压	新汽压力为12.6~15.0MPa，如新汽压力13.0MPa，温度535℃
	亚临界	新汽压力为15.1~22.0MPa，如新汽压力16.5MPa，温度535℃
	超临界	新汽压力大于22.1MPa，如新汽压力23.8MPa，温度566℃
	超超临界	新汽压力25MPa以上，如新汽压力26.25MPa，温度600℃

（二）汽轮机的型号

为了便于识别汽轮机的类型，每台汽轮机都有自己的产品型号。国产汽轮机产品型号的表示方法如图4-1所示，其中代表符号见表4-2。

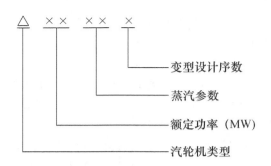

图 4-1　汽轮机产品型号表示方法

表 4-2　国产汽轮机类型的代号

型　式	代　号
凝气式	N
背压式	B
一次调整抽汽式	C
两次调整抽汽式	CC
抽汽背压式	CB
船用	CY
工业用	G
移动式	Y
核电站汽轮机	HN

示例

N1000-26.25/600/600	表示带有中间再热的凝汽式汽轮机，额定功率 1000MW，新蒸汽压力为 26.25MPa，新蒸汽温度为 600℃，中间再热蒸汽温度为 600℃
N600-16.7/537/537	表示带有中间再热的凝汽式汽轮机，额定功率 600MW，新蒸汽压力为 16.7MPa，新蒸汽温度为 537℃，中间再热蒸汽温度为 537℃
NC300/225-16.7/537/537	表示带有中间再热、一次可调节抽汽供热、凝汽式汽轮机，额定功率 300MW，新蒸汽压力为 16.7MPa，新蒸汽温度 537℃，中间再热蒸汽温度 537℃
C50-8.82/0.118	表示一次调整抽汽式汽轮机，额定功率 50MW，新蒸汽压力为 8.82MPa，调节抽汽压力为 0.118MPa
CC12-3.34/0.98/0.118	表示二次调整抽气式汽轮机，额定功率 12MW，新蒸汽压力为 3.34MPa，高压抽汽压力为 0.98MPa，低压抽汽压力为 0.118MPa
B50-8.82/0.98	表示背压式汽轮机，额定功率 50MW，新蒸汽压力为 8.82MPa，背压为 0.98MPa
CB25-8.82/1.47/0.49	表示抽汽背压式汽轮机，额定功率 25MW，新蒸汽压力 8.82MPa，抽汽压力为 1.47MPa，背压为 0.49MPa

第二节　汽轮机本体及辅助设备

汽轮机本体是汽轮机设备的主要组成部分，它由转动部分（转子）和固定部分（静子）组成。转动部分包括动叶栅、叶轮（或转鼓）、主轴、联轴器及紧固件等旋转部件；固定部分包括汽缸、蒸汽室、喷嘴室、隔板、隔板套（或静叶持环）、汽封、轴承、轴承座、滑销系统及一些紧固零件等。

一、汽轮机主要部件的结构

（一）叶片

叶片是汽轮机中数量和种类最多的关键零件，其结构型线、工作状态都直接影响汽轮机能量转换的效率，因此其加工精度要求高，加工量约为整个汽轮机加工量的30%。

叶片按用途可分为动叶片（又称工作叶片）和静叶片（又称喷嘴叶片）两种。动叶片安装在转子叶轮（冲动式汽轮机）或转鼓（反动式汽轮机）上，接受静叶栅射出的高速气流，将蒸汽的动能转换成机械能，使转子旋转。静叶片安装在隔板或汽缸上，两相邻静叶片组成喷嘴；在速度级中，静叶片可作为导向叶片，使气流改变方向，引导蒸汽进入后面的动叶栅。

叶片由三部分组成，即叶根部分、叶身部分（或称叶型部分或工作部分）、叶顶部分（包括围带和拉筋）。叶片实物图及示意图如图4-2所示。

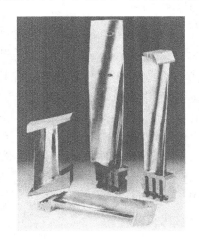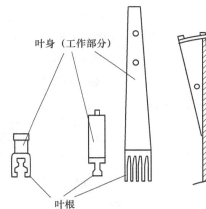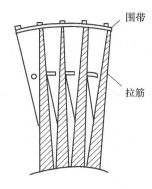

图4-2　叶片实物图及示意图

1. 叶根部分

叶根是将叶片固定在叶轮或转子上的连接部分，其作用是紧固动叶片，使其在经受气流的推力和旋转离心力作用下，不至于从轮缘沟槽里飞出来。因此，要求它与轮缘配合部分要有足够的强度且应力集中要小。叶根的结构形式取决于转子的结构、叶片的强度、制造和安装工艺要求等。常用的叶根结构形式有 T 形、外包凸肩单 T 形、菌形、外包凸肩双 T 形叶根、叉形叶根及枞树形，如图4-3所示。

2. 叶身部分

叶身部分是叶片的基本部分，它构成气流的通道。叶身部分的横截面成为叶型，其周线称为型线。为了提高能量转换率，叶身部分应符合气体动力学要求，同时还要满足结构

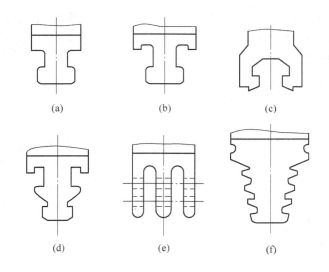

图 4-3 叶根结构

（a）T 形叶根；（b）外包凸肩单 T 形叶根；（c）菌形叶根；

（d）外包凸肩双 T 形叶根；（e）叉形叶根；（f）枞树形叶根

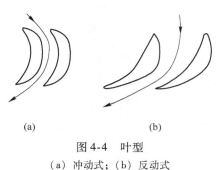

（a） （b）

图 4-4 叶型

（a）冲动式；（b）反动式

强度和加工工艺要求。由于工作原理的差别，冲动式和反动式叶片的叶型不同，如图 4-4 所示。

按叶型沿叶片高度方向是否变化分为等截面叶片和变截面叶片两种。等截面叶片的叶型截面沿叶高不变，它适应用于径高比 $\theta = d_m/l_n > 10$ 的级（d_m 为级的平均直径，l_n 为叶片长度），这种叶片加工简单，但流道结构和应力分布不尽合理。对于较长的叶片级（$\theta = d_m/l_n < 10$），为了改善气动特性，减小离心应力，宜采用变截面叶片，此种叶片绕各横截面的形心连线发生扭转，通常又称为扭曲叶片。

3. 叶顶部分

叶顶部分包括围带和拉筋。汽轮机同一级中，用围带、拉筋连接在一起的数个叶片称为叶片组；用围带、拉筋将全部叶片连接在一起的则称为整圈叶片；不用围带、拉筋连接的叶片称为单个叶片或自由叶片（一般只用于末级长叶片）。采用围带或拉筋可增加叶片刚性，减低叶片受蒸汽作用所引起的弯应力，调整叶片频率。围带可以构成封闭的气流通道，防止蒸汽由叶顶逸出，有的围带还可以作为径向汽封和轴向汽封，以便减少级间漏气。

（二）转子

汽轮机的转动部分总称为转子。转子主要由主轴、叶轮（转鼓）、动叶栅、联轴器和其他转动零件构成，是汽轮机最重要的部件之一，它担负着工质能量转换及扭矩传递的重任。汽轮机工作时，转子处于高温蒸汽中并高速旋转，它的受力情况比较复杂。一方面，它承受着由叶片、叶轮、主轴等质量离心力所引起的巨大应力，由温度分布不均所产生的热应力以及离心力不平衡所导致的振动；另一方面，蒸汽作用在动叶栅的力矩通过叶轮、主轴和联轴器传递给发电机，使得转子承受非常大的扭矩。

随着汽轮机单机容量的增大和结构的复杂化，转子的振动及热应力问题已十分突出。因此转子要用高强度和高韧性的金属材料制成，在高温区工作的转子还要采用耐热高强度的材料。为了提高流通部分的效率，转子与静止部分要保持较小的相对间隙，要求制造精密，装配正确，转子上任何缺陷都会影响汽轮机的运行安全，严重者会造成重大的设备和人身事故。

一台汽轮机组采用何种类型的转子，由转子所担负的功能、所处温度以及各国的锻冶技术来确定的。汽轮机转子的分类及其主要特点见表4-3。

表 4-3　转子分类及特点

分类方式	类别名称	基 本 描 述
按基本类型	轮式	有用于安装动叶片的叶轮，通常冲动式汽轮机的转子采用轮式结构
	鼓式	无叶轮，动叶片直接装在转鼓上，反动式汽轮机的转子采用鼓式结构
按制造工艺	套装	通常中压进汽参数的发电汽轮机采用套装转子
	整锻	通常高压进汽参数的工业驱动汽轮机采用整锻转子
	组合	通常高进汽参数的发电汽轮机采用，即前半部分整锻，后半部分套装
	焊接	由若干叶轮与端轴拼合焊接而成
按临界转速是否在运行转速范围内	刚性	启动方便，不存在跨临界区域
	柔性	需要快速的跨临界，启动过程要充分暖机，以便为跨临界做准备

1. 轮式转子

轮式转子按制作工艺可分为套装转子、整锻转子、组合转子和焊接转子。

套装转子的叶轮、轴封套、联轴器等部件是分别加工后热套在阶梯型主轴上的。各部件与主轴之间采用过盈配合，以防止叶轮等因离心力及温差作用引起松动，并用键传递力矩。套装转子剖面结构如图4-5所示。

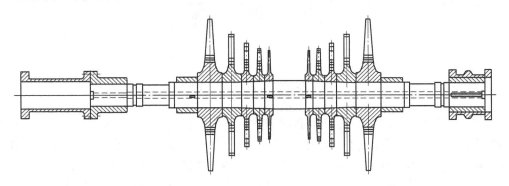

图 4-5　套装转子剖面结构

套装转子加工方便，不同部件可以采用不同的材料，主轴等锻件尺寸小，易于保证质量，生产周期短且供应方便。但套装转子在高温条件下，叶轮内孔直径将因材料的蠕变而逐渐增大，最后导致装配过盈量消失，使叶轮与主轴之间产生松动，从而使叶轮中心偏离轴的中心，造成转子质量不平衡，产生剧烈振动，且快速启动适应性差，因此套装转子不宜作为高温高压汽轮机的高压转子。

整锻转子的叶轮、轴封套和联轴器等部件与主轴是一体锻造而成，无热套部件。这解决了高温下叶轮与主轴可能的连接松动，因此整锻转子常用作大型汽轮机的高、中压转子，其剖面结构如图4-6所示。

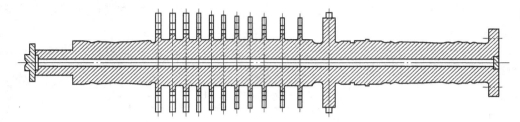

图4-6　整锻转子剖面结构

整锻转子的优点在于：结构紧凑，装配零件少，可缩短汽轮机轴向尺寸；没有热套的零件，对启动和变工况的适应性强，适于高温下作业；转子刚性好。但是其铸件大，工艺要求高，质量难以保证且加工周期长。现代大型汽轮机由于末级叶片长度的增加，套装叶轮的强度不能满足要求，所以低压缸开始采用整锻结构。

组合转子的剖面结构如图4-7所示。它的高压部分采用整锻结构，中、低压部分采用套装结构。这种转子兼有上述两种转子的优点，国产高参数、大容量汽轮机组的中压转子多采用该结构。

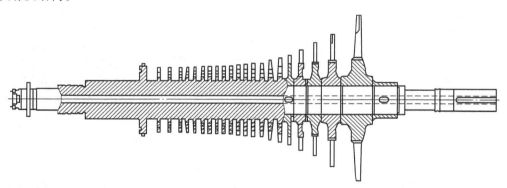

图4-7　组合转子剖面结构

焊接转子由若干叶轮与端轴拼合焊接而成，其剖面结构如图4-8所示。

焊接转子的优点是强度高、重量轻、锻件小、结构紧凑、刚度大承载能力强，能适应低压部分需要大直径的要求，因而常用于大型汽轮机的低压转子。此外，反动式汽轮机由于没有叶轮，也通常使用此类转子，如瑞士制造的1300MW双轴反动式汽轮机的高、中、低压转子均为焊接转子。焊接转子要求材料有很好的焊接性能，对焊接工艺要求很高，随着冶金及焊接技术的提高，焊接转子的应用必将日益广泛。

2. 鼓式转子

鼓式转子没有叶轮（即使有叶轮径向尺寸也很小）。除调节级外，其他各级动叶片安

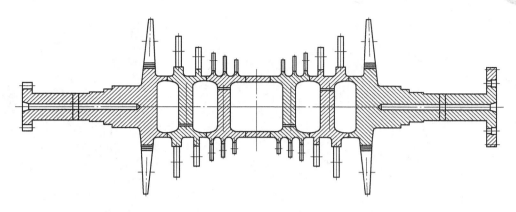

图 4-8　焊接转子剖面结构

装在转鼓上，可减少轴向长度和轴向推力，主要用于反动式汽轮机。国产引进型 300MW 和 600MW 汽轮机为反动式汽轮机，其转子采用的是鼓式转子。图 4-9（a）为我国产引进型 300MW 机组的高、中压转子。转子由 30GrMoV 合金钢整锻而成，各反动级的叶片直接装在转子上开出的叶片槽中。其高、中压压力级反向布置，转子上还设有高、中、低压三个平衡活塞以平衡轴向推力。低压转子由 30Gr2Ni4MoV 合金钢整锻而成，中部为转鼓型结构，末级和次级为整锻叶轮结构，转子开有 ϕ90.5 的中心孔，如图 4-9（b）所示。

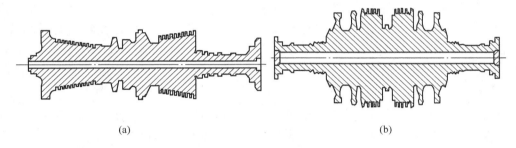

(a)　　　　　　　　　　　　　　(b)

图 4-9　国产引进型 300MW 机组转子剖面示意图

3. 叶轮

叶轮的主要作用是安装动叶片并将动叶片产生的扭矩传递给主轴。由于处在高温工质中且高速旋转，叶轮的受力情况十分复杂：除叶轮自身和叶片等零件的质量引起的巨大离心力外，还有因温度沿叶轮径向分布不均所引起的热应力，叶轮两边蒸气压差作用引起的应力以及叶片、叶轮振动引起的振动应力，对于套装叶轮，其内孔上还受到因装配过盈而产生的接触压力。因此，正确的选择叶轮结构形式是非常重要的。

叶轮的结构与转子的结构形式密切相关，按照轮面的型线可将叶轮分成等厚度叶轮，锥形叶轮、等强度叶轮等。图 4-10 给出了各种形式叶轮的纵截面图。

图 4-10（a）～（c）为等厚叶轮，其中图 4-10（a）型叶轮加工方便，轴向尺寸小，但强度较低，一般用在圆周速度为 120～130m/s 的场合；图 4-10（b）为整锻转子的高压级叶轮，其没有轮毂；图 4-10（c）叶轮的内径处有加厚部分，其圆周速度可达到 170～200m/s；图 4-10（d）为锥形叶轮，这种叶轮不但加工方便，而且强度高，可用在圆周速度为 300m/s 的场合，因此获得了最广泛的应用，套装式叶轮几乎全部采用锥形叶轮结构；

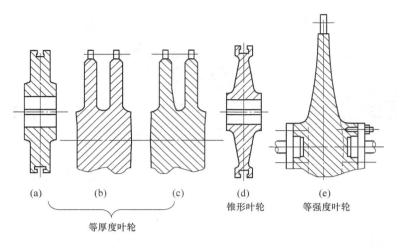

图 4-10 叶轮的结构形式

图 4-10（e）为等强度叶轮，这种叶轮没有中心孔，强度最高，圆周速度可达到 400m/s 以上，但这种叶轮结构对加工要求高，多用在盘式焊接转子或高速单级汽轮机中。

4. 联轴器

联轴器又被称为背轮，用来连接多汽缸汽轮机转子或汽轮机转子与发电机转子的重要部件，借以传递扭矩。在多缸汽轮机中，如果几个转子合用一个推力轴承，则联轴器还将传递轴向推力。现代汽轮发电机组的联轴器一般有三种形式：刚性联轴器、半挠性联轴器和挠性联轴器。

（三）汽缸及滑销系统

1. 汽缸

汽缸即汽轮机的外壳，是汽轮机中重量大，形状和受力状态复杂的一个部件。其作用是将汽轮机的通流部分与大气隔开，形成蒸汽热能转换为机械能的封闭汽室。气缸内部有支撑固定喷嘴组、隔板套（静叶持环）、隔板（静叶环）、汽封等静止部件，外部还连接进汽、排汽、回热抽汽及疏水等管道以及与低压缸相连的支撑座驾等。

不同机组的汽缸有不同的结构特点，它受机组容量、新汽参数、排汽参数、是否采用中间再热以及制造厂家的制造方法、工艺水平等各方面的影响。例如，根据进汽参数的不同，可分为高压缸、中压缸和低压缸；按每个汽缸的内部层次可分为单层缸、双层缸和三层缸；按通流部分在汽缸内的布置方式可分为顺向布置、反向布置和对称分流布置；按照汽缸形状可分为有水平接合面的或无水平接合面的圆筒形、圆锥形、阶梯圆筒形或球形等。

高中压汽缸：通常蒸汽初参数不超过 8.83MPa、535℃ 的中小功率汽轮机都采用单层缸结构。隔板直接装在气缸里，或装在隔板套中，而隔板套再装在气缸上。近代高参数、大容量汽轮机的高压缸多采用双层缸结构。有的机组甚至将高、中压缸和低压缸全做成双层缸。

双层缸结构的优点是把原单层缸承受的巨大蒸汽压力分摊给内外两缸，减少了每层缸的压差和温差，缸壁和法兰可以相应地减薄。机组启停和变工况时，其热应力也较小，有利于缩短启动时间和提高汽轮机对负荷的适应性。而且在内缸和外缸之间有蒸汽流动，因此，在正常运行时外缸得到冷却，使外汽缸温度降低，故可采用较便宜的合金钢制造，只有内缸需要采用耐高温的贵重金属材料。另外，由于外缸的内、外压差比采用单层汽缸时降低了许多，因此，减少了漏汽的可能，能更好地保证汽缸接合面的严密性。

图4-11为典型高中压合缸汽轮机高中压部分结构示意图。采用单流程、双层缸、水平中分结构，外缸为上猫爪支撑形式，上下缸之间采用螺栓连接。在高压缸第6级后、高压缸排汽、中压缸第11级后和中压缸排汽布置四级抽汽口，分别供1号、2号、3号高压加热器及除氧器用汽。高中压内缸之间设置有分缸隔板，在高中压外缸两端及高中压内缸之间设置有轴端密封装置，在高中压外缸和轴承座之间设置有挡油环。

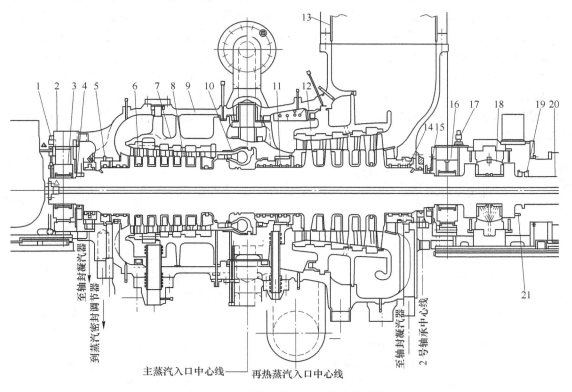

图 4-11　汽轮机高中压合缸结构示意图

1—轴振监测仪；2—汽轮机机架；3—1 号支撑轴承；4，15—挡油环；5，11，14—轴封；6—喷嘴隔板；
7—高压内缸；8—叶片；9—高压外缸；10—第一级喷嘴汽室；12—中压缸；13—连通管；16—支撑轴承；
17—轴承测振仪；18—推力轴承；19—推力轴承磨损监测器；20—转子；21—轴向位移监测仪

低压汽缸：由于大功率凝汽式汽轮机的低压缸排汽压力低、排汽体积流量大，其尺寸和排汽口数目多，体积庞大。低压缸的结构设计一般为水平式，其运行过程中气缸内部处于高度真空状态，需要承受外界大气压差的作用，其缸壁也必须具有一定的厚度以满足强度和刚度的要求。足够的刚度，良好的气动特性是其结构设计的主要问题，即排汽通道具有合理的导流形状，使末级排汽的余速损失尽量减小，并便于回收排汽动能，提高机组效率。

一般单缸汽轮机的后轴承座与低压后汽缸为一整体铸件。多缸汽轮机的低压缸为了减轻重量并便于制造，大多采用钢板焊接结构和对称分流布置。为了获得良好的气动特性，目前大容量机组的排汽缸多采用径向扩压结构。此外，为了使低压缸的巨大外壳温度分布均匀，不至于产生翘曲变形而影响动、静部分的间隙，大型机组的低压缸往往采用双层甚至三层缸结构。

2. 汽缸的支撑

汽缸的支撑定位包括外缸在轴承座和基础台板（座架、机架等）上的支持定位、内缸在外缸中的支持定位及滑销系统的布置等。

汽缸支撑主要分为轴承座支撑、台板支撑和猫爪支撑。猫爪支撑是指汽缸借助汽缸体上伸出来的猫爪支撑在轴承座上，其主要由水泥基础，基础台板，轴承座（机座、搭脚）构成，分为上缸猫爪支撑、下缸猫爪支撑、中分面猫爪支撑和非中分面猫爪支撑。其中，上缸猫爪支撑是上缸法兰伸出猫爪（如图4-12所示），下缸猫爪支撑是下缸法兰伸出猫爪（如图4-13所示），中分面猫爪支撑特点是撑力面和汽缸水平中分面重合，非中分面猫爪支撑特点是承力面和汽缸水平中分面不重合。单缸汽轮机的高压段或多缸汽轮机的高、中压缸，多用猫抓支撑在相应的轴承座上，避免直接和轴承座相连接引起轴承温度过高。汽缸排汽段或低压缸多与低压转子轴承座做成一体，此时排汽段蒸汽温度甚低，不会引起轴承温度过高。

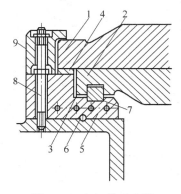

图 4-12　上缸猫爪支撑

1—上缸猫爪；2—下缸猫爪；3—安装垫铁；
4—工作垫铁；5—水冷垫铁；6—定位销；
7—定位键；8—紧固螺栓；9—压块

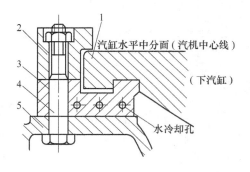

图 4-13　下缸猫爪支撑

1—下缸猫爪；2—压块；3—支撑块；
4—紧固螺栓；5—轴承座

下缸非中分面猫爪支撑的优点是结构简单，安装检修方便，缺点是汽缸受热后猫爪温度升高，汽缸中心线向上抬起，而转子中心线不变，动静间隙发生变化，主要应用在高压以下汽轮机。上缸中分面猫爪支撑优点是猫爪温度升高后动静间隙不发生变化，缺点是安装复杂，下缸吊在上缸上，法兰接合面易产生张口，主要应用在超高压以上汽轮机。下缸中分面猫爪支撑特点是下缸猫爪抬高成 Z 形，其优点是猫爪温度升高后动静间隙不发生变化，缺点是加工复杂，主要应用在高压以上汽轮机。

（四）隔板与隔板套

隔板的作用是将汽轮机的通流部分分割成若干级，用以固定汽缸内各级静叶片和阻止级间的漏气。蒸汽在级内进行能量转换时压力逐渐降低，若仅隔板两侧存在压力差，而动叶前后的蒸汽压力相等，这种级叫纯冲动级；若蒸汽内的压降主要集中在隔板的静叶内，在动叶内只有较小的压降则这种级称为冲动级；若蒸汽在动叶栅和静叶栅内的压降近似相等，则称为反动级。

隔板的主要部件由外环、外围带、静叶栅、内围带、隔板体等部件组成。隔板体和静叶栅外围带采用焊接结构。隔板一般做成沿水平中分的两块，便于安装拆卸，为了使隔板工作时具有良好的经济性和可靠性，隔板的结构应能满足以下要求：足够的强度和刚度，良好的汽密性，合理的支撑和定位与转子同心，隔板上的喷嘴具有良好的空气动力性能、足够的表面光洁度和正确的出汽角。图4-14为某公司汽轮机第9～11级隔板结构图。

图4-14　第9～11级隔板结构图

隔板按其结构一般可分为装配型和焊接型两种，由于纯装配型结构的隔板金属消耗量大，成本较高，静叶顶部和根部有贴合间隙会产生蒸汽泄漏，目前用得较少了。焊接隔板是将铣制好的静叶焊接在冲好型空的内外围带之间，构成喷嘴弧段，然后再与弧形外缘和隔板体相互焊接而成，这种隔板有较好的强度和刚度，减少了金属耗量，具有良好的汽密性。

隔板在汽缸或隔板套的固定必须满足隔板受热时的自由膨胀和对中的要求，隔板与隔板槽之间留有一定的间隙，大型机组的隔板安装一般采用中分面支撑方式，这种支撑方式是借助于Z型悬吊销，将隔板支撑在汽缸下部中分面上。为了便于检修和拆装，上隔板一般采用止动压板固定在上汽缸上，压板用沉头螺钉固定在上汽缸上。这种连接方式能很好地解决水平结合面的漏汽问题，增强上下隔板的结合刚度。

由于隔板套与汽缸内壁之间可形成环形的抽汽腔室，使抽汽均匀，减少抽汽对汽流的扰动，而且可以减小汽轮机的轴向尺寸，简化汽缸的结构形状，使汽缸接近于柱形壳体。另外，在采用隔板套的结构中可减少汽缸变形对通流部分间隙的影响，提高汽轮机在各种运行工况下适应温度变化的能力。一个隔板套可以固定几个隔板，再将隔板套固定在汽缸内壁上。

（五）汽封

轮机在运行时，转子处于高速旋转状态，而静止部分如汽缸、隔板等固定不动，因此转子和固定部分间需留有适当的间隙以避免相互碰磨，然而间隙两侧存在压差时会导致漏汽（漏气）。级内间隙漏汽会使做功的蒸汽量减少，降低汽轮机的循环内效率；轴端汽缸间隙漏汽，不仅降低效率，而且影响安全运行。

为减少级内间隙蒸汽泄露和防止空气漏入，汽轮机各间隙部位需加装密封装置，通称为汽封；在轴端动、静间隙处，除加装汽封外，还要设置轴封系统，以防止蒸汽漏出汽缸和空气漏入汽缸。汽封的结构型式有多种，目前大型汽轮机普遍采用弹性迷宫式汽封。根据汽封装设的位置不同，汽封又分为叶栅汽封、隔板汽封和轴端汽封。叶栅汽封主要密封的位置包括动叶片围带处和静叶片或隔板之间的径向、轴向以及动叶片根部和静叶片或隔板之间的径向、轴向汽封。隔板汽封用于隔板内圆面之间限制级与级之间漏气的汽封。轴端汽封是在转子两端穿过汽缸的部位设置合适的不同压力降的成组汽封。此外，由于装设部位不同，密封方式不同，采用的汽封形式也不尽相同，通常叶栅汽封和隔板汽封又称为通流部分汽封。

（六）轴承

汽轮机一般采用径向支持轴承和推力轴承，径向支持轴承承担转子的重量和因部分进汽或振动引起的其他力，并确定转子的位置，保证转子与汽缸的中心线的一致；推力轴承承担汽流引起的轴向推力，并确定转子的轴向位置，确保汽轮机的动静部分的间隙。

由于汽轮机转子的重量和轴向推力都较大，旋转速度又高，不论支持轴承还是推力轴承都采用以动压液体润滑理论为基础的滑动轴承，借助具有一定压力的润滑油在轴颈与轴瓦之间所形成的油膜而建立起液体润滑。这种轴承采用循环供油方式，供油系统连续不断向轴承供给一定压力和温度的润滑油。轴颈和轴瓦间形成了油膜，建立了液体摩擦，从而减小了它们之间的摩擦阻力。摩擦产生的热量由回油带走，使轴颈得到冷却。

1. 径向支持轴承

径向支持轴承的作用是承担转子的重量和不平衡重量产生的离心力，并确定转子的径向位置，保证转子中心与气缸中心一致，以保持转子与静止部分间正确的径向间隙。径向支持轴承按轴承支撑方式可分为固定式和自位式两种，按轴承油楔数量可分为圆筒形轴承、椭圆形轴承、三油楔轴承、可倾瓦轴承及袋式轴承。

2. 推力轴承

推力轴承的作用是承受蒸汽作用在转子上的轴向推力，并确定转子的轴向位置，以保证流体部分动静间正确的轴向间隙。推力轴承可分为密切尔推力轴承和金斯布里推力轴承。两者不同处是：金斯布里推力轴承的瓦块能自位，推力瓦块背后有两排支撑块（上、下支撑块），工作中使每块瓦块均匀受载荷，能自动调整分配受力，而传统的密切尔推力轴承最大缺点是每块瓦上吃力不均匀，很难调整，就是调整也不能达到吃力均匀的效果。大型汽轮机采用金斯布里型推力轴承是目前的趋势。

（七）盘车装置

在汽轮机启动冲转前和停机后，使转子以一定的转速连续地转动，以保证转子均匀受热和冷却的装置称为盘车装置。

盘车的作用：一是防止转子受热不均产生热弯曲而影响再次启动或损坏设备；二是机组启动前盘动转子，可以用来检查机组是否具备运行条件（如是否存在动静部分之间摩擦及主轴弯曲变形等）；三是机组启动冲转时，可以减小蒸汽对叶轮的冲击作用。

汽轮机启动后，为了迅速提高真空，常需在冲动转子前向轴封供汽。这些蒸汽大部分滞留在汽缸上部，造成汽缸与转子上下受热不均匀，如果转子静止不动，便可能因自身上下温差而产生向上的弯曲变形。弯曲变形后，转子质心与旋转中心不重合，机组冲转后势必产生很大的离心力，引起振动，甚至引起动静部分的摩擦。因此，在汽轮机冲转前要用盘车装置带动转子作低速转动，使转子受热均匀，以利于机组顺利启动。同时，机组在做低速盘车时，还可对机组进行一系列的检查。

对于中间再热机组，为了减少启动时汽水损失，在锅炉点火后，蒸汽经旁路系统排入凝汽器，这样低压缸将受到影响，产生受热不均匀现象。为此，在投入旁路系统前也应投入盘车装置，以保证机组顺利启动。

在汽轮机停机后，缸内尚有残留的蒸汽，汽缸和转子等部件还处于热状态，下汽缸冷却快，上汽缸冷却较慢，因此汽缸的上部和下部存在着温差。如果转子静止不动，转子势必会因上、下温差而产生弯曲。弯曲的程度随着停机后的时间的增长而增加，加到某个时间达到最大值，以后随着部件冷却，上、下温差减小，弯曲也逐渐减小，这种弯曲称为弹性弯曲。对于汽轮机，这种弯曲可以达到十分大的数值，需要经过几十个小时才能逐渐消除。在热弯曲减小到规定数值之前，不允许重新启动汽轮机。为了让汽轮机在停机后随时可以启动，必须使用盘车装置，将转子不断地转动，使转子四周温度均匀，防止转子发生热弯曲。

因此，对盘车装置的要求是既能盘动转子，又能在蒸汽冲动汽轮机转子超过盘车转速后自动脱开，停止盘车。

盘车通常有 $2 \sim 4r/min$ 的低速盘车和 $40 \sim 70r/min$ 的高速盘车两种。低速盘车启动时，加速力矩小，冲击载荷小，对延长零件使用寿命有利；高速盘车对轴承油膜形成及减小上、下汽缸的温差有利。

二、汽轮机辅助设备

为了保证汽轮机的安全、经济运行，电厂汽轮机设置有各种辅助设备，主要包括：凝汽设备、回热加热设备及除氧设备、调节设备、保护设备和供油设备等。

（一）凝汽系统

汽轮机凝汽系统如图4-15所示，系统由凝汽器、抽气设备、循环水泵、凝结水泵以及相连的管道、阀门等组成。

在凝汽式汽轮机组整个热力循环中，凝汽系统的任务如下：

（1）在汽轮机末级排汽口建立并维持规定的真空。从热力学第二定律的观点，完整的动力循环必须要有个冷源，凝汽系统在蒸汽动力循环（朗肯循环）中起着冷源作用，通过降低排汽压力和排汽温度，来提高循环热效率。

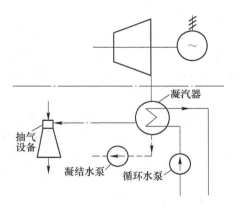

图4-15　凝汽设备示意图

（2）汽轮机的工质是经过严格化学处理的水蒸气，凝汽器将汽轮机排汽凝结成水，凝结水经回热抽汽加热、除氧后，作为锅炉给水重复使用。

（3）起到真空除氧作用，利用热力除氧原理除去凝结水中的溶解气体（主要为氧气），从而提高凝结水品质，防止热力系统低压回路管道、阀门腐蚀。

（4）起到热力系统蓄水作用，凝汽器既是汇集和储存凝结水、热力系统中的各种疏水、排汽和化学补充水的场所，又是缓解运行中机组流量急剧变化的设备，从而起到热力系统稳定调节作用的缓冲器。

为了完成上述任务，仅有凝汽器是不够的。要保证凝汽器的正常工作，必须随时维持3个平衡：（1）量平衡，汽轮机排汽放出的热量等于冷却水（又称循环水）带走的热量，故在凝汽系统中必须设置循环水泵。（2）质量平衡，汽轮机排汽流量等于抽出的凝结水流量，所以在凝汽系统中必须设置凝结水泵。（3）空气平衡，在凝汽器和汽轮机低压部分漏入的空气量等于抽出的空气量，因此必须设置抽气设备。

凝汽器内的真空是通过蒸汽凝结过程形成的。当汽轮机末级排汽进入凝汽器后，受到冷却水的冷却而凝结成凝结水，放出汽化潜热。由于蒸汽凝结成水的过程中，体积骤然缩小，在 0.0049MPa 的压力下，水的体积约为干蒸汽的 1/28000，这样就在凝汽器容积内形成了高度真空。其压力为凝汽器内温度对应的蒸汽饱和压力，温度越低，真空越高。为了保持所形成的真空，通过抽气设备把漏入凝汽器内的不凝结气体抽出，以免其在凝汽器内逐渐积累，恶化凝汽器真空。

目前，发电厂使用的凝汽系统主要以水为冷却介质，在严重缺水的发电厂也可用空气为冷却介质。

水冷凝汽系统水的传热系数比较大，因此发电厂大多采用水冷凝汽系统。水冷凝汽系统的冷却方式又可以分为直流供水方式（也称开式循环水系统）和循环供水方式（也称闭式循环水系统）两种。直流供水方式是以江、河、湖、海的天然水源作为冷却水源。通常，凝汽系统的取水口布置在江河的上游，排水口则选在下游。直流供水方式凝汽系统广泛应用于建在大江、大海附近的发电厂。循环供水方式则需要专用的冷却塔，冷却水吸收凝汽器中排汽的热量后，送入冷却塔中进行冷却，冷却后的冷却水重新进入凝汽器中工作，如此往复循环。一般只需要补充少量冷却水来弥补循环中的水损失，因此闭式供水方式适合于水源不足的地区采用。

空冷凝汽系统是指利用空气来带走汽轮机排汽热量的凝汽系统。采用空冷凝汽系统，不需要冷却水，所以在发电厂厂址选择上就不会受到冷却水源的限制，特别是厂址选在煤炭产地的坑口电厂，采用空冷凝汽系统，更有现实意义。空冷凝汽系统可以分为直接空冷和间接空冷两种方式。

直接空冷凝汽系统如图 4-16 所示，在该系统中，汽轮机排汽送到空冷凝汽器的翅片管束中，冷空气通过风机的输送，在翅片管外流动，将管内流动的汽轮机排汽冷却、凝结，凝结水由凝结水泵送至回热系统后，作为锅炉给水重复使用。直接空冷凝汽系统的优点是：（1）不需要冷却水等中间冷却介质，适合于严重缺水区域使用；（2）传热温差较大，可获得较低的排汽压力。缺点是：（1）由于空气的传热系数低于水的传热系数，导致空冷凝汽器体积比水冷凝汽器的体积要大很多，所以对凝汽器的安装场地有更多的要求，也更容易泄漏；（2）直接空冷凝汽系统大多采用强制通风方式，增加了发电厂的用电量，也增加了环境噪声。

间接空冷凝汽系统如图 4-17 所示，在该系统中，汽轮机排汽进入混合式凝汽器后，与从空气冷却器来的冷却水混合凝结为凝结水。凝汽器出来的凝结水与冷却水的混合水流，一小部分（约3%）作为锅炉的给水，其余大部分经循环水泵打入空气冷却器，构成一个封闭型间接空冷凝汽系统。水轮机用于调节混合凝汽器喷水压力，同时回收部分能量，比如同轴驱动水泵。这种间接空冷凝汽系统克服了直接空冷凝汽系统的缺点，具有凝汽器体积小、设备投资省等优点。缺点是整个凝汽系统复杂、设备多、布置也比较困难。

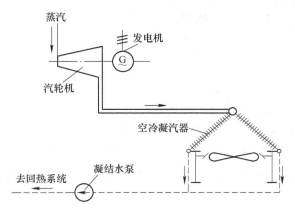

图 4-16 直接空冷凝汽系统

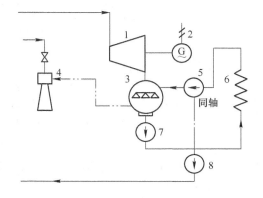

图 4-17 间接空冷凝汽系统示意图

1—汽轮机；2—发电机；3—混合式凝汽器；4—抽气设备；
5—水轮机；6—空气冷却器；7—循环水泵；8—给水泵

（二）凝汽器

1. 表面式凝汽器

在表面式凝汽器中，冷却介质与蒸汽被冷却表面隔开而互不接触，能保持凝结水的洁净，所以现代大型汽轮机组普遍采用表面式凝汽器。根据冷却介质的不同，有水冷却式凝汽器和空气冷却式凝汽器两种。以下主要以水冷却表面式凝汽器（以下称凝汽器）为对象展开论述。

凝汽器作为一种表面式热交换器，为了在连续流动状态下，使汽轮机排入的蒸汽和冷却水具有良好的传热效果，以维持凝汽器内的高真空，在结构上有许多特点。图 4-18 所示为凝汽器结构简图，凝汽器外壳 2 两端连接着管板 3 和水室端盖 5、6，管板上安装大量的冷却水管 4（用淡水为冷却介质的凝汽器，一般多用铜管或不锈钢管；若用海水为冷却水，则多用钛合金管），使两端水室相通。冷却水从进口 11 进入水室 8，流经另一端水室 9 再回到水室 10，从冷却水出口 12 流出。汽轮机排汽从排汽进口 1 进入凝汽器冷却水管外侧空间，并在冷却水管外表面凝结成凝结水，汇集到热井 16，由凝结水泵抽出。凝结水经过各级低压加热器、除氧器、给水泵、各级高压加热器后，作为给水进入锅炉。

根据流动介质的不同，凝汽器内可分为蒸汽侧（汽侧）和冷却水侧（水侧）两个空间。汽侧由冷却水管外表面、管板汽侧、外壳内侧、热井等组成。水侧由冷却水管内表面、管板水侧、水室、进出水口等组成。冷却水在凝汽器中依次流过冷却水管的次数称为冷却水流程。双流程的凝汽器的传热面分为主凝结区和空气冷却区两部分，用挡板隔开，空气冷却区的面积约占总传热面积的 5%～10%。漏入凝汽器内的不凝结空气，经过空气冷却区进一步冷却后，由抽气设备从抽气口抽出。设置空气冷却区的目的是让尚未凝结的

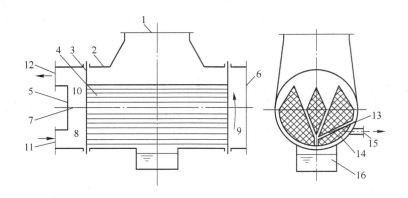

图 4-18　表面式凝汽器示意图

1—排汽进口；2—凝汽器外壳；3—管板；4—冷却水管；5，6—水室端盖；7—水室隔板；

8～10—水室；11—冷却水进口；12—冷却水出口；13—挡板；14—空气冷却区；

15—空气抽气口；16—热井

蒸汽凝结，并冷却空气，使其体积流量减小，从而减少蒸汽工质的损失，减轻抽气设备的负荷，提高抽气效果。

2. 混合式凝汽器

在混合式凝汽器中汽轮机排汽与冷却水直接混合接触而使蒸汽凝结，如图 4-19 所示。冷却水经淋水盘分散成水滴或用喷嘴雾化成水珠与蒸汽直接接触而使其凝结成水。凝结水与冷却水混合在一起用水泵抽走，不凝结的空气用抽气设备除去。这种混合式凝汽器的优点是结构简单、制造成本低廉、冷却效果好，但其最大的缺点是凝结水与不清洁的冷却水混合后，不能作为锅炉给水，因此，现代汽轮机组中一般很少直接采用混合式凝汽器。

3. 多压凝汽器

随着汽轮机单机容量的增加，流经末级至凝汽器的凝汽量相应增大，使汽轮机的低压排汽口也相应增加。在大型汽轮机组具有两个及

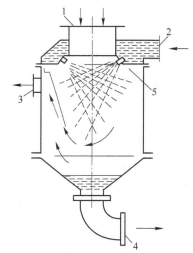

图 4-19　混合式凝汽器示意图

1—排汽进口；2—冷却水进口；3—空气抽气口；

4—冷却水和冷凝水出口；5—喷嘴

以上低压排汽口时，对应着低压排汽口，将凝汽器汽侧按冷却水流向分成几个独立的汽室，冷却水依次流过各汽室，每个汽室相当于一个独立的凝汽器，成为多压凝汽器。图 4-20 表示了一个两汽室的多压凝汽器，由于汽室 1 比汽室 2 的冷却水进口温度要低，所以汽室 1 比汽室 2 达到的凝汽压力要低。两个汽室凝汽器也称双压凝汽器。

（三）抽气设备

抽气设备的任务，一是在汽轮机组正常运行时，抽除凝汽器内不能凝结的气体，以维持凝汽器真空，改善传热效果，从而提高机组的热经济性；二是当机组启动时，抽除凝汽器、汽轮机和管路的空气，在凝汽器内建立真空，加快机组的启动速度。抽气设备的形式

很多，应用较广的是喷射式抽气器，其特点是结构紧凑，工作可靠，成本低，可以在较短时间内（5～10min）建立必要的真空。喷射式抽气器又可分为射汽式抽气器和射水式抽气器。

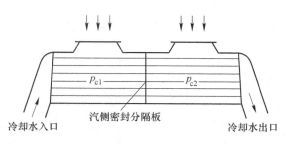

图 4-20　多压凝汽器

1. 射汽式抽气器

射汽式抽气器是以蒸汽为工质的抽气器，根据其用途不同又可分为启动抽气器和主抽气器两种。

启动抽气器用于机组启动时，快速抽除汽轮机、凝汽器系统和管路中的空气，建立必要的真空。启动抽气器要求功率大、启动快、结构简单，通常是单级的。如图 4-21 所示，射汽式抽气器由工作喷嘴 A、混合室 B 和扩压管 C 三部分组成。由主蒸汽管道来的工作蒸汽节流至 1.2～1.5MPa 压力后，进入工作喷嘴 A，该工作喷嘴采用缩放喷嘴。蒸汽在工作喷嘴中膨胀加速，以很高的流速（通常达到 1000m/s 以上）射入混合室 B，使混合室内形成高度真空。混合室与凝汽器抽气口相连，由凝汽器来的气、汽混合物在混合室中混合后，被高速工作蒸汽带动一起进入扩压管 C。在扩压管中，混合物的动能逐渐转变为压力能，最后混合气体扩压至略高于大气压力情况下排入大气。

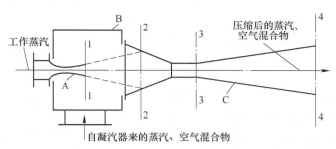

图 4-21　射汽式抽气器工作原理图
A—工作喷嘴；B—混合室；C—扩压管

由于气、汽混合物中工作蒸汽的热量和凝结水都不能回收，所以启动抽气器长时间运行是很不经济的。通常在设计选型时，把启动抽气器的容量选得大一些，以便在机组启动时快速建立凝汽器真空，缩短机组启动时间，因此当凝汽器真空达到运行要求以后，就将主抽气器投入使用，停用启动抽气器。

主抽气器的主要任务是在汽轮机正常运行期间，抽除凝汽器中不凝结的气体，以维持凝汽器正常的真空。为了提高长期运行的经济性，主抽气器采取了两项措施，一是分级压缩，一般分为两级，以降低压缩耗功；二是在扩压管的出口处设置冷却器，利用主凝结水来冷却扩压管出口汽流，回收工质和热量，并降低下一级抽气器负担，有利于提高真空。图 4-22 所示为两级主抽气器的工作原理图。凝汽器的气、汽混合物由第一级抽气器 2 抽出并压缩到低于大气压力的某个中间压力，然后进入中间冷却器 1，使其中大部分蒸汽凝结成水，其余的气、汽混合物又被第二级抽气器 3 抽出。混合物在第二级抽气器中被压缩到高于大气压力，再经过后冷却器 4 将大部分蒸汽凝结成水，最后将空气和少量未凝结的

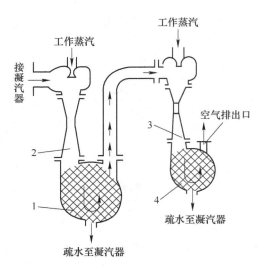

图 4-22 两级主抽气器的工作原理图

1—中间冷却器；2—第一级抽气器；

3—第二级抽气器；4—后冷却器

2. 射水式抽气器

射水式抽气器的工作原理与射汽式抽气器相同，只是把工作介质换成压力水，并且需配置一套独立的供水系统。

图 4-23 所示为射水式抽气器工作原理图。由射水泵来的压力水，经喷嘴 3 将压力能转换为速度能，在混合室 2 内形成高度真空，将凝汽器内的气、汽混合物吸入，与高速水流混合后进入扩压管 1，在扩压管中将其动能逐渐转变为压力能，最后扩压至略高于大气压力情况下排入大气。当射水泵发生故障时，逆止阀 4 自动关闭，以防止水和空气倒流入凝汽器，破坏凝汽器真空。

在高参数大中型机组中采用射水式抽气器主要是因为：（1）当汽轮机组采用高参数时，若仍采用射汽式抽气器，则工作蒸汽需节流使用，导致节流损失增加，从热效率考虑是不经济的；（2）大容量机组往往设计成一单元制形式，启动时机组无合适汽源供射汽式抽气器使用，但凝汽器真空系统必须先期投运，这样就产生矛盾。若另设辅助汽源，导致系统复杂，可靠性降低。采用射水式抽气器则可以随时启动，给机组运行带来方便。但射水式抽气器需要配备专用的射水泵，一次性投资

蒸汽排入大气。

抽气器的冷却器通常是表面式换热器。其冷却介质是来自凝结水泵出口的主凝结水，这样可以回收一部分抽气器工作蒸汽的热量，以提高整个系统的热经济性。

射汽式抽气器的工作特性是指当工作蒸汽压力一定时，抽气口的压力与抽出空气量之间相应的变化关系。在工作段区间，即使被抽的空气量增大，抽气口的压力升高不多，可以维持凝汽器正常运行。在过负荷段区间，随着被抽出空气量的增大，抽气口压力迅速上升，这将破坏凝汽器真空。所以为了保证抽气器始终能在工作段区间运行，在设计选型时宁可把抽气器的设计抽气量选得大一些，一般比正常运行时的漏气量大 3 ~ 4 倍。当机组运行时，如果漏气量增大，也不会落入抽气器的过负荷段区间。

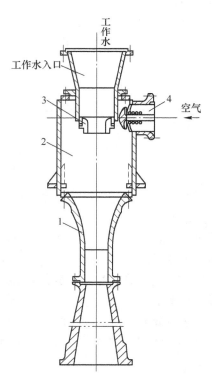

图 4-23 射水式抽气器的工作原理图

1—扩压管；2—混合室；3—喷嘴；4—逆止阀

较多，且不能回收被抽出蒸汽的凝结水及其热量，增加了凝结水的损耗。

（四）除氧器

锅炉给水中如果含有游离氧和二氧化碳等气体，就会影响传热效率，还会严重腐蚀受热面的金属壁面，所以给水必须在进入锅炉的省煤器前进行除氧。除氧器系统作用是以回热抽汽来加热除去锅炉给水中溶解气体的混合式加热器，它既是回热系统的一级，又用以汇集主凝结水、补充水、疏水、生产返回水、锅炉连排扩容蒸汽、汽轮机门杆漏汽等各项汽水流量成为锅炉给水，并要保证给水品质和给水泵的安全运行，是影响火电厂安全经济运行的一个重要热力辅助设备。其除氧原理是将给水加热至除氧器压力下的饱和温度，水蒸气的分压力接近水面上的全压力，其他气体的分压力趋近于零，于是溶解在水中的气体将从水中逸出被除掉。

除氧器的连接方式主要有单独连接、前置连接和借助除氧器滑压运行的连接系统连接。

单独连接系统是加热蒸汽经过压力调节阀产生节流压降，除氧器给水温度低于抽汽口压力下的饱和温度，加热不足部分转移到相邻高压加热器，减少了本级较低压力抽汽，增加了相邻较高压力抽汽，热经济性下降。当抽汽切换到高一级抽汽时，压降更大，节流损失更大，并导致停用一段回热抽汽。

前置连接系统是单独连接改进型，增加一台高压加热器与除氧器共用一段抽汽，该高压加热器出水温度不受压力调节阀的影响，无节流损失，但增加高压加热器导致投资增加，系统复杂。前置连接既没抽汽量减少，也没导致低压抽汽量减少，故不存在节流损失。压力调节阀只起蒸汽流量分配作用。

除氧器滑压运行的连接系统的特点是无节流损失；低负荷时不用切换高一级抽汽和停用本级抽汽；回热加热分配更接近等温升分配；负荷突然变化时存在除氧效果恶化和给水泵汽蚀问题。

（五）给水泵、凝结水泵和循环水泵

连续不断地输送锅炉用水的泵称为给水泵。给水泵的任务是将除氧器储水箱内具有一定温度的给水，通过给水泵产生足够的压力输送给锅炉，供给锅炉用水。由于电能的生产特点和锅炉运行的特殊要求，给水泵必须连续不断的运行。给水流量和压头的调节方法主要有两种，一种是改变水泵出口阀门的开度进行调节，这种调节方法适用于中、小容量的机组；另一种是改变给水泵的转速来控制给水的流量和压头，也就是采用小汽轮机直接驱动结水泵或者通过液力耦合器由电动机间接驱动给水泵来实现。给水泵的容量，即给水量，是根据锅炉的最大蒸发量来决定的，给水泵的容量必须高于锅炉的最大蒸发量，给水泵的压力也必须高于锅炉的工作压力，发电厂的给水泵采用多级高压高转速的离心式水泵。通过电动机带动的给水泵称为电动给水泵，通过汽轮机带动的给水泵称为汽动给水泵。一般大功率机组采用汽动给水泵，便于调节水泵的转速以适应不同负荷下流量和压力的变化，小功率机组常采用电动式给水泵。

从凝汽器热井中吸取凝结水并输送到除氧器的水泵称为凝结水泵。为保证凝结水泵工作的可靠性，水泵必须安装在热井水面以下的 $0.5 \sim 0.8 \mathrm{m}$ 标高处，并尽可能减小进口处的阻力以防止凝结水汽化。凝结水泵的工作条件恶劣，在高度真空下输送接近饱和温度的水和采用凝汽器低水位运行来调节流量,使得凝结水泵发生汽蚀是不可避免的。凝结水泵一般采用抗汽蚀能力较好的材料和保证凝结水泵的转速不超过 1400 ~ 1800r/min。一般采用离心式水泵,用电动机来拖动,每台汽轮机装设两台凝结水泵,一台运行,一台备用。

在发电厂中,向凝汽器、冷油器和发电机等设备供给冷却水的水泵称为循环水泵。循环水泵的特点是水量大、压头低,宜采用轴流式水泵。循环水主要用来将汽轮机排汽冷凝成水,并保持凝汽器的高度真空,一旦冷却水量不足或中断水,将导致汽轮机减负荷或停机。

第三节 汽轮机工作原理

汽轮机是将蒸汽工质的热能转变成动能,再将动能转变成机械能的一种热机。多级汽轮机由若干个级构成,而每个级就是汽轮机做功的基本单元,级是由喷管叶栅和与之相配合的动叶栅所组成。喷管叶栅将蒸汽的热能转变成动能,动叶栅将蒸汽的动能转变成机械能。

一、汽轮机的级

汽轮机的级是最基本的做功单元。通常,我们将一列喷嘴叶栅和相应的一列动叶栅称作汽轮机的一个级。这些级中,供蒸汽流动的通道构成了汽轮机的通流部分。一台汽轮机可由单级组成,也可由多级组成。现代大型汽轮机均由多级串联组成,例如 600MW 汽轮机的总级数可达 40 多级。汽轮机的总输出功率是汽轮机各级输出功率之和。汽轮机组的经济性和安全性很大程度上取决于每一个单级的经济性和可靠性。所以,研究级内的能量转换过程是研究整个汽轮机组工作过程的基础。

汽轮机的级由喷嘴叶栅和与它相配合的动叶栅组成,如图 4-24 所示。喷嘴叶栅是由

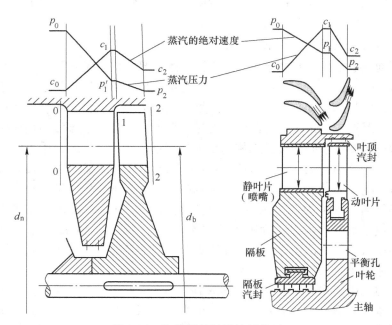

图 4-24 汽轮机的级及特征截面

一系列安装在隔板体上的喷嘴叶片构成，又称静叶栅。动叶栅是由一系列安装在叶轮外缘上的动叶片构成。为了分析方便，选取三个特征截面，即喷嘴叶栅前截面0—0，即级的进口截面；喷嘴叶栅和动叶栅之间的截面1—1，即喷嘴的出口截面；动叶栅后截面2—2，即级的出口截面。各截面的汽流参数分别注以下标0、1和2，下标n表示喷嘴、b表示动叶。

当蒸汽通过汽轮机级时，首先在喷嘴叶栅中将热能转变成为动能，然后在动叶栅中将其动能转变为机械能，使得叶轮和轴转动，从而完成汽轮机利用蒸汽热能做功的任务。蒸汽在汽轮机级内进行能量转换，必须具备相应的条件。首先，蒸汽应具有一定品位的热能，即蒸汽需具有足够高的温度和压力，而且喷嘴进出口应具有一定的蒸汽压差。其次，进行能量转换的叶栅也需具备有一定的结构条件，如叶栅流道截面积的变化应满足连续流动方程，叶片的截面应为流线型，流道应具有良好的几何形状，流道的壁面应光滑等。同时，动叶栅结构形式应满足汽流产生冲动力和反动力的要求，即动叶栅必须是有合理的曲面流道，且可以绕轴心线运动。此外，喷嘴叶栅喷出的高速汽流应能顺利地进入动叶栅流道，故喷嘴叶栅也应为弯曲的流道。

汽轮机级的做功过程是蒸汽不断膨胀，压力逐渐降低的过程。图4-25为蒸汽在级中做功时的热力过程线。0点是级前的蒸汽状态点，0^*点是汽流被等熵地滞止到初速等于零的状态点。蒸汽从滞止状态0^*在级内等熵膨胀到p_2时的比焓降Δh_t^*称为级的滞止理想比焓降。蒸汽从0点在级内等熵膨胀到p_2时的比焓降Δh_t称为级的理想比焓降。按同样定义，Δh_n^*为喷嘴的滞止理想比焓降，而Δh_b为动叶的理想比焓降。实质上，级的滞止理想比焓降表示了在理想情况下单位质量的蒸汽流过一个级时能够做功的大小。

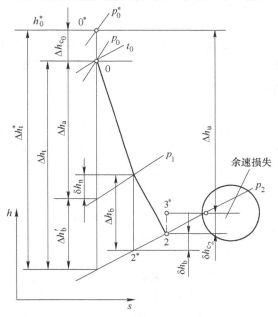

图4-25 蒸汽在级中做功时的热力过程线

（一）级的反动度

蒸汽流过汽轮机级时，有两种力对动叶栅做功，冲动力和反动力，如图4-26所示。在喷嘴中膨胀加速后的蒸汽，给动叶以冲动力。若汽流在动叶汽道内不继续膨胀加速，而只随汽道形状改变其流向时，由此产生的作用在动叶汽道上的离心力，称冲动力。这时蒸汽所做的机械功等于它在动叶栅中动能的变化量。

蒸汽在动叶汽道内随汽道改变流动方向的同时仍继续膨胀、加速，即汽流不仅改变方向，而且有比焓下降并膨胀，其速度也有较大的增加。加速的汽流流出汽道时，对动叶栅将施加一个与汽流流出方向相反的反作用力，称反动力。

蒸汽在静止的喷嘴中从压力p_0（当喷嘴进口蒸汽速度不为0时，则应为p_0^*）膨胀到

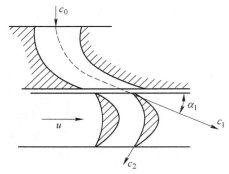

图 4-26　蒸汽流过汽轮机级时的做功

出口压力 p_1 且速度为 c_1 流向旋转动叶栅。当蒸汽通过动叶时，一般还要继续膨胀，从喷嘴后的压力 p_1 膨胀到动叶后的压力 p_2。在有损失的情况下，对整个级来说，其滞止理想比焓降 Δh_t^* 是喷嘴中的滞止理想比焓降 Δh_n^* 和动叶中的理想比焓降 Δh_b 之和。

实际上，在 h-s 图中，比焓降 Δh_b 并不等于 $\Delta h_b'$，因为由于喷嘴中的损失，蒸汽在流出喷嘴后，温度比等熵膨胀到喷嘴后稍高，这就使得 Δh_b 比 $\Delta h_b'$ 稍有增大。如果喷嘴中的损失不大，可认为 $\Delta h_b = \Delta h_b'$，此时，级的滞止理想比焓降可近似地由压力 p_0^* 和 p_2 之间的等熵线来截取，即

$$\Delta h_t^* = \Delta h_n^* + \Delta h_b \tag{4-1}$$

为了衡量蒸汽在动叶栅中的膨胀程度，区分级中冲动力、反动力做功的大小，引入无量纲量——反动度，用 Ω 表示。级的反动度等于动叶的理想比焓降与级的滞止理想比焓降的比值，即

$$\Omega = \Delta h_b / \Delta h_t^* = \Delta h_b / (\Delta h_n^* + \Delta h_b) \tag{4-2}$$

作为级内动叶中蒸汽膨胀程度的度量，反动度是一个很重要的特征参数。不仅影响到叶片的形状，还影响到级的经济性和安全性。

根据级的反动度的大小，可以将汽轮机的级分成两类，即冲动级和反动级。

1. 冲动级

冲动级的反动度介于 0 和 0.5 之间。作为一种特例，当 $\Omega = 0$ 时，为纯冲动级。一般情况下，反动度 $\Omega = 0.05 \sim 0.20$，称为带反动度的冲动级。蒸汽在冲动级内流动做功时，蒸汽的膨胀大部分发生在喷嘴叶栅中，只有少部分发生在动叶栅中。

对于纯冲动级，蒸汽只在喷嘴中膨胀，在动叶栅中不膨胀而只改变流动方向，故动叶栅中蒸汽进出口压力相等，即 $p_1 = p_2$，$\Delta h_b = 0$，$\Delta h_t^* = \Delta h_n^*$。汽流过纯冲动级的动叶时，会产生较厚的附面层，因而效率较低，损失较大，故已很少采用。

2. 反动级

反动级的反动度 $\Omega = 0.5$。蒸汽在反动级中的膨胀，一半在喷嘴叶栅中进行，另一半在动叶栅中进行。在反动级中，$p_1 > p_2$，$\Delta h_b = \Delta h_n^* = 0.5 \Delta h_t^*$。反动级的效率比冲动级高，但做功能力比较小。

3. 调节级

汽轮机的级有调节级和非调节级之分。通过改变进汽面积控制其进汽量，调节汽轮机功率的级称调节级。进汽面积不能改变的级称为非调节级或压力级。调节级总是部分进汽的，而非调节级既可以全周进汽，也可以部分进汽。

4. 速度级

蒸汽流过一个级的动叶栅时，动能转化为机械功的过程可以在一列或多列叶栅中完成。只在一列动叶栅中完成的级称为单列级。压力级一般是单列级，可以是冲动级，也可

以是反动级。

蒸汽的动能转为机械功的过程在一级内多列叶栅中进行的级称为速度级。目前一般在一级内装有两列动叶栅，称为双列级或复速级。复速级都是冲动式的，与单列冲动级不同的是它由一列喷嘴叶栅、一列导向叶栅和两列动叶栅组成，如图 4-27 所示。从喷嘴叶栅出来的高速汽流，先在第一列动叶栅中将一部分动能转变为机械功，然后经导向叶栅转向后，进入第二列动叶栅，又将一部分动能转变为机械功。为了提高复速级的效率，可以设计成带一定反动度的冲动级。复速级的做功能力比单列冲动级要大。

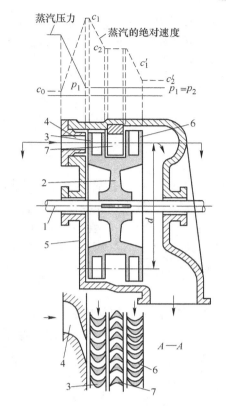

图 4-27　速度级（两列）汽轮机工作原理
1—轴；2—叶轮；3—第一列动叶栅；4—喷嘴；
5—汽缸；6—第二列动叶栅；7—导向叶栅

（二）蒸汽在级内的工作过程

1. 蒸汽在喷管中的流动

蒸汽在喷管中流动时，如果能够满足相应的力学条件和几何条件，就能够实现热能向动能的转换。在无损失的情况下，喷管流动的过程为等熵膨胀过程，于是可由理想气体的等熵过程方程和一元稳定无损失流动的运动方程，解得喷管出口理想速度为：

$$c_{1t} = \sqrt{\frac{2\kappa}{\kappa-1}\frac{p_0^*}{\rho_0^*}\left[1-\left(\frac{p_1}{p_0^*}\right)^{\frac{\kappa-1}{\kappa}}\right]} \qquad (4\text{-}3)$$

式中　κ——蒸汽膨胀的等熵指数；

p_0^*，ρ_0^*——蒸汽在喷嘴入口处的滞止压力和密度；

p_1——蒸汽在喷嘴出口的压力。

蒸汽在喷管中流动时，可以根据等熵流动的动量方程和连续方程，得到喷管截面变化与喷管汽流速度变化之间的关系为：

$$\frac{\mathrm{d}A}{A} = (Ma^2 - 1)\frac{\mathrm{d}c}{c} \qquad (4\text{-}4)$$

式中　A——喷管截面积；

　　　c——蒸汽绝对速度；

　　Ma——蒸汽流动的马赫数。

当蒸汽在喷管内膨胀时，须满足压力降低的力学条件（即压力变化 $\mathrm{d}p < 0$）和以下几何条件：（1）当喷管内汽流为亚声速时（马赫数 $Ma < 1$），则 $\mathrm{d}A < 0$，汽道横截面积随着汽流加速而逐渐减小，即为渐缩喷管；（2）当喷管内汽流为超声速时（$Ma > 1$），则 $\mathrm{d}A > 0$，汽道横截面积随着汽流加速而逐渐增大，即为渐扩喷管；（3）当喷管内汽流速度等于当地声速时（$Ma = 1$），则 $\mathrm{d}A = 0$，即喷管的横截面积达到最小值，其截面为临界截面或喉部截面；（4）欲使汽流在喷管中从亚声速增加到超声速，则汽道横截面积应当沿着汽流方向由渐缩变为渐扩，呈缩放形，即为缩放喷管或拉法尔喷管。

当蒸汽在喷管中的流动视为绝热过程，且喷管固定不动时，蒸汽流过喷管的能量方程可简化为：

$$h_0 + \frac{c_0^2}{2} = h_1 + \frac{c_1^2}{2} \tag{4-5}$$

若不考虑损失，蒸汽在喷管中为等熵流动过程，则蒸汽在喷管出口的理想流速为：

$$c_{1t} = \sqrt{2(h_0 - h_{1t}) + c_0^2} = \sqrt{2\Delta h_n + c_0^2} = \sqrt{2\left(\Delta h_n + \frac{c_0^2}{2}\right)} = \sqrt{2\Delta h_n^*} \tag{4-6}$$

式中　Δh_n——蒸汽在喷管中的理想比焓降；

　　　Δh_n^*——蒸汽在喷管中的滞止理想比焓降。

实际中，蒸汽在喷管中的流动是有损失的，包括黏性气体的摩擦损失、膨胀过程的不可逆损失等，结果造成喷管出口的实际速度 c_1 小于理想速度 c_{1t}，其比值称为喷管速度系数 φ，即 $\varphi = c_1/c_{1t}$，故

$$c_1 = \varphi c_{1t} = \varphi \sqrt{2\Delta h_n^*} \tag{4-7}$$

现代汽轮机的喷管速度系数常取 $\varphi = 0.92 \sim 0.98$，为便于计算通常取值 0.97。

喷管出口实际速度小于理想速度所造成的能量损失称为喷管损失，其计算公式为：

$$\Delta h_{n\xi} = \frac{1}{2}(c_{1t}^2 - c_1^2) = \frac{c_{1t}^2}{2}(1 - \varphi^2) = \Delta h_n^*(1 - \varphi^2) \tag{4-8}$$

2. 蒸汽在动叶中的流动过程

动叶和喷嘴的断面和通道形状是十分相似的。若干个动叶或喷嘴环形排列，构成动叶栅或喷嘴栅。它们的区别主要表现在喷嘴栅是静止不动的，而动叶栅是以一定的速度在旋转。因此，喷嘴进出口的蒸汽速度是以绝对速度分别表示为 c_0 和 c_1，而动叶进出口的蒸汽速度是以相对速度分别表示为 w_1 和 w_2。

在理想情况下，蒸汽从动叶进口状态（即喷嘴出口状态）p_1、h_1，等比熵膨胀至动叶出口压力 p_2。由于在流动过程中存在能量损失，因此蒸汽在动叶通道中实际的膨胀过程是按熵增曲线进行。与喷嘴相似，此时动叶栅出口汽流的理想相对速度为：

$$w_{2t} = \sqrt{2(h_1 - h_{2t}) + w_1^2} = \sqrt{2\Delta h_b + w_1^2} = \sqrt{2\Delta h_b^*} \tag{4-9}$$

式中　Δh_b——动叶栅理想比焓降，$\Delta h_b = h_1 - h_{2t}$，J/kg；

　　　Δh_b^*——动叶栅滞止理想比焓降，$h_b^* = \Delta h_b + w_1^2/2$，J/kg。

动叶栅出口实际相对速度为：

$$w_2 = \psi w_{2t} \tag{4-10}$$

式中　ψ——动叶速度系数，其值可通过试验得到，通常取 $0.85 \sim 0.95$。它与级的反动度 Ω_m 和动叶出口汽流的理想速度 w_{2t} 有关，可由图 4-28 查得。

蒸汽流经动叶的能量损失为：

$$\Delta h_{b\xi} = \frac{w_{2t}^2 - w_2^2}{2} = (1 - \psi^2)\Delta h_b^* \tag{4-11}$$

蒸汽在动叶中的能量损失与蒸汽在动叶中的滞止理想比焓降之比称动叶的能量损失系数，即

$$\xi_b = \frac{\Delta h_{b\xi}}{\Delta h_b^*} = 1 - \psi^2 \qquad (4\text{-}12)$$

如果忽略喷嘴和动叶间轴向间隙中上端和下端的漏汽，那么通过动叶的蒸汽流量 G_b 应该就是通过喷嘴的蒸汽流量 G_{nt}，所以在设计时，要求动叶栅和喷嘴栅的通流能力相等，即

$$G_{bt} = \frac{A_b w_{2t}}{v_{2t}} = \frac{A_n c_{1t}}{v_{1t}} = G_{nt} \qquad (4\text{-}13)$$

二、汽轮机级的轮周效率和最佳速度比

（一）级的速度三角形和轮周效率

1. 动叶栅进出口速度三角形

蒸汽在喷嘴中膨胀后离开喷嘴的绝对速度为 c_1，该速度与叶轮旋转平面的夹角为喷嘴出口汽流方向角 α_1。当蒸汽进入动叶栅时，由于动叶栅是以圆周速度 u 运动，当以旋转叶轮为参照物时，动叶栅入口的蒸汽速度为蒸汽与动叶栅的相对速度 w_1，该速度与叶轮旋转平面的夹角为动叶进口汽流方向角 β_1。蒸汽在喷嘴出口的速度可由下式计算：

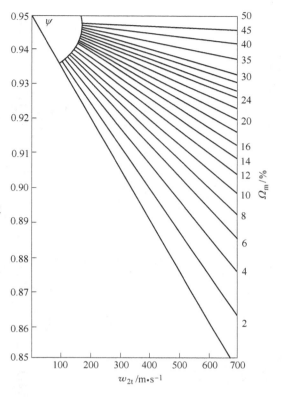

图4-28　动叶速度系数 ψ 与 Ω_m 和 w_{2t} 的关系曲线

$$c_1 = \varphi \sqrt{2(1 - \Omega_m)\Delta h_1^*} \qquad (4\text{-}14)$$

根据喷嘴出口汽流方向角 α_1 及圆周速度 u 作出动叶进口速度三角形，如图4-29所示。进而可求得动叶进口相对速度 w_1 及其方向角 β_1 为：

$$w_1 = \sqrt{c_1^2 + u^2 - 2c_1 u \cos\alpha_1} \qquad (4\text{-}15)$$

$$\beta_1 = \sin^{-1}\left(\frac{c_1}{w_1}\sin\alpha_1\right) \qquad (4\text{-}16)$$

汽流在动叶通道内改变方向后，在离开动叶时其相对速度为 w_2，它的方向与叶轮旋转平面的夹角为动叶汽流出口角 β_2。相对速度 w_2 可由下式计算：

$$w_2 = \psi \sqrt{2\Omega_m \Delta h_t^* + w_1^2} \qquad (4\text{-}17)$$

根据动叶汽流出口角 β_2 及圆周速度 u 画出动叶出口速度三角形。β_2 的数值约为 $20° \sim 30°$。对于冲动级，β_2 约比 β_1 小 $3° \sim 6°$，进而可求出动叶出口绝对速度 c_2 及其方向角 α_2 为：

$$c_2 = \sqrt{w_2^2 + u^2 - 2u w_2 \cos\beta_2} \qquad (4\text{-}18)$$

$$\alpha_2 = \sin^{-1}\left(\frac{w_2}{c_2}\sin\beta_2\right) \qquad (4\text{-}19)$$

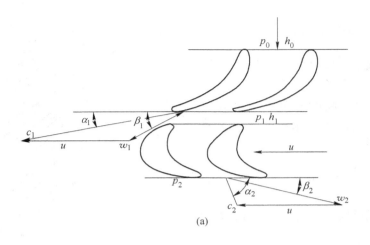

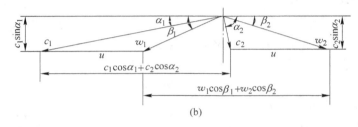

图 4-29　动叶栅进出口汽流速度三角形

2. 级的轮周效率

蒸汽在级内所具有的理想能量不能百分之百地转变为轮周功，存在着损失。为了描述蒸汽在汽轮机级内能量转换的完善程度，通常用各种不同的效率来加以说明。

汽轮机级的轮周效率 η_u 是指单位（1kg/s）蒸汽量在级内所做的轮周功 W_u 与它在该级内所具有的理想能量 E_0 之比，即

$$\eta_u = \frac{W_u}{E_0} \tag{4-20}$$

汽轮机级的轮周效率是衡量汽轮机级的工作经济性的一个重要指标，但不是最终的经济指标。

级的轮周效率的表示式有两种形式，一是以速度形式表示：

$$\eta_u = \frac{2u(c_1\cos\alpha_1 + c_2\cos\alpha_2^*)}{c_a^2 - \mu_1 c_2^2} \tag{4-21}$$

式中　c_a——级的滞止理想比焓降，$c_a = \sqrt{2\Delta h_t^*}$ 。

其二是以能量形式表示：

$$\eta_u = 1 - \xi_n - \xi_b - (1 - \mu_1)\xi_{c2} \tag{4-22}$$

式中　ξ_n——喷嘴损失系数，即喷嘴损失所占级的理想可用能的份额；

　　　ξ_b——动叶损失系数，即动叶损失所占级的理想可用能的份额；

　　　ξ_{c2}——余速损失系数，即余速损失所占级的理想可用能的份额。

轮周效率的物理意义从上式看得十分清楚，如果汽轮机级内的喷嘴损失 $\Delta h_{n\xi}$、动叶损

失 $\Delta h_{b\xi}$ 和余速损失 Δh_{c2} 比较大，则该级的轮周效率就比较低，反之亦然。

（二）轮周效率与最佳速度比

根据理论分析可知，对轮周效率影响最大的是无因次参数速度比 $x_1 = u/c_1$。

1. 纯冲动级的最佳速度比

对于纯冲动级，级内反动度 Ω_m 为零，$w_{2t} = w_1$。若假设进入喷嘴时汽流的动能很小，可忽略不计，即 $c_0 = 0$；又假设其余速未被下一级所利用，即 $\mu_1 = 0$，则

$$\eta_u = \frac{2u(c_1\cos\alpha_1 + c_2\cos\alpha_2)}{c_{1t}^2} = \frac{2u(w_1\cos\beta_1 + w_2\cos\beta_2)}{c_{1t}^2} = \frac{2u}{c_{1t}^2}w_1\cos\beta_1\left(1 + \psi\frac{\cos\beta_2}{\cos\beta_1}\right) \quad (4\text{-}23)$$

根据动叶进口速度三角形，$w_1\cos\beta_1 = c_1\cos\alpha - u$，代入上式，得

$$\eta_u = \frac{2u}{c_{1t}^2}(c_1\cos\alpha_1 - u)\left(1 + \psi\frac{\cos\beta_2}{\cos\beta_1}\right) = 2\varphi^2\frac{u}{c_1}\left(\cos\alpha_1 - \frac{u}{c_1}\right)\left(1 + \psi\frac{\cos\beta_2}{\cos\beta_1}\right)$$

$$= 2\varphi^2\left(1 + \psi\frac{\cos\beta_2}{\cos\beta_1}\right)x_1(\cos\alpha_1 - x_1) \quad (4\text{-}24)$$

上式即为纯冲动级轮周效率的一般公式。由上式可知，轮周效率的高低与喷嘴和动叶的速度系数 φ、ψ 及速度比 x_1 有关，提高喷嘴和动叶的速度系数，便可提高轮周效率。特别是喷嘴，其速度系数的大小对轮周效率的影响更大。若假设上式中喷嘴和动叶的速度系数 ψ 和 φ 以及 α_1 和 β_1 均为常数，则纯冲动级的轮周效率 η_u 和速度比 x_1 之间的关系如图4-30所示的抛物线形状。

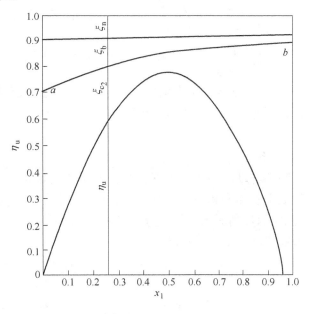

图4-30　纯冲动级轮周效率曲线

对于动叶损失，因为 x_1 变大时 w_1 变小，在速度系数不变时，动叶损失随着 x_1 的增大而变小。当 $x_1 = 0$ 时，即 $u = 0$，蒸汽作用在动叶上的力最大，但叶轮不转动，无输出功率，则轮周效率 η_u 为零。当 $x_1 = 1$ 时，即 $u = c_1$，动叶进口处汽流相对速度 w_1 圆周方向的分速为零；由于纯冲动级的反动度为零，所以此时动叶出口处汽流相对速度为零。

为求得最佳效率，应当正确选定作用力与移动速度两者间的关系，也就是要在由 0 到 1 的范围内找出一个最佳的 x_1 值，其对应的 η_u 值为最大。轮周效率为最大值时的速度比，称为最佳速度比，用 $(x_1)_{op}$ 表示，其值应在 $\mathrm{d}\eta_u/\mathrm{d}x_1 = 0$ 时出现，即

$$\mathrm{d}\eta_u/\mathrm{d}x_1 = 2\varphi^2 (1 - \psi\cos\beta_2/\cos\beta_1)(\cos\alpha_1 - 2x_1) = 0 \tag{4-25}$$

对于纯冲动级，由于 $2\varphi^2(1 - \psi\cos\beta_2/\cos\beta_1) \neq 0$，所以 $\cos\alpha_1 - 2x_1 = 0$，则

$$(x_1)_{op} = \cos\alpha_1/2 \tag{4-26}$$

汽轮机中一般 $\alpha_1 = 12° \sim 20°$，因此纯冲动级的最佳速度比 $(x_1)_{op} = 0.46 \sim 0.49$。

实际上，在多级汽轮机的各中间级，级后的余速动能可以全部或部分被下一级所利用。在此条件下，级的轮周效率与速度比的关系将有所改变。由于速度比的大小对效率的影响主要表现在对余速的影响上，因此，若余速全部被利用，则级的轮周效率将增大，且效率曲线将有平坦得多的顶部，这表明当速度比在最佳值附近变化时，轮周效率的变化很小。

余速利用系数分别为 0 和 1 时的轮周效率曲线如图 4-31 所示，从图中可以看出，由于在速度比较大时，即 c_1 较小时，w_1 及 w_2 也较小，叶片损失较小，则最佳效率的速度比将变大。实际上，由

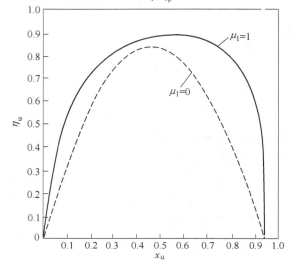

图 4-31　余速利用对轮周效率和最佳速度比的影响

于当速度比偏离 $\cos\alpha_1$ 时，余速变大，α_2 也偏离 90° 较大，将使余速能被下级利用的部分变小，因此当余速只是部分可被下一级利用时，轮周效率曲线将介于上述两极限情况（$\mu_1 = 0$ 和 $\mu_1 = 1$）之间。

2. 反动级的最佳速度比

对于典型反动级，喷嘴与动叶中的比焓降相等，即反动度为 0.5。为了制造方便，多将喷嘴与动叶的型线做成形状完全相同，即 $\alpha_1 = \beta_2$，$w_2 = c_1$，此时喷嘴与动叶的速度系数大致相等，即 $\varphi = \psi$。假设余速动能全部为下一级所利用，即 $\mu_1 = 1$。于是有 $w_2 = c_1$，$w_1 = c_2$，$w_{2t} = c_{1t}$。利用三角形的余弦定理，可得

$$\begin{aligned}
\eta_u &= \frac{1}{2} \frac{c_1^2 - w_1^2 + w_2^2 - c_2^2}{c_{1t}^2 - w_1^2} = \frac{c_1^2 - w_1^2}{c_{1t}^2 - c_1^2 + c_1^2 - w_1^2} \\
&= \frac{2uc_1\cos\alpha_1 - u^2}{c_1^2\left(\dfrac{1}{\varphi^2} - 1\right) + 2uc_1\cos\alpha_1 - u^2} = \frac{x_1(2\cos\alpha_1 - x_1)}{\left(\dfrac{1}{\varphi^2} - 1\right) + x_1(\cos\alpha_1 - x_1)} \\
&= \frac{1}{\dfrac{\dfrac{1}{\varphi^2} - 1}{x_1(\cos\alpha_1 - x_1)} + 1}
\end{aligned} \tag{4-27}$$

上式即为反动级的轮周效率与速度比的关系。取 $\alpha_1 = 20°$ 且 $\varphi = \psi = 0.93$ 时，根据假想速度比 $x_a = \dfrac{u}{c_a} = x_1\varphi\sqrt{1 - \Omega_m} = \dfrac{x_1\varphi}{\sqrt{2}}$ 和式（4-27），可得到轮周效率和速度比之间的关系曲线，如图 4-32 所示。

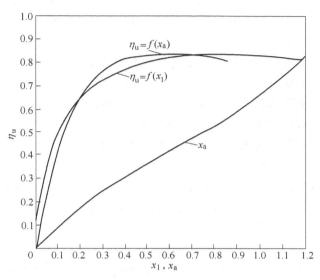

图 4-32　反动级轮周效率与速比 x_1 和 x_a 的关系

为了得到轮周效率的最大值，必须使 $x_1(2\cos\alpha_1 - x_1)$ 之值为最大，即令

$$\frac{\mathrm{d}}{\mathrm{d}x_1}(2x_1\cos\alpha_1 - x_1^2) = 2\cos\alpha_1 - x_1 = 0 \tag{4-28}$$

可得反动级的最佳速度比和假想速度比，分别为：

$$(x_1)_{op} = \cos\alpha_1 \tag{4-29}$$

$$x_a = \varphi\sqrt{1 - \Omega_m}\,x_1 = \varphi\sqrt{\frac{1}{2}}\,x_1 = \varphi\sqrt{\frac{1}{2}}\cos\alpha_1 = \frac{\varphi}{\sqrt{2}}\cos\alpha_1 \tag{4-30}$$

三、多级汽轮机

为了满足电力生产日益增长的需要，世界各国都在生产大功率、高效率的汽轮发电机组。要想增大汽轮机的功率，则应增加汽轮机的理想焓降和蒸汽流量。若仍设计成单级汽轮机，则理想焓降增加，将使喷嘴出口速度相应增大，为了保持汽轮机级在最佳速比范围内工作，就必须相应地增加级的圆周速度，而增大圆周速度要受到叶轮和叶片材料强度条件的限制，所以焓降不能无限制地增加；增加级的蒸汽流量，则要增加级通流面积，即增大级的平均直径或叶片高度，同样将受到材料强度的限制。那么提高汽轮机蒸汽初参数和降低背压，既能提高机组循环热效率，又能增大汽轮机功率，但焓降的增加不能仅靠单级来完成，否则，喷嘴出口速度将非常大，为保证级在最佳速比附近工作，又将会出现材料强度所不允许的、极大的圆周速度。因此要增大汽轮机功率、又要保证高效率唯一的途径，就是采用多级汽轮机，其中每一级只利用总焓降的一小部分。

（一）多级汽轮机的特点

1. 循环热效率提高

从热力学角度分析，采用多级汽轮机以后，可以更大程度地提高蒸汽初参数，降低终参数。同时，也只有采用多级汽轮机，才能实现回热循环和中间再热循环。由此，提高热力循环的平均吸热温度，降低平均放热温度，使循环热效率提高。

2. 相对内效率提高

在整机总比焓降一定时，多级汽轮机更容易在设计工况下，保证每一级都在最佳速度比附近工作；可以使每级分配的比焓降以及每一级的平均直径和喷嘴出口高度都比较合理，减小叶高损失；由于重热现象的存在，多级汽轮机前面级的损失可以部分地为后面各级利用，使整机效率有所提高；在满足一定条件下，多级汽轮机的余速动能可以全部或部分被下一级利用，使多级汽轮机的相对内效率高于单级汽轮机的相对内效率。

3. 单位功率的投资以及运行成本明显降低

当采用多级汽轮机后，随着机组容量增大，汽轮机的制造、安装和调试成本，占用的土地成本，运行成本等相对投入减少。机组容量越大，单位功率的投资和运行成本降低越显著。

4. 其他方面的优势

采用多级汽轮机的大功率发电机组，便于应用先进的控制技术和环保技术等。

多级汽轮机也带来一些问题，如出现附加能量损失、增加机组长度和质量、提高对零部件材料的要求、结构更为复杂、整机制造成本高等。但这些并不是多级汽轮机的缺点，只是采用多级汽轮机必然相伴而生的问题，需要在设计和制造过程中进行解决。

总之，多级汽轮机优于单级汽轮机，具有效率高、功率大、性能稳定、单位功率投资小等特点，因此得到广泛的应用。

（二）多级汽轮机的余速利用

在多级汽轮机中，上一级的排汽就是下一级的进汽，当叶型选择及结构布置合理时，上一级排汽的余速动能可以全部或部分作为下一级的进汽动能而被利用。当余速动能（即本级余速）被下一级利用时，可以提高本级的内效率；在相同的进汽参数和排汽压力下，余速利用后，整机热力过程的熵增减小，效率提高。

实现余速利用的条件：

（1）相邻两级的部分进汽度相同。大功率汽轮机除调节级外其余各级均为全周进汽，而调节级与第一非调节级之间部分进汽度不同，故调节级余速基本不能利用。

（2）相邻两级的通流部分过渡平滑。

（3）相邻两级之间的轴向间隙要小，流量变化不大。这两个条件一般都能满足，试验表明，即使两级之间有回热抽汽，对余速利用的影响也不大。

（4）前一级的排汽角应与后一级喷嘴的进汽角一致。在变工况时，排汽角会有较大的变化，但一般喷嘴的进汽边都加工成圆角，能适应进汽角度在较大范围内的变化，所以这一条件通常能满足。

综上所述，多级汽轮机的中间级基本上都能充分地利用前一级的余速动能，所以在设计时不一定要求每一级都轴向排汽，而可以在直径、转速不变的条件下采用比较小的速比来增加每一级可承担的焓降，使总的级数减小。

（三）多级汽轮机各级段的工作特点

一般情况下，沿着蒸汽的流动方向可把多级汽轮机分为高压段、中压段、低压段三部分，对于分缸的大型汽轮机则分为高压缸、中压缸和低压缸。由于各部分所处的条件不同，因此各段有不同的特点。

1. 高压段

在多级汽轮机的高压段，工作蒸汽的压力、温度很高，比体积较小，因此通过该级段的蒸汽容积流量较小，所需的通流面积也较小。

在冲动式汽轮机的高压段，级的反动度一般不大，当静动叶根部间隙不吸汽、不漏汽时，根部反动度较小，由于叶片高度较小，故平均直径处的反动度较小。

在高压段的各级中，各级焓降不大，焓降的变化也不大。这是因为通过高压段各级的蒸汽容积流量较小，为了增大叶片高度，以减小端部损失，叶轮的平均直径就较小，相应的圆周速度也较小；为保证各级在最佳速比附近工作，喷嘴出口汽流速度也较小，故各级焓降不大；由于高压段各级的比体积变化较小，因而各级的直径变化不大，所以各级焓降变化也不大。

2. 低压段

低压段的特点是蒸汽的容积流量很大，要求低压段各级具有很大的通流面积，因而叶片高度势必很大。为了避免叶高太大，有时不得不把低压段各级的喷嘴出口汽流角取得相当大，使圆周方向分速与轮周功减小。

级的反动度在低压段明显增大的原因有两方面：一方面是低压段叶片高度很大，为保证叶片根部不出现负反动度，则平均直径处的反动度较大；另一方面是级的焓降大，为避免喷嘴出口汽流速度超过声速过多而采用缩放喷嘴，只有增加级的反动度，减小喷嘴中承担的焓降。

低压段的蒸汽容积流量很大，故叶轮直径大大增加，圆周速度增加较快。为了保证有较高的级效率，各级均应在最佳速比附近工作，这时各级的焓降相应增加较快。

3. 中压段

中压段的情况介于高压段和低压段之间。为了保证汽轮机通流部分畅通，各级喷嘴叶高和动叶叶高沿蒸汽流动方向是逐级增大的，故中压段各级的反动度一般介于高压和低压段之间且逐级增加。

四、级内各项损失和级效率

汽轮机的损失分为两大类，一类是不影响蒸汽状态的损失称为外部损失，另一类是直接影响蒸汽状态的损失，称为内部损失。外部损失主要包括机械损失和外部漏气损失，内部损失主要包括进汽机构的阻力损失和排汽管中的排汽阻力损失。

在理想情况下，汽轮机级内热能转换为机械功的最大能量等于蒸汽在级内的理想比焓降。实际上由于级内存在各种的损失，蒸汽的理想比焓降不可能全部转变为机械功。级内与流动时能量转换有直接联系的损失，称为汽轮机级的内部损失；否则，则称为汽轮机级的外部损失。

汽轮机级的内部损失一般有喷嘴损失 $\Delta h_{n\xi}$、动叶损失 $\Delta h_{b\xi}$、余速损失 Δh_{c_2}、叶高损失 Δh_1、撞击损失 Δh_{α_1}、扇形损失 Δh_θ、叶轮摩擦损失 Δh_f、部分进汽损失 Δh_e、湿汽损失 Δh_x 和漏汽损失 Δh_δ。

1. 喷嘴损失 $\Delta h_{n\xi}$、动叶损失 $\Delta h_{b\xi}$、余速损失 Δh_{c_2}

若喷嘴出口理想速度为 c_{1t}，喷嘴出口实际速度 $c_1 = \varphi c_{1t}$，则喷嘴损失为：

$$\Delta h_{n\xi} = (1 - \varphi^2) \frac{c_{1t}^2}{2} = (1 - \varphi^2)(1 - \Omega_m) \Delta h_t^* \tag{4-31}$$

根据叶栅理论，减小喷嘴损失的主要途径是改进喷嘴型线，广泛采用渐缩型叶片、窄形叶栅等。一般可取 $\varphi = 0.85 \sim 0.92$，目前已达到相当高的水平。

当动叶出口理想速度为 w_{2t}，动叶出口实际速度 $w_2 = \psi w_{2t}$，则动叶损失为：

$$\Delta h_{n\xi} = (1 - \varphi^2) \frac{c_{1t}^2}{2} = (1 - \varphi^2)(1 - \Omega_m) \Delta h_t^* \tag{4-32}$$

根据叶栅理论，减小动叶损失的途径同样是改进动叶型线，采用适当的反动度。一般反动度越大，速度系数也越高，通常计算时可取 $\varphi = 0.85 \sim 0.92$。

2. 叶高损失 Δh_1

叶高损失也就是叶片的端部损失，本质上仍是喷嘴和动叶的流动损失。在某些工程计算中，当计算喷嘴和动叶的损失时，不考虑其高度的影响，也就是认为叶片足够长，而达到无限高的程度时，端部损失为零。此时，就仅根据叶型型线和加工质量选定速度系数。实际情况是叶片并不是无限高，端部损失并不为零。因此，需在已计算得出的喷嘴损失和动叶损失之外，另单独计算一项叶栅的端部损失，这就是叶高损失。常用下列半经验公式计算：

$$\Delta h_1 = \frac{a}{l_n} \Delta h_u \tag{4-33}$$

式中　a——试验系数，单列级 $a = 1.2$（未包括扇形损失）或 $a = 1.6$（包括扇形损失），双列级 $a = 2$；

　　　l_n——单列级为喷嘴高度，双列级为各列叶栅的平均高度，mm；

　　　Δh_u——轮周比焓降，为扣除喷嘴、动叶、余速三项损失后的理想比焓降，kJ/kg，

$$\Delta h_u = \Delta h_t^* - \Delta h_{n\xi} - \Delta h_{b\xi} - \Delta h_{c_2}。$$

一般为了减小叶高损失，必须使设计的叶片高度大于 15mm。

3. 撞击损失 Δh_{α_1}

一般认为动叶进汽角 α_1 和动叶最佳进汽角 $(\alpha_1)_{op}$ 是相等的，但由于制造偏差，或是在汽轮机运行中，由于负荷变化而使得 c_1 变大或变小，则此时 α_1 不再与 $(\alpha_1)_{op}$ 相等，而存在一个冲角 θ，从而引起动叶的附加损失，这就是撞击损失。减小或避免撞击损失的办法有：

（1）合理地选择叶型，使设计工况下汽流的进汽角 α_1 与最佳进汽角 $(\alpha_1)_{op}$ 基本相符；

（2）减小叶型对进汽角 α_1 的敏感性，也就是扩大最佳进汽角的范围，使之不是一个数值，而是一个区域。通常的办法是将进汽边修圆，背弧做成曲线形。

4. 扇形损失 Δh_θ

在讨论扭叶片级时曾指出，当径高比 $\theta < 8 \sim 10$ 时，叶片多设计成型线沿叶高变化的

变截面叶片，否则将引起较大的损失，使效率降低。虽然当径高比 $\theta \gg 8 \sim 10$ 时，可采用等截面直叶片，但实际汽轮机中的叶栅为环形叶栅。一般采用直列叶栅的设计方法，即使在径高比较大时，总会或多或少地带来一些损失，这种损失即为扇形损失。

显然，扇形损失的大小与径高比 θ 有关，通常用半经验公式表示，即扇形损失为

$$\Delta h_\theta = \xi_\theta \Delta h_t^* \qquad (4\text{-}34)$$

式中　ξ_θ——扇形损失系数；

　　Δh_θ——扇形损失，kJ/kg。

可知，扇形损失随叶栅径高比的减小而增大。

一般说来，当径高比 $\theta > 8 \sim 10$ 时，所占的比重较小，可忽略不计；当径高比 $\theta < 8 \sim 10$ 时，所占比重越来越大。但由于采用了扭叶片，叶型沿叶高是变化的，虽然此时叶栅的节距也在变化，扇形损失仍然存在，但已经很小了，也可忽略不计。

5. 叶轮摩擦损失 Δh_f

叶轮摩擦损失是由于两方面的原因形成的。在汽轮机级的两侧是充满了蒸汽的汽室，蒸汽是具有黏性的实际气体。紧贴叶轮表面的蒸汽将随叶轮一起转动，其圆周速度与叶轮的圆周速度接近相等，而紧靠隔板或汽缸的蒸汽速度趋于零。这样，在汽室内蒸汽分子的速度是不一样的。在叶轮壁和隔板壁之间存在着速度梯度，蒸汽分子之间就产生了摩擦，消耗了一部分有用功率，这是形成摩擦损失的第一个原因。此外，靠近叶轮表面的蒸汽具有较大的圆周速度，产生的离心力也比较大，迫使蒸汽除随叶轮绕轴旋转外，还做向外径方向的径向运动。而靠近隔板的蒸汽的圆周速度和离心力都比较小，将被迫向轴中心流动，这样就在叶轮两侧出现沿半径方向的蒸汽涡流运动，必然又要消耗一部分功率，这是形成摩擦损失的又一个原因。

由于叶轮摩擦损失所占的比例很小，即使计算数值有一定误差，对全机效率的影响仍是不大的。

6. 部分进汽损失 Δh_e

部分进汽损失是由于部分进汽而产生的。因此，只有在部分进汽度 $e < 1$ 的级中存在，而对于全周进汽的级，$e = 1$，也就不存在部分进汽损失。部分进汽损失由两部分组成，一为鼓风损失，另一为斥汽损失。

鼓风损失：轮机常采用速度级，由于级的理想比焓降相对很大，而容积流量却很小，为了增大叶片的高度，总是将这种级设计成部分进汽，甚至部分进汽度往往小于 0.5，形成较大的鼓风损失。多级汽轮机的压力级在少数情况下也要设计成部分进汽，这时也就需要计算鼓风损失。对于反动级，由于动叶前后的压差较大，为减小漏汽损失，不采用部分进汽，因此也就没有鼓风损失。

鼓风损失的计算没有理论公式可依，根据实际试验得到不少半经验公式，一般可按下式计算：

$$P_w = (480 \sim 900)(1 - e - \frac{e_h}{2})l^{1 \sim 1.5} d\left(\frac{u}{100}\right)^3 \frac{1}{v_2} \qquad (4\text{-}35)$$

式中　P_w——鼓风损失，kW；

　　e——部分进汽度；

e_h——有护套的弧段长度占整个圆周长度的百分数；

l——叶片高度，m；

d——叶轮直径，m；

v_2——级后蒸汽比容，m^3/kg。

斥汽损失：在部分进汽的级中，动叶总是不断地由非进汽部分（没有安装喷嘴的非工作弧段）移入进汽部分（由喷嘴组成的工作弧段），然后移出进汽部分再到非进汽部分。每一次进出，在喷嘴弧段的进口端，从喷嘴射出的蒸汽在进入动叶栅之前，首先必须将动叶汽道中被夹带着一道旋转的呆滞汽体推出动叶栅，并使之加速，这就消耗了工作汽流的一部分动能，引起损失。另外，在喷嘴弧段的出口端，动叶汽道从蒸汽流中退出，使流入汽道的蒸汽量逐渐减少。与此同时，在这个汽道中还有小部分蒸汽被带入汽室内而产生涡流，这种蒸汽流动的不稳定也引起部分能量损失。这两部分能量损失之和称为斥汽损失，或弧端损失。可以看出，部分进汽也是该项损失的根源。

对于应用喷嘴调节方式的汽轮机，为了在工况变动时提高汽轮机的效率，往往采用了较多的调节阀，由于一只调节阀控制一组喷嘴，那么喷嘴组的分段数也就比较多，斥汽损失势必较大，这时可利用喷嘴片作为喷嘴组之间的分隔，喷嘴片的进口和调节阀后的汽室壁相连，不进汽的部分将大大减小，斥汽损失也将相应减小。

斥汽损失可按下式计算：

$$\Delta h_s = \xi_s \Delta h_t^* \tag{4-36}$$

$$\xi_s = 0.42 \frac{\sum B_b l_b}{A_b} x_a \eta_u m \tag{4-37}$$

式中　Δh_s——斥汽损失，kJ/kg；

ξ_s——损失系数；

B_b——动叶宽度，m；

l_b——动叶高度，m；

A_b——喷嘴出口面积，m^2；

x_a——级的理想速度比；

m——喷嘴组进出口弧端的对数，若该级为全周进汽，则 $m = 0$，斥汽损失也为零。

7. 湿汽损失 Δh_x

多级汽轮机的最末几级往往处于湿蒸汽区。对于湿蒸汽级，它们的工作大体上说可分成干蒸汽的工作和水分的工作两部分。由于水分的存在，干蒸汽的工作将受到一定的影响，这种影响主要表现为一种能量损失，即湿汽损失。

由于对水珠形成、集聚的过程及产生湿汽损失的机理尚未完全掌握，同时湿蒸汽在级中被分离出的水分难以正确测定，因此对湿汽损失还不能准确评价，目前只能应用下列经验公式计算：

$$\Delta h_x = (1 - x_m)\Delta h_i' \tag{4-38}$$

式中　Δh_x——湿汽损失，kJ/kg；

$\Delta h_i'$——不考虑湿汽损失的级的有效焓降，kJ/kg；

x_m——级的平均干度，$x_m = (x_0 + x_2)/2$。

从上式可知，湿汽损失的大小与蒸汽的湿度（$1 - x_m$）成正比。湿度越大，湿汽损失也越大。为减小湿汽损失就必须设法降低蒸汽的湿度。

8. 漏汽损失 Δh_s

蒸汽在汽轮机的级内流动时，实际上在级内存在着漏汽。

冲动级：由于漏汽量正比于间隙面积和间隙两侧的压差，为减小漏汽损失，在汽轮机级内普遍采用曲径轴封，以减小漏汽量。设计时，动叶根部处尽量不采用负反动度，以防止隔板漏汽被吸入动叶，增大漏汽损失。这是因为当动叶根部反动度很小，甚至为负值时，隔板漏汽的一部分乃至全部，以及级后蒸汽也会通过平衡孔都经过动叶根部轴向间隙流入级中，根部处于吸汽状态。虽然此时由于动叶顶部反动度有所减小，动叶顶部漏汽量也将减小，但试验表明，动叶根部吸汽比根部漏汽所造成的损失更为严重。

此外，在轮盘上开设平衡孔，使隔板漏汽通过平衡孔流入级后，与从动叶流出的主汽流汇合后进入下一级，避免隔板漏汽从动叶根部轴向间隙混入主汽流，这样有利于减小隔板漏汽损失。在安全许可范围内缩小动叶围带处的轴向间隙，也能有效地减小动叶顶部漏汽损失。当动叶不长，动叶顶部的反动度不大，且动叶顶部的漏汽间隙相对很小时，动叶顶部漏汽损失可近似忽略不计，这时的漏汽损失只有隔板轴封漏汽损失。其漏汽量可参照喷嘴流量公式计算。隔板漏汽量 ΔG_p 为：

$$\Delta G_p = \frac{\mu_p A_p c_{1p}}{v_{1t}} = \mu_p A_p \frac{\sqrt{2\Delta h_n^*}}{v_{1t}\sqrt{z_p}} \tag{4-39}$$

式中　z_p——轴封齿数；

　　　μ_p——轴封流量系数，一般取 $0.7 \sim 0.8$；

　　　A_p——轴封间隙面积，m^2，$A_p = \pi\delta_p d_p$；

　　　δ_p——轴封间隙，m；

　　　d_p——轴封齿的平均直径，m；

　　　Δh_n^*——喷嘴滞止理想比焓降，kJ/kg；

　　　v_{1t}——喷嘴出口理想比容，m^3/kg。

对于带反动度的冲动级，动叶顶部漏汽损失 Δh_t 是不可避免的，并且是随着顶部径向间隙的增大而增大。计算动叶顶部漏汽损失，应先求出叶顶漏汽量 ΔG_t 为：

$$\Delta G_t = \frac{\mu_t A_t c_t}{v_{2t}} = \frac{\mu_t \pi (d_b + l_b)\delta_t \sqrt{2\Omega_t \Delta h_t^*}}{v_{2t}} \tag{4-40}$$

或

$$\Delta G_t = \frac{\pi(d_b + l_b)\delta_t \sqrt{2\Omega_t \Delta h_t^* v_{1t}}\mu_t}{\pi d_n l_n \sin\alpha_1 \sqrt{2(1 - \Omega_t)\Delta h_t^* v_{2t}}\mu_n} \tag{4-41}$$

式中　μ_t——动叶顶部间隙的流量系数，一般取 $\mu_t/\mu_n = 0.6$；

　　　μ_n——喷嘴流量系数；

　　　Ω_t——动叶顶部的反动度；

　　　δ_t——动叶顶部的漏汽间隙，m。

动叶顶部的漏汽损失则为：

$$\Delta h_{\mathrm{t}} = \frac{\Delta G_{\mathrm{t}}}{G}\Delta h'_{\mathrm{t}} \tag{4-42}$$

$$\Delta h_{\delta} = \Delta h_{\mathrm{p}} + \Delta h_{\mathrm{t}} \tag{4-43}$$

反动级：对于反动级，由于动叶前后的压差比较大，同时内径轴封直径比冲动级隔板轴封的直径要大，轴封齿数相对较少，因此，反动级的漏汽损失比冲动级大。

反动级叶顶漏汽损失常用下列经验公式计算：

$$\Delta h_{\mathrm{t}} = 1.72\frac{\delta_{\mathrm{t}}^{1.4}}{l_{\mathrm{b}}}E_0 \tag{4-44}$$

式中　δ_{t}——动叶顶部的径向间隙；

　　　l_{b}——动叶高度。

第四节　汽轮机调节、保护和供油系统

一、汽轮机调节系统

由于电能不能大量储存，而电力用户的耗电又在不断地变化，汽轮机需要按照用户随时变化的用电需要，及时改变发出的功率。汽轮机调节系统的任务就是及时调整汽轮机的内功率，满足用户足够的电力（数量、质量）；保证汽轮发电机组始终在额定转速左右运行，不超过允许范围。汽轮机是发电厂的原动机，在机组并网运行时，根据电网周波（频率）偏差，调节汽门的开度，即改变进汽量和焓降，由发电机的有功功率变化满足外界负荷要求。故汽轮机调节系统有时称为调速系统。为保证供电品质，汽轮机不仅根据电网频率进行调节，而且还应根据功率进行调节，克服内扰影响。这样的调节称为功率频率调节，简称功频调节。

（一）汽轮机调节系统的基本组成

调节系统主要由转速感受机构、中间放大机构、油动机、配汽机构、同步器及启动装置组成，其原理性框图如图 4-33 所示。转速感受机构又称调速器，是将转子的转速信号转变成一次控制信号，按照工作原理可分为机械式、液压式和电子式三大类。中间放大器对一次控制信号功率放大，并按调节目标做控制运算，产生油动机的控制信号。油动机是一种液压位置伺服马达，按中间放大器的控制信号产生带动配汽机构动作的驱动力，并达到预定的开度位置。配汽机构是将油动机的行程转变为各调节汽门的开度，通过配汽机构

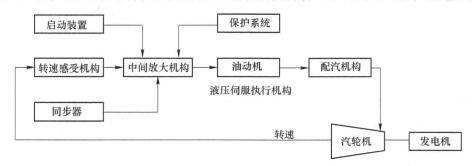

图 4-33　汽轮机调节保护系统原理性框图

的非线性传递特性，汽轮机的进汽量与油动机行程间校正到近似线性关系。同步器作用于中间放大器，产生控制油动机行程的控制信号，单机运行时改变汽轮机的转速，并网运行时改变机组的功率；启动装置在机组启动时用于冲转，并提升转速至同步器动作转速。

（二）汽轮机调速系统的基本原理及类型

根据调节系统的原理和性能，可将其分为：直接调节与间接调节系统、有差调节与无差调节系统、速度调节与功率调节系统。下面分别介绍它们的工作原理和性能。

1. 直接调节与间接调节系统

图4-34（a）为汽轮机直接调节系统示意图。当外界电负荷减小时，将使汽轮机转速升高，离心式调速器1的飞锤向外扩张，使滑环A向上移动，通过杠杆2关小调节阀，汽轮机的进汽量减小，汽轮发电机组发出的电功率也相应减小，从而与外界负荷建立起新的平衡；反之亦然。由此可知，自动调节系统不仅能使机组转速保持在一定的范围内，而且还能使进汽量与功率相平衡。该系统的基本原理可用图4-34（b）的方框图来表示。

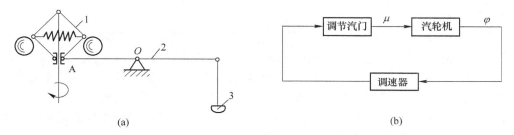

图4-34　直接调节系统示意图和方框图

（a）示意图；（b）方框图

1—调速器；2—杠杆；3—调节汽门；φ—转速；μ—调节汽门开度

在上述调节系统中，调节阀是由调速器本身直接带动的，所以称为直接调节系统。

由于调速器的能量有限，一般难以直接带动汽轮机的调节阀，所以将调速器滑环的位移通过油动机从能量上加以放大后，间接带动汽轮机的调节阀，从而构成间接调节系统。图4-35（a）是一种最简单的一级放大调节系统。利用调速器滑环带动错油门滑阀，再借助压力油的作用，使油动机带动调节阀。当外界电负荷减小，转速升高时，调速器滑环A向上移动，通过杠杆2带动错油门5的滑阀向上移动；此时，错油门的上油口与压力油相通，而下油口则与排油口相通，压力油进入油动机上油腔，而其下油腔与回油口相通，所以在油动机活塞上形成较大的压差，推动活塞向下移动，关小调节阀，减小汽轮机的进汽量，从而使机组功率与外界相适应；反之亦然。

当转速升高，调速器滑环带动错油门滑阀上移时，油动机活塞向下移动，而油动机活塞的位移又通过杠杆带动错油门滑阀向下移动；当错油门滑阀恢复到中间位置时，压力油不再与油动机相通，活塞停止运动，机组就达到了新的功率平衡，调节系统也达到了新的平衡状态。

油动机活塞的运动是由错油门滑阀位移所引起的，而活塞位移反过来又影响错油门滑阀的位移，这种作用称为反馈，杠杆2称为反馈杠杆。由于油动机活塞对错油门滑阀的反馈作用与调速器滑环对错油门滑阀的作用是相反的，所以称为负反馈。图4-35（b）为间接调节系统原理方框图。

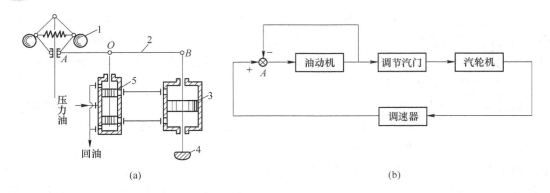

图 4-35 间接调节系统示意图和方框图

（a）示意图；（b）方框图

1—调速器；2—杠杆；3—油动机；4—调节汽门；5—错油门

2. 有差调节与无差调节系统

从图 4-35（a）可以看出，当调节系统处于不同负荷的稳定工况时，调节阀的开度各不相同，油动机活塞的位置也相应改变。而在调节过程结束，调节系统处于稳定状态时，错油门滑阀必定处于中间位置。因此，通过杠杆的联系，调速器滑环也必然处于与油动机活塞位置相对应的另一位置，即汽轮机的转速将改变。也就是说，当外界电负荷改变，调节系统动作结束后，机组并不能维持原来的转速，不同的负荷将对应不同的转速，只是转速变动的范围较小，这种调节称为有差调节。

在有差调节中，采用的是刚性反馈，只要油动机活塞位置一定，就有一定的反馈量，而且不随时间的变化而变化。还有另外一种反馈，其反馈作用只发生在油动机活塞最初运动阶段；当调节过程结束后，反馈作用也就消失，这种反馈称为弹性反馈。采用弹性反馈可以做到无差调节。

图 4-36 为具有弹性反馈的无差调节系统原理图。缓冲油缸中，活塞上、下油腔中的油通过针阀控制的小孔相通，由于针阀的节流作用，油的流动很慢。当外界电负荷变化引起转速改变时，开始阶段可以认为缓冲油

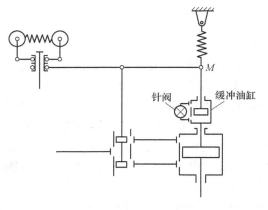

图 4-36 具有弹性反馈的无差调节系统原理图

缸与其中的活塞没有相对移动，相当于一个整体。此时，调节系统与图 4-35（a）的杠杆反馈的间接调节系统相同。稳定时，错油门滑阀处于中间位置，油动机活塞和调节阀的不同位置所对应的调速器滑环位置也不相同，是有差调节。但同时，因 M 点位置改变，上部与它相连的弹簧所受的拉力就发生相应的变化，使缓冲油缸的活塞慢慢移动，其移动速度由活塞上、下油腔中经针阀流过的油量决定。弹簧力使 M 点缓慢移动，与此同时也使错油门滑阀和油动机活塞相应移动，进行缓慢调节，直至 M 点恢复原来位置，弹簧力消失后才能不动；这时错油门滑阀也处于中间位置，调速器滑环恢复原先位置，即转速不

变，称为无差调节。对于无差调节，在其整个调节过程中，最初阶段是有差调节，以保证系统稳定；然后才缓慢地让反馈量减小，使静态偏差变小，最终达到无差调节的目的。

无差调节常被应用于供热汽轮机的调节系统中，使其供热压力维持不变；而凝汽式汽轮机的速度调节系统中，一般不采用无差调节。

3. 速度调节与功率调节

图 4-34 和图 4-35 所示的直接调节与间接调节系统中，都是以汽轮机的转速作为调节信号，即根据转速的变化来控制调节阀的开度，改变汽轮机的进汽量的，因此称为速度调节。

在功频电液调节系统中，除了测量速度信号外，还要测取功率信号。图 4-37 表示功频电液调节系统的简化方框图，通过电子测量元件测得汽轮机转速和功率，在转换成电压信号 U_f 和 U_P 后，在 A 点进行比较；当外界电负荷发生变化时，汽轮机的转速将有所改变，但此时汽轮机的功率还没有来得及变化，因此，有一偏差信号 $U_{fP} = U_f - U_P$。这一信号经过比例—积分（PI）调节器放大转换为输出信号 η，该信号经功率放大、电液转换器，转换成液压信号，以控制错油门和油动机，改变汽轮机的功率。当 $U_P = U_f$，即 $U_{fP} = 0$ 时，PI 调节器的输出信号 η 不再改变，油动机达到新的平衡状态。

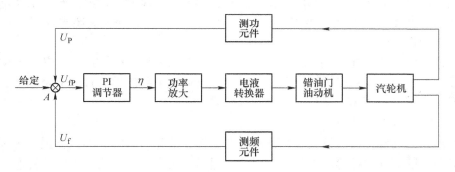

图 4-37　功频电液调节系统简化方框图

二、汽轮机保护系统

机组运行中，一旦从电网中解列、甩去全部电负荷，汽轮机巨大的驱动力矩可使转子快速飞升，为防止超速毁机事故发生，要求调节汽门在极短的时间内全行程关闭。在事故工况下为有效切断汽轮机的蒸汽供给，还必须设置主汽门，即使调节汽门关闭不快或关闭不严时，也能防止机组超速。此外，对低真空、低润滑油压、大胀差、高振动等危及机组安全的恶性故障，发生时必须快速停机。因此，汽轮机除设置调节系统外，还设置保护系统，调节保护系统全称为控制系统。调节部分控制调节汽门，保护部分控制主汽门，但在主汽门关闭时，保护系统信号作用于调节系统，使调节汽门同时关闭。汽轮机调节保护系统原理性框图如图 4-38 所示。

对于不同的功率、不同形式的汽轮机，所设置的保护装置也不完全相同。汽轮机设置以下自动保护装置：超速保护装置、串轴保护装置、低油压保护装置以及低真空保护装置。

（一）超速保护装置

汽轮机调节系统工作失灵，可能使汽轮机的转速急剧升高，转子零件的应力将达到不允许的程度，从而发生损坏设备的严重事故。为此，汽轮机必须设有超速保护装置。其作用是，当机组转速达到额定转速的 1.10～1.12 倍时，超速保护装置就启动，使自动主汽阀和调节阀迅速关闭而停机。超速保护装置由危急保安器和危急遮断油门两部分组成。

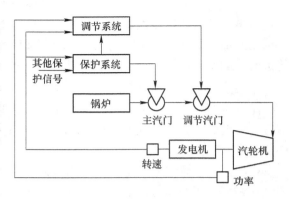

图 4-38　汽轮机调节保护系统原理性框图

（二）串轴保护装置

汽轮机运行时，动叶与喷管之间要保持一定的轴向间隙。为了防止动、静部件之间的碰擦，汽轮机主轴上都有推力轴承，用它来保持动、静部分之间的间隙。但是，当轴向推力很大时，就很容易使轴向间隙消失，而发生动、静摩擦，导致部件的严重损坏。为此，汽轮机通常都装有串轴保护装置。

串轴保护装置的作用：当轴向位移增加时，首先发出报警。如果运行人员不能及时消除过量位移而继续增大到某一极限值时，串轴保护装置就启动，关闭自动主汽阀和调节阀，迫使汽轮机组停止运行。

轴向位移保护装置主要有两种形式：液压式和电磁式。前者常用于中、小型汽轮机上，后者则大多用于大功率汽轮机。这里仅介绍电磁式串轴保护装置。电磁式串轴保护装置由轴向位移发信器和磁力断路油门两部分组成。

（三）低油压保护装置

润滑油油压过低将使汽轮机轴承不能正常工作，情况严重时，不但会损坏轴瓦，而且还会造成动、静部件摩擦等恶性事故。因此，润滑系统中都设有低油压保护装置。

当润滑油低于正常要求的数值时，首先发出报警信号，提醒运行人员注意，并及时采取措施。当油压继续下降到某一数值时，自动投入辅助油泵，以提高系统的油压。辅助油泵启动后，若油压仍继续下降到某一极限数值时，应掉闸停机，并停止盘车。

（四）低真空保护装置

汽轮机运行中，由于各种原因会造成冷凝系统中的真空降低。真空降低不仅会影响机组出力和降低经济性，而且真空降低过多时，还会因排汽温度升高和轴向推力增加，而影响汽轮机的安全。因此，大功率汽轮机均装有低真空保护装置。当真空降低到某一数值时，发出报警信号；当真空降低到规定的极限数值时，能自动停机。

（五）自动主汽阀的操纵机构（自动关闭器）

自动主汽阀是汽轮机保护系统的执行机构，它担负着危急情况下快速切断汽轮机进汽的任务。为了确保汽轮机组的安全，主汽阀应动作迅速，关闭严密。

三、汽轮机供油系统

（一）供油系统的作用

汽轮机的调节和保护装置的动作都是以油作为工作介质的；汽轮机的润滑和冷却也需

要大量的油。因此供油系统与调节系统、保护系统和润滑系统密切联系在一起，成为保证汽轮发电机组正常运行不可缺少的一个重要组成部分。下面介绍汽轮机的供油系统及其主要设备的工作原理。

供油系统具有以下作用：

（1）供给调节系统和保护系统的用油。

（2）供给轴承润滑用油。在轴颈和轴瓦之间建立液压摩擦，以减少主轴转动时的摩擦力，并带走因摩擦所产生的热量和高温转子传来的热量。

（3）供给各运动机构的润滑用油。

（4）对于采用氢冷的发电机，向氢气环密封瓦的气侧提供密封油。

（5）供给盘车装置和顶轴装置用油。

供油系统必须在任何情况下，即不论在机组正常运行，还是在启动、停机、事故，甚至当电厂交流电源断电时，都应能确保供油。对于高速旋转的汽轮发电机组，哪怕是短暂的供油中断，也会引起重大事故。例如，轴承的巴氏合金因中断冷却而熔化，使汽轮机失去支撑，将使动、静部分发生严重的磨损。如果调节系统断油，整个机组将失去控制。

（二）典型的供油系统

根据供油系统中主油泵的形式，汽轮机的供油系统基本上可分为两种：具有容积式油泵的供油系统和具有离心式油泵的供油系统。

1. 具有容积式油泵的供油系统

这类供油系统的主油泵采用容积式油泵。容积式油泵有齿轮泵、螺杆泵、柱塞泵等，在汽轮发电机组上用得较多的是齿轮泵。

图4-39是齿轮泵供油系统的原理图。主油泵1是由主轴通过减速装置带动的，在正常运行中供给机组的全部用油。主油泵出来的油分为三路：一路供给调节和保安系统；一路经自动减压阀5降压后，再经冷油器8送往各轴承；另一路经溢油阀回油箱。两只溢油

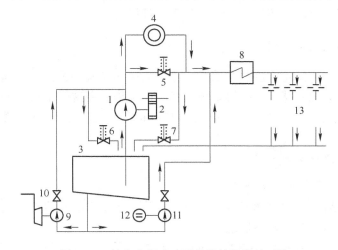

图4-39　具有容积式油泵的汽轮机供油系统

1—主轴泵；2—减速机构；3—油箱；4—调节系统；5—弹簧减压阀；

6—高压溢油阀；7—低压溢油阀；8—冷油器；9—汽轮机辅助油泵；10—止回阀；

11—事故电动油泵；12—直流电动机；13—轴承润滑油

阀用来使主油泵出口和送往轴承去的油压维持在一定的范围内。除了主油泵外，系统中还设置了两台油泵：一台是汽动辅助油泵9，它在机组启动、停机时，代替主油泵供给机组的全部用油；另一台是事故备用油泵11，它由直流电动机带动，在停机和盘车过程中，当汽动油泵不能供油时，自动启动供润滑用油的油泵。油箱3用来储油和分离油中的水分、沉淀物、空气等。

2. 具有离心式油泵的供油系统

采用离心泵作为主油泵的供油系统主要由一台由汽轮机主轴直接带动的离心式主油泵、一台交流高压辅助油泵、一台交直流低压润滑油泵、两台注油器、三台冷油器、滤油器、过压阀和润滑油低油压发讯器等部件组成。正常运行时，由主油泵供给机组的用油。主油泵出口的高压油经止回阀后分为两路：一路供给调节和保安系统的用油；另一路到注油器，作为注油器的动力油。其中，I级注油器的出油送往主油泵进口，并在主油泵进口处维持正压（0.05～0.1MPa）。II级注油器的出油经止回阀、冷油器、滤油器、低油压发讯器、过压阀送往轴承。过压阀有自动调节回油量的作用，它使润滑油油压保持在0.08～0.15MPa的范围内。低油压发讯器是在润滑油油压低于0.08MPa时发出报警讯号，并根据油压降低的程度，自动启动高压辅助油泵、交流润滑油泵、直流润滑油泵进行供油。高压辅助油泵在机组启动时，代替主油泵供油；正常运行时，作为主油泵的备用油泵。低压交流油泵在机组启动高压辅助油泵前，先开启，用来赶走低压管道及各调节部件中的空气；停机时，供给润滑用油。直流油泵是在失去交流电源时，供给润滑用油。

第五节　汽轮机运行

汽轮机运行除包括机组的启动、停机、变负荷运行以及正常运行等工况外，还涉及汽轮机调整及事故处理等内容。汽轮机运行和调整的要求是在保证机组安全运行的前提下，最大限度地提高其运行的经济性，以获得最大的经济效益。

一、汽轮机的启动与停机

汽轮机启动，是指汽轮机从静止状态加热、加速和加载到目标负荷状态的过程。汽轮机停机，是汽轮机减载、减速和降温到静止状态的过程。在这两个过程中，汽轮机各零部件的工作参数都将发生剧烈变化，因此启动与停机是汽轮机运行中的两个最复杂的运行工况。

（一）汽轮机启动方式的分类

1. 根据汽轮机在启动前的金属温度水平分类

根据汽轮机在启动前的金属温度水平分类可分为冷态启动和热态启动，而热态启动可进一步分为温态、热态和极热态启动。

（1）冷态启动：启动前汽轮机高压或中压汽缸金属的初始温度低于121℃。

（2）温态启动：启动前汽轮机高压或中压汽缸金属的初始温度等于或高于121℃。

（3）热态启动：启动前汽轮机高压或中压汽缸金属的初始温度在300℃以上。

（4）极热态启动：启动前汽轮机高压或中压汽缸金属的初始温度在400℃以上。

此外，也可按停机的时间来进行划分，大于 72h 为冷态，10～72h 之间为温态，小于 10h 为热态，小于 2h 为极热态。

2. 根据汽轮机启动过程中主蒸汽参数变化的特点分类

（1）额定参数启动。额定参数启动时，汽轮机冲转时蒸汽参数为额定值，且在整个启动过程中保持不变。额定参数启动的汽轮机，使用的新蒸汽压力和温度都很高，蒸汽与汽轮机转子及汽缸等金属部件的温差很大，而大机组启动又不允许有过大的温升率，为了设备安全，只能将进汽量控制得很小，但即使这样，新蒸汽管道、阀门和汽轮机本体的金属部件仍产生很大的热应力和热变形，使转子与汽缸的胀差增大。因此，采用额定参数启动的汽轮机必须延长升速和暖机的时间。另外，额定参数下启动汽轮机时，锅炉需要将蒸汽参数提高到额定值后才能冲转汽轮机，使得在提高蒸汽参数的过程中，消耗大量启动燃料，降低了电厂的经济效益。由于存在上述缺点，大容量汽轮机基本上不采用额定参数启动。

（2）滑参数启动。根据启动前汽轮机的金属温度确定冲转时的蒸汽参数，而在启动带负荷过程中使蒸汽逐步达到额定值。滑参数启动冲转时蒸汽温度与进汽部分区金属温度差值较小，可相应减小热冲击产生的热应力，同时机、炉启动过程相重叠，可缩短机组启动时间，减少启动过程的能量损失。但只有按单元制设计或可切换为单元制的机组才有可能采用滑参数启动。滑参数启动有真空法和压力法两种方式。

真空法滑参数启动是指锅炉点火前，锅炉到汽轮机蒸汽管道的所有阀门全部开启，抽真空设备投入运行，真空一直抽到锅炉汽包或汽水分离器。锅炉点火产生一定蒸汽后，只要蒸汽的能量能够冲转转子，转子即被自动冲转，而不需用阀门控制，此后，汽轮机升速和带负荷全部由锅炉来调整控制。真空法滑参数启动的优点是冲转参数低，汽缸和转子加热均匀；其缺点是系统排出疏水困难，汽轮机容易产生水冲击，蒸汽过热度低，依靠锅炉热负荷来控制汽轮机转速难以满足技术要求。

压力法滑参数启动是指冲转前汽轮机前具有一定的新蒸汽压力，冲转和升速由汽轮机主汽阀或调节汽阀控制实现。从冲转、升速、带初始负荷的过程中，锅炉维持一定的压力，汽温则按一定规律升高。到达一定的初始负荷以后，锅炉的汽温、汽压同时开始滑升，逐步增加机组的负荷。300MW 及以上容量的机组，其压力法冷态启动的冲转参数一般为 3.0～5.0MPa，300～350℃，有些进口机组可高达 7～8MPa，36～400℃。在此参数下汽轮机能够完成定速及超速试验、并网带初始负荷。这种启动方式，便于对汽轮机转速或负荷的控制，在冲转前能有效排除过热器和再热器中的积水和管道内的疏水，对安全有利。因此，目前大多数高参数大容量的汽轮机均采用压力法滑参数启动。

3. 根据汽轮机启动冲转时的进汽方式分类

根据汽轮机启动冲转时的进汽方式分类可分为高中压缸联合启动和中压缸进汽冲转，后者也称为中压缸启动。

高中压缸联合启动：高、中压缸联合启动时，蒸汽同时进入高压缸和中压缸冲动转子。由于启动过程中再热汽温滞后于主汽温，使高、中压缸产生一定的进汽温差，其膨胀不易控制。对于高、中压合缸的机组，其结合部同步加热，热应力小，并能缩短启动时间。

中压缸冲转启动：启动时，高压缸不进汽，由中压缸进汽冲转，待转速升到 2000～2500r/min 或机组带上 10%～15% 负荷后，切换成高、中压缸间时进汽。这种方式对控制胀差比较有利，可以不考虑高压缸胀差的影响，以达到安全启动的目的。但冲转参数必须选好，才能确保高压缸开始进汽时不会受到大的热冲击。

（二）汽轮机的停机

汽轮机的停机是指从带负荷状态，到减去全部负荷、锅炉灭火、发电机解列、汽轮发电机转子惰走、盘车装置投入、锅炉降压、机炉冷却等全过程。就汽轮机而言，停机过程是一个剧烈的冷却过程。停机过程中的主要问题是防止机组零部件冷却不均匀而产生过大的热应力、热变形和胀差，同时又要满足不同停机目的对停机速度和停机后缸温的要求，也就是说，根据不同的需要，应选择不同的停机方式。

汽轮机停机方式分为正常停机和故障停机两大类。正常停机是指有计划的停机，例如，按预定检修计划停机，一般停机时间大于 7 天，再次启动时为冷态启动；热备用停机，一般停机时间为 1～2 天，再次启动时为热态启动。故障停机，指汽轮发电机组发生异常，保护装置动作或人为紧急停机，以达到保护汽轮机不致损坏或使损失减小的目的。在整个停机过程中，应注意监视下列参数，即主、再热蒸汽压力和温度，减温率，轴承振动，胀差，上、下缸温差，汽缸金属减温率，低压缸排汽温度，轴向位移，轴承金属温度等。

正常停机按停机过程中蒸汽参数是否变化又可分为额定参数停机和滑参数停机两种方式。现代大型机组的停机方式，将上述两种方式取长补短综合使用，称为复合变压停机方式。

1. 额定参数停机

额定参数停机一般用于短期（调峰或抢修）的正常临时停机。停机过程中，蒸汽的压力和温度保持额定值，用汽轮机调节汽阀控制，以较快的速度减负荷。采用这种方式停机时，汽轮机的冷却作用仅来自于通流部分蒸汽量的减小和蒸汽节流降温，减负荷时间短，停机后汽缸温度可以维持在较高水平。额定参数停机时，由于减负荷速度快，各项操作就显得紧张，因此，在停机前必须做好充分的准备工作，保证停机每一环节顺利进行，防止设备损坏。但是，大容量再热汽轮机组减负荷过程中要让锅炉始终维持额定参数给运行调整带来很大困难，同时也造成燃料浪费。因此，应视机组的实际情况选用这种停机方式。

2. 滑参数停机

滑参数停机是指在调节汽阀全开状态下，借助锅炉降低蒸汽参数来减小汽轮机负荷和冷却机组的停机方式。由于蒸汽全周进入汽轮机，可以使金属部件均匀冷却，它可以使机组停机后汽缸金属温度降低到较低水平，大大缩短汽缸冷却时间。因此，滑参数停机多用于大、小修的计划停机。滑参数停机过程中有低参数、大流量的蒸汽冷却汽轮机，主、再热蒸汽温度的下降速度是汽轮机各部件能否均匀冷却的先决条件，也是滑参数停机成败与否的关键。因此，滑参数停机时的温降率应严格限制，一般以调节级处蒸汽温度比该处金属温度低 20～50℃ 为宜。该过程中，转子表面所受热拉应力和机械拉应力叠加，故蒸汽降温率小于启动时蒸汽的升温率。滑参数停机有汽温不变只滑变汽压和汽温及汽压同时滑变两种不同方式。

根据停机后对汽缸金属温度水平的不同要求,可以按定温滑压方式,保持调节汽阀全开,主、再热蒸汽温度不变,逐渐降低主蒸汽压力,使负荷逐渐下降。采用该方法主要是为了在消除缺陷后或调峰要求再次启动时,汽轮机与锅炉的金属温度水平都较高,使其即使在较大的温升率时,汽缸和转子的热应力不超过允许值,从而缩短再次启动的时间,增加机组运行的灵活性。

汽温和汽压同时滑变方式下的滑参数停机分阶段进行。每减到一定负荷稳定后,保持汽压不变,降低主蒸汽温度(一般降温率为主蒸汽 $1 \sim 1.50℃/min$,再热蒸汽 $2℃/min$,高中压缸内金属温降率小于 $40℃/h$)。当汽缸金属温度下降缓慢,且蒸汽过热度接近 $50℃$ 时,即可降低主蒸汽压力,滑减到所需负荷,再降温,这样交替进行。

3. 复合变压停机

首先保持主蒸汽温度和调节阀开度不变,汽轮机负荷随主蒸汽压力的下降而滑降,待负荷降到某一定值后,则保持主蒸汽压力和温度不变,通过关小高压调节阀和中压调节阀使汽轮机负荷进一步减小。汽轮机负荷接近零时,解列发电机、脱扣汽轮机。这种方式称为复合变压停机。

在操作方法上,有些电厂习惯于开始时先在额定参数下用调节汽阀减去一定负荷(降至80%),然后再定温、滑压降低负荷至另一定值。汽轮机则通过关小调节汽阀,按 $6 \sim 9MW/min$ 的速率定压降负荷至30%,然后准备打闸停机。

4. 故障停机

故障停机可分为紧急故障停机和一般故障停机。紧急故障停机,是指故障对设备造成严重威胁,必须立即打闸、解列、破坏真空,尽快停机。紧急停机无须请示汇报,主值班员直接按运行规程进行处理即可。一般故障停机,根据故障的不同性质,尽可能做好联络或协调工作,按规程规定稳妥地把机组停下来。当出现故障停机情况时,运行人员应准确判明是紧急故障还是一般故障,然后快速按不同方式处理。

运行中出现直接威胁汽轮机及发电机本体安全、必须立即停止汽轮发电机组转动的紧急情况时,应作为紧急故障停机处理。这些情况一般包括:机组强烈振动和摩擦撞击、水冲击及汽温骤降、轴承断油冒烟、轴向位移超过跳闸值而保护未动、机组超速而保护未动等。当正确判明是紧急故障后应按如下步骤处理。

一般故障是指不直接或即刻危及汽轮机及发电机本体安全,但必须在一定时限内停机的事故情况。如国产 300MW 机组规定,出现下述情况时属一般故障:循环水中断不能立即恢复;凝汽器压力升至 $19.7kPa$ 以上;凝结水泵故障,凝汽器水位急剧上升,备用水泵不能投入;在额定负荷下,主、再热蒸汽温度升到 $557℃$ 或降到 $430℃$,经调整无效;抗燃油压下降至 $9.8MPa$ 以下或抗燃油箱油位降低到 $100mm$ 以下;油系统严重漏油无法维持运行;高压缸排汽温度大于或等于 $4200℃$;调节保安系统故障无法维持正常运行;机组甩负荷后空转或带厂用电超过 $15min$;高中压缸、低压缸胀差增大,调整无效超过极限值等。

二、运行维护及运行中主要参数调整

(一)汽轮机正常运行中的维护

汽轮机正常运行中的维护,是保护安全经济发供电的重要环节之一。汽轮机运行的值班员该高度负责，认真、仔细、正确地执行规程，随时监视，定时巡回检查，认真操作，合理调整，对运行与备用中的设备要进行定期试验和切换。

1. 运行人员的基本工作

运行人员在值班中必须集中精力，通过眼观耳听和手摸等手段，对全部仪表、信号、设备、系统进行监视、检查，分析判断其工作是否正常，同时进行合理、必要的调整。若发现仪表、信号、设备、管阀等出现缺陷和异常，应及时联系有关人员检修处理，恢复其正常工作。

2. 运行中的参数监视

汽轮机组的各类设备与各种工质基本上是通过各处测点的参数值来显示其工作状态时，为了保持最佳运行工况，值班人员应时常监视各处仪表参数值的变化并进行必要的调整，使其维持在运行规程规定的范围内，不得超过最高或最低值；如有超限发生，应及时联系有关人员按运行规定进行处理，甚至紧急停机。运行中应该经常监视、巡视的参数有：汽轮机的负荷与转速（电网频率），主蒸汽的压力、温度与流量，调节级汽室的汽压（监视段压力），各抽汽口的汽压，供热蒸汽的压力、温度与流量，凝汽器的真空与排汽温度，凝结水过冷度，循环水出、入口温升及凝汽器端差，凝结水硬度，各加热器进、出口水温及疏水水位、温度、除氧器含氧量，发电机出、入口风温，主油泵出口压力，调速油、脉冲油、保安油、润滑油压力，冷油器出口油（润滑油）温度，轴承和推力瓦温度，推力瓦工作面的乌金温度，主油箱油位与油过滤网前、后油位差，均压箱的汽压、汽温，转子的轴向位移，汽轮机的胀差，调速汽阀、油动机开度等。

3. 运行中的巡回检查

巡回检查是为了解设备、系统的运行情况，发现隐患、缺陷，保证安全运行的重要措施。因此，运行值班人员必须认真仔细地做好检查，发现异常情况，要分析、判断，找出原因，及时予以消除。不能及时消除的，要采取措施，防止事态扩大，并及时汇报，做好记录。

4. 正常运行中的定期试验

为了防止自动主汽阀被锈垢卡涩，一般每天白班值班人员将其活动一次，即将自动主汽阀手轮缓慢关回 1~2 圈，动作应灵活，然后再开启到原来的全开位置。

为了掌握机组的振动情况，一般每周定期把轴承的垂直、横向、轴向振动值测量一次，记录在振动记录簿内，同时记下当时的负荷、主蒸汽参数、凝汽器真空等数值。振动标准：0.02mm 以下为优秀，0.03mm 以下为良好，0.05mm 以下为合格。

各抽汽管的水压逆止阀和供热抽汽管的安全阀，应按规定定期试验和校正。

一般每月进行一次润滑油低油压及辅助油泵试验，每次启、停机前也应进行试验。联系热工人员将油压表针拨到规定的低油压数值，仪表盘发出油压低信号；联动交流油泵；联动直流油泵；停止盘车。试验前应将低油压停机保护解除。

一般每月进行一次真空系统严密性试验。保持电、热负荷稳定（大约在 80% 额定负荷下进行），关严抽气器空气阀 1min 后，记录约 3~5min 凝汽器真空下降数值，以真空平均下降速度不大于 0.0004~0.0007MPa/min 为合格。试验中如果凝汽器真空下降过快或凝汽器真空值低于 0.06MPa，应立即开启空气阀，停止试验。

一般每月进行一次高压加热器保护试验。联系热工、电气人员，通知辅机、锅炉值班员，按规程规定进行高压加热器疏水水位升高保护试验。高压加热器没有高水位保护或保护不正常时，禁止投入运行。

（二）运行中主要参数的调整

机组运行中要充分利用和发挥自动控制系统的作用，确保设备运行工况的稳定和运行参数的调节质量。在自动控制系统运行时，运行人员要加强 CRT 画面参数的巡视和运行参数的分析，发现参数偏离正常时应及时进行调整，不得使参数超出正常运行调整范围。在参数不严重偏离正常值的情况下，尽量保持参数平稳变化，防止大幅度调整造成的参数振荡。只有在自动控制系统或测量元件发生故障、机组发生异常使设备的参数超出自动控制系统的调整范围，或设备非正常方式运行，超出自动控制系统设计能力，才需要解除自动控制进行手动调整。当发现自动控制系统不能正常运行时，要立即将故障的自动系统切换成手动进行调整，确保运行参数正常，并立即联系热控人员进行处理。

当出现参数报警要认真进行检查、核实、分析并积极进行调整，必要时要联系巡检人员就地进行核实、检查，禁止不加分析盲目复置报警。在机组出现较多参数异常和报警时，要立即组织能够参与异常消除的力量积极进行协作调整。在调整过程中要注意对重要参数进行调整，待主要参数基本调整正常后再逐一进行其他参数调整。

1. 除氧器水位调整

600MW 机组的除氧器正常水位在 2900mm ± 50mm 范围内。在除氧器冲洗过程中，若出现水位过高或过低，应解除除氧器水位自动调节装置，参照除氧器水位与正常水位的差值，对应凝结水量和排水量进行手动调整。注意不宜操作幅度过大，造成扰动大而频繁的调节，使水位长时间不稳。在手动调整水位的过程中，还需注意除氧器进汽压力的变化，以防止除氧器振动、失压或超压，同时应注意凝汽器水位并保证凝结水泵运行正常。

正常运行时原则上应尽量维持除氧器水位自动控制，只有在自动控制被强制手动或调节品质不好的情况下方可解除自动调整。在对主凝结水流量、主给水流量、除氧器水位进行比较，并考虑到高压加热器疏水的流量（至除氧器或凝汽器）与暖风器疏水的流量后，才可进行手动调整。在调节过程中应注意与除氧器进汽量（四抽或冷段来汽）的匹配，防止造成除氧器失压或超压，以及保持凝汽器补水正常、水位正常。

2. 除氧器压力调整

在除氧器初始加热过程中，应根据加热要求的温度以及辅助蒸汽的能力进行手动调整。当辅助蒸汽供汽温度超过 300℃ 时，确认辅助蒸汽至除氧器管道疏水门开启，打开辅助蒸汽至除氧器的电动门，稍开辅助蒸汽至除氧器的压力调节门，保持除氧器压力不超过 0.05MPa，并注意供汽管道的振动。根据凝结水量，逐渐开大辅助蒸汽至除氧器的压力调节门，升压至 0.147MPa，注意应缓慢提升除氧器压力，以便均匀加热给水，防止除氧器因汽、水压力不匹配而产生振动。当除氧器压力在 0.147MPa 稳定后，检查压力调节门"无强制手动信号"后，投入其自动控制系统，监视其自动跟踪进入定压运行状态。

3. 加热器的水位调整

高、低压加热器正常水位在 ±30mm 左右,水位高于 +38mm 时其事故水位调节门应自动开启进行调节,如果没自动开启应手动开启。如正常疏水调整门跟踪不好,应解除自动,进行手动调节。在调节过程中应注意机组负荷变化及上、下级加热器的水位情况,同时应保持上、下级高压加热器的压差不小于 0.3MPa,然后进行综合处理,并注意除氧器压力、水位或凝汽器水位稳定。调节时应保持加热器水位不低于正常值低限,防止对加热器管壁及疏水冷却段产生冲刷。

当加热器水位超过 +88mm 时,应检查保护连锁动作是否正常,将该加热器解列,同时应及时手动开大事故疏水调节门,降低加热器水位。加热器水位手动调节时,在水位接近正常值时,如在无自动强制手动信号,且无机械故障的情况下,应及时投入水位自动调节。

4. 氢气温度调整

机组正常运行时,发电机氢气温度控制应投自动调节,温度设定在 45℃。温度最低不低于 40℃,最高不高于 50℃,机组停用后,随氢气温度下降,及时关闭氢气冷却器的调整门和进出水门,以防发电机过冷。如果在负荷不变的情况下,氢气温度调节门开度过大,应察看冷却水温度的高低后进行综合处理,并就地检查氢气冷却器水侧进出口门、调节门状态是否正确。在机组启动过程中,不应过早地向氢气冷却器供冷却水,应在入口风温超过 40℃ 时,再投入氢气冷却器的冷却水,并投入其自动控制。

5. 润滑油温度调整

机组润滑油正常温度为 40℃,在油温调节过程中应根据机组负荷的增减、冷却水温度的高低进行综合调整。如果在机组负荷、冷却水温度没有变化,冷油器温度调节门开度正常的情况下,油温升高,应检查冷油器水侧进出口压差是否过大,进、出水门状态是否正确,并及时切换至备用冷油器运行。手动调节润滑油温时,应保持勤调、少调、勤跟踪的原则,以防止油温波动过大,造成机组振动、轴承温度过高。

【本章小结】汽轮机的发展及广泛应用,对电力及其他工业的生产都有着极其重要的作用。汽轮机本体由转动部分(转子)和固定部分(静子)组成。转动部分包括动叶栅、叶轮(或转鼓)、主轴、联轴器及紧固件等旋转部件;固定部分包括汽缸、蒸汽室、喷嘴室、隔板、隔板套(或静叶持环)、汽封、轴承、轴承座、滑销系统及一些紧固零件等。汽轮机辅助设备主要包括凝汽设备、回热加热设备及除氧设备、调节设备、保护设备和供油设备等。汽轮机做功的基本单元是由喷管叶栅和与之相配合的动叶栅所组成的级。为了提高汽轮机的功率和效率,大型汽轮机动力机组通常采用多级汽轮机,而且在设计和使用过程中尽量减少汽轮机的内部损失和外部损失,提高汽轮机的级效率。汽轮机调节系统是由转速感受机构、中间放大机构、油动机、配汽机构、同步器及启动装置组成;汽轮机自动保护装置包括超速保护装置、串轴保护装置、低油压保护装置以及低真空保护装置;汽轮机供油系统的主要设备包括容积式或离心式主油泵、辅助油泵、润滑油泵、注油器、冷油器、滤油器、过压阀等。汽轮机运行除包括机组的启动、停机、变负荷运行以及正常运行等工况外，还涉及汽轮机调整及事故处理等内容，目的是在保证机组安全运行的前提下，最大限度地提高其运行的经济性，以获得最大的经济效益。

思 考 题

1. 多级汽轮机有何特点？
2. 多级汽轮机的余速利用对汽轮机的内效率有何影响？
3. 多级汽轮机余速利用需满足的条件有哪些？
4. 多级汽轮机的损失有哪些，如何减小这些损失？

第五章　发电厂的热经济性评价

【本章导读】发电厂的热经济性是通过能量转换过程中的利用程度或损失大小来衡量或评价的。本章主要介绍了凝汽式发电厂、热电厂和核电厂的主要热经济性指标，并分析了影响热经济性指标的因素。

第一节　发电厂的热经济性评价方法

发电厂生产电能的过程是一个能量转换的过程，即燃料的化学能通过锅炉转换成蒸汽的热能，蒸汽在汽轮机中膨胀做功，将蒸汽的热能转变为机械能，通过发电机最终将机械能转换为电能。在整个能量转换过程的不同阶段存在数量不等、原因不同的各种损失，使热能不能全部使用。发电厂热经济性是通过能量转换过程中的利用程度或损失大小来衡量或评价的。要提高发电厂的热经济性，就要研究发电厂能量转换及利用过程中的各项损失产生的部分、大小、原因及其相互关系，以便找出减少这些热损失的方法和相应措施。

评价发电厂热经济的方法有很多，但从热力学观点来分析，只有两种基本分析方法，即基于热力学第一定律的热量法（效率法、热平衡法）和基于热力学第二定律的㶲方法（可用能法、做功能力法）或熵方法。

一、热量法

热量法以热力学第一定律为理论基础，以热效率或热损失率的大小来衡量电厂或热力设备的热经济性。热效率反映了热力设备将输入能量转换成输出有效能量的程度，在发电厂整个能量转换过程的不同阶段，采用各种效率来反映不同阶段的能量的有效利用程度，用能量损失率来反映各阶段能量损失的大小。

热量法以燃料化学能从数量上被利用的程度来评价电厂的热经济性，常用于定量分析。热效率的通用表达式为

$$\eta = \frac{\text{有效利用能量}}{\text{输入总能量}} \times 100\% = \left(1 - \frac{\text{损失能量}}{\text{输入总能量}}\right) \times 100\% \tag{5-1}$$

就动力装置的循环而言

$$\eta_t = \frac{w_a}{Q_1} = \frac{Q_1 - \sum\limits_j Q_j}{Q_1} = 1 - \frac{\sum\limits_j Q_j}{Q_1} = 1 - \sum\limits_j \xi_j \tag{5-2}$$

式中　　Q_1——外部热源供给的热量；

w_a ——该动力装置的理想比内功（以热量计）；

$\sum_{j} Q_j$ ——循环中各项能量损失之和（以热量计）；

$\sum_{j} \xi_j$ ——各项能量损失系数之和。

二、㶲方法

（一）基本概念

㶲表征能量转变为功的能力和技术上的有用程度，因此可以用㶲来评价能量的品质或级位。㶲方法是以热力学第二定律为理论基础，着重研究各种动力过程中做功能力的变化。㶲方法从能量的质量（品位）来评价其效果，其指标为热力学第二定律效率，即有效利用的可用能与供给的可用能之比。

㶲方法以燃料化学能的做功能力被利用的程度来评价电厂的经济性，常用于定性分析。仍以动力装置循环而言

$$\eta_t^e = \frac{w_a}{E_{sup}} = \frac{E_{sup} - \sum_{j} A_{ej}}{E_{sup}} = 1 - \frac{\sum_{j} A_{ej}}{E_{sup}} = 1 - \sum_{j} \xi_{ej} \tag{5-3}$$

式中　E_{sup} ——供入系统的可用能；

$\sum_{j} A_{ej}$ ——循环中各项不可逆因素导致的各项可用能损失之和；

$\sum_{j} \xi_{ej}$ ——循环中各项可用能损失系数之和。

若循环供入可用能是温度为 T_1 的热源提供的热量 Q_1，$E_{sup} = Q_1 \eta_t^c$，于是可得㶲方法与热量法效率之间的关系式，即

$$\eta_t = \frac{w_a}{Q_1} = \frac{\eta_t^e E_{sup}}{Q_1} = \frac{\eta_t^e Q_1 \eta_t^c}{Q_1} = \eta_t^e \eta_t^c \tag{5-4}$$

$$\eta_t^c = 1 - \frac{T_{en}}{T_1}$$

式中　η_t^e ——循环㶲效率；

η_t^c ——卡诺循环效率；

T_1 ——热源温度，K；

T_{en} ——冷源（环境）温度，K。

需强调的是，无论哪一种方法，分析对象可以是整个电厂或循环，也可以是其中的某局部，可用绝对量也可用相对量来计算。

（二）热力发电厂的典型热力设备的**㶲损**

从㶲的概念不难得出：在任何可逆过程中不会发生㶲向炕的转变，㶲的总量不变；在任何不可逆过程中，必然发生㶲向炕的转变，并使㶲的总量减少。这部分减少的㶲转变成了炕，称之为不可逆过程的㶲损失，简称㶲损失，或有效能损失或做功能力损失。

由㶲平衡方程式：

流入系统的㶲 - （流出系统的㶲 + 㶲损失）= 系统㶲的增量

可得㶲损的通式为（以相对量计）

$$\Delta e = (e_{in} + e_q) - (w_a + e_{out})$$
$$= T_{en}\Delta S \tag{5-5}$$

热流㶲
$$e_q = w_{max} = q_1\eta_t^c = q_1\Big(1 - \frac{T_{en}}{T_1}\Big) \quad \text{kJ/kg} \tag{5-6}$$

式中　e_{in}, e_{out}——流进、流出设备的比㶲, kJ/kg;

　　　　ΔS——不可逆过程的熵增, kJ/(kg·K)。

热力发电厂的典型热力设备的㶲损和㶲效率见表 5-1。

表 5-1　热力发电厂典型热力设备的㶲损和㶲效率

设　备	特　点	比㶲损 Δe/kJ·kg^{-1}	㶲效率 η_x^e/%
锅炉、换热器	$w_a = 0$	$\Delta e_b = e_{in} + e_q - e_{out}$	$\eta_b^e = \dfrac{e_{out}}{e_{in} - e_q}$
汽轮机	$e_q = 0$	$\Delta e_t = e_{in} - w_a - e_{out}$	$\eta_t^e = \dfrac{w_a}{e_{in} - e_{out}}$
管道	$w_a = 0$ $e_q = 0$	$\Delta e = e_{in} - e_{out}$	$\eta_p^e = \dfrac{e_{out}}{e_{in}}$

（三）典型不可逆过程的熵增及其㶲损

热力发电厂的热功能量转换工作都是不可逆过程, 引起熵增和㶲损, 实际的动力过程都是不可逆过程, 必然引起系统的熵增（熵产）, 引起做功能力损失。

在温度为 T_{en} 的环境里, 某一不可逆过程的熵增 ΔS_j 引起的做功能力损失为

$$\Delta e_j = \Delta S_j T_{en} \quad \text{kJ/kg} \tag{5-7}$$

在发电厂能量转换的各种不可逆过程中, 存在温差换热、工质节流及工质膨胀（或压缩）三种典型的不可逆过程。

1. 有温差换热过程的做功能力损失

如图 5-1 所示, 工质 A 经过 1—2 过程被冷却, 其平均放热温度为 $\overline{T}_a$, 放热量为 dq, 其熵减少了 ΔS_a; 工质 B 经过 3—4 过程被加热, 其平均吸热温度为 $\overline{T}_b$, 其熵增加了 ΔS_b。它们的平均换热温差为 ΔT。

根据能量平衡, 有如下关系

$$dq = \overline{T}_a\Delta S_a = \overline{T}_b\Delta S_b \tag{5-8}$$

换热过程的熵增为

$$\Delta S = \Delta S_b - \Delta S_a = \frac{dq}{\overline{T}_b} - \frac{dq}{\overline{T}_a}$$

$$= dq\frac{\Delta T}{\overline{T}_a\overline{T}_b} \quad \text{kJ/(kg·K)} \tag{5-9}$$

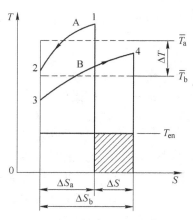

图 5-1　有温差换热过程的 T-S 图

换热过程的做功能力损失见图 5-1 中阴影部分面积, 其表达式为

$$I = T_{en}\Delta S = T_{en}\frac{dq\Delta T}{\overline{T}_a\overline{T}_b} = T_{en}\frac{\Delta T}{\Delta T + \overline{T}_b}\frac{dq}{\overline{T}_b} \quad \text{kJ/kg} \tag{5-10}$$

由上式可知：环境温度 T_{en} 一定时，换热温度差越大，熵增和做功能力损失也越大。dq 越大，因 ΔT 引起的做功能力损失也越大。若 ΔT 一定，工质 B 的平均温度 $\overline{T}_b$ 越高，做功能力损失越小，即高温换热的做功能力损失较低温换热时小。

2. 工质节流过程的做功能力损失

由热力学第一定律可知

$$dq = dh - vdp \tag{5-11}$$

如图 5-2 所示，蒸汽在汽轮机进汽调节机构中的节流过程，节流前后工质焓不变，即 $dh = 0$，表达式为

$$dS = -\frac{v}{T}dp \tag{5-12}$$

节流过程的熵产 ΔS_p 为

$$\Delta S_p = -\int_0^1 \frac{v}{T}dp = S_1 - S_0 \tag{5-13}$$

做功能力损失见图 5-2 中阴影部分面积 5—6—7—8—5 所示，其表达式为

$$I_p = T_{en}\Delta S_p = -T_{en}\int_0^1 \frac{v}{T}dp = T_{en}(S_1 - S_0) \quad \text{kJ/kg} \tag{5-14}$$

式中　v——工质的比体积，m^3/kg；

T——工质的温度，K；

dp——工质的压降，MPa。

3. 工质膨胀做功（或压缩）过程的做功能力损失

蒸汽在汽轮机中不可逆热膨胀，水在水泵中被不可逆绝热压缩等都属于有摩阻的绝热过程，膨胀时其做功能力损失如图 5-3 中阴影部分面积 5—6—7—8—5 所示，其表达式为

$$I_t = T_{en}\Delta S_{tu} = T_{en}(S_5 - S_8) \quad \text{kJ/kg} \tag{5-15}$$

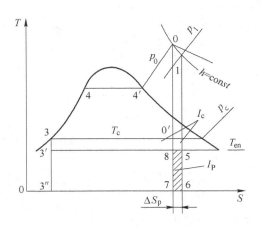

图 5-2　工质绝热节流过程 T-S 图

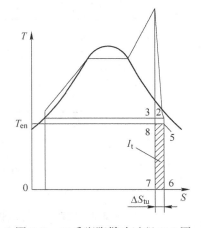

图 5-3　工质膨胀做功过程 T-S 图

（四）凝汽式发电厂的㶲损分布

图 5-4（a）为按朗肯循环工作的凝汽式发电厂热力系统，图 5-4（b）为实际朗肯循环的 T-S 图，图 5-4（c）为图 5-4（b）中带虚线所框范围的详图。表 5-2 为该厂的各项

焓损计算，并标明在图5-4（b）中的相应图形面积。图5-4、表5-2中忽略了给水泵功及其焓损 Δe_{pu} 和管道的散热损失，即 $h_0 = h_1$。计算是以 B kg/h 煤的化学能 Bq_1 为基准。1kg煤的产汽量为

$$g = \frac{q_1 \eta_b}{h_0 - h_{fw}} \approx \frac{q_1 \eta_b}{h_0 - h_3'} \quad \text{kg 汽/kg 煤} \tag{5-16}$$

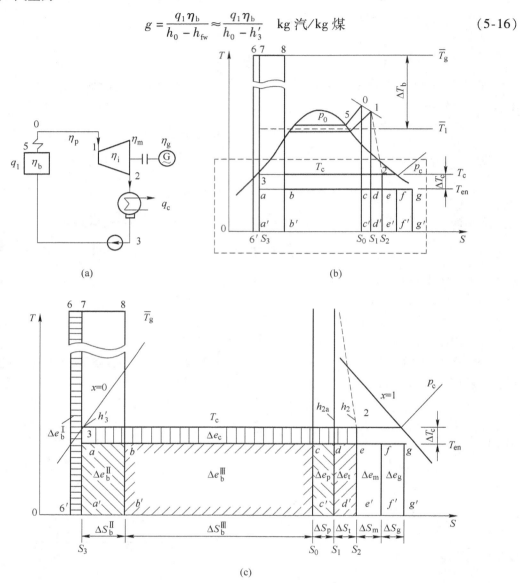

图5-4　按朗肯循环工作的凝汽式发电厂热力系统及㶲损分布

（a）热力系统；（b）T-S图；（c）㶲损分布详图

表5-2　按朗肯循环工作的凝汽式发电厂的㶲损计算及其分布

不可逆过程的名称	㶲损面积，图5-4（c）	㶲损算式 $\Delta e_j / \mathrm{kJ \cdot kg^{-1}}$
1-A 锅炉的散热损失	6—7—a'—$6'$—6	$\Delta e_b^I = Bq_1(1 - \eta_b)$
1-B 化学能转换为热能㶲损	a—b—b'—a'—a	$\Delta e_b^{II} = BgT_{en}\left(\dfrac{h_0 - h_3'}{\overline{T}_g}\right) = Bq_1(1 - \eta_c)$

不可逆过程的名称	㶲损面积，图 5-4（c）	㶲损算式 $\Delta e_j / \mathrm{kJ \cdot kg^{-1}}$
1-C 锅炉有温差换热的㶲损	$b-c-c'-b'-b$	$\Delta e_b^{\mathrm{III}} = BgT_{\mathrm{en}}\Delta S_b = BgT_{\mathrm{en}}\left(S_0 - S_3 - \dfrac{h_0 - h_3'}{T_g}\right)$
（1）锅炉的总㶲损	$6-7-a'-6'-6 + a-c-c'-a'-a$	$\Delta e = \Delta e_b^{\mathrm{I}} + \Delta e_b^{\mathrm{II}} + \Delta e_b^{\mathrm{III}}$
（2）主蒸汽管的节流㶲损	$c-d-d'-c'-c$	$\Delta e_p = BgT_{\mathrm{en}}\Delta S_p \; ; \; \Delta S_p = S_1 - S_0$
（3）汽轮机有摩阻膨胀㶲损	$d-e-e'-d'-d$	$\Delta e = BgT_{\mathrm{en}}\Delta S_t , \; \Delta S_t = S_2 - S_1$
（4）凝汽器有温差换热㶲损	$3-2-e-a-3$	$\Delta e_c = BgT_{\mathrm{en}}\Delta S_c$ $\Delta S_c = \left(\dfrac{h_2 - h_3'}{\overline{T}_{\mathrm{en}}}\right) - (S_2 - S_3)$
（5）汽轮机机械传动能量损失	$e-f-f'-e'-e$	$\Delta e_m = Bg(h_1 - h_2)(1 - \eta_m)$
（6）发电机转换电能的能量损失	$f-g-g'-f'-f$	$\Delta e_g = Bg(h_1 - h_2)\eta_m(1 - \eta_g)$
全厂总㶲损	$6-7-a'-6'-6 + 3-2-e'-a'-3 +$ $e-g-g'-e'-e$	$\sum_{\mathrm{cp}} e_j = \Delta e_b + \Delta e_p + \Delta e_t + \Delta e_c + \Delta e_m + \Delta e_g$
凝汽式发电厂利用的可用能		$3600P_e = Bq_1 - \sum_{\mathrm{cp}} \Delta e_j$
凝汽式发电厂的㶲效率		$\eta_{\mathrm{cp}}^e = 1 - \dfrac{\sum\limits_{\mathrm{cp}} \Delta e_j}{Bq_1} = 1 - \sum_{\mathrm{cp}} \Delta \xi_{ej}$

三、两种热经济性评价方法的比较

以按朗肯循环工作的同一凝汽式发电厂为实例，用两种经济性评价方法的具体计算结果予以对比说明。

若 $p_b = 14\mathrm{MPa}$，$t_b = 560℃$；汽轮机进口压力 $p_0 = 13.5\mathrm{MPa}$，$t_0 = 550℃$；汽轮机出口乏汽压力为 $p_c = 0.004\mathrm{MPa}$；燃烧平均温度为 2000K。已知锅炉效率为 90%，汽轮机相对内效率为 85%，求忽略泵功时，循环热效率，装置效率；各部分能量损失大小及百分率。两种不同计算结果见表 5-3。

表 5-3　按朗肯循环工作的凝汽式发电厂热损失和㶲损

热量法的热损失			㶲方法的㶲损		
项　目	数值 /kJ·kg⁻¹	所占份额 /%	项　目	数值 /kJ·kg⁻¹	所占份额 /%
锅炉	373.8	10	锅炉	2121.1	56.7
蒸汽管道	21.3	0.6	蒸汽管道	18.5	0.5
汽轮机	—	—	汽轮机	207.5	5.6
凝汽器	2083.29	55.7	凝汽器	131.7	3.5
装置做出的功	1259.8	33.7	装置做出的功	1259.8	33.7
总损失	2478.39	—	总损失	2478.8	—
动力装置效率	—	33.7	动力装置效率	—	33.7

1kg 燃料在锅炉中放出热量 $q_f = 3738.2\text{kJ/kg}$，也是燃料㶲$e_{x,f}$。由表 5-3 的计算结果可知：

（1）本例中供入的热量 q_f 和可用能 $e_{x,f}$ 相等，都是 3738.2kJ/kg。因此两种算法得的总损失和装置效率是相同的。

（2）对于损失的分布，两种分析方法得出了完全不同的结果。热量法中的能量损失以散失于环境为准，不区分能量品位的高低，故凝汽器的损失最大（其中以凝汽器放热与冷源为绝大部分）占 55.7%，即图 5-4（c）中面积 2—e'—a'—3—2 所示。㶲方法的可能损失，以过程的不可逆性为准，指的是在不可逆过程中可用能转换为㶲的部分，至于产生的㶲是在当时就排向环境，或暂时仍包含在工质内，通过后续设备再排向环境是无关紧要的。锅炉的能量损失虽不多（只占供入能量的10%），但由于燃烧、传热的严重不可逆性，可用能损失却占供入可用能的 56.7%，其中尤为巨大的换热温差 $\Delta T_b = \overline{T_g} - \overline{T_1}$ 导致的可用能损失，占供入可用能的份额高达34%（即图5-4（c）中面积 b—c—c'—b'—b）。在凝汽器中的能量损失虽然很大，但其品位很低，主要是锅炉、汽轮机等设备中已转变为㶲的能量，凝汽器造成的可用能损失却很小，仅占供入可用能的 3.5%（图5-4（c）中面积 3—2—e—a—3）。

（3）热量法只表明能量数量转换的结果，不能揭示能量损失的本质原因。㶲方法不仅表明能量转换的结果，并能确切揭示能量损失的部位、数量及其损失的原因，考虑了不同能量有其质（品位）的区别。两者从不同的角度分析，丰富了对同一事物不同侧面的认识，基于热力学第二定律的分析，是在热力学第一定律基础上进行的二者是相辅相成、互为补充，却不能相互代替。

（4）火电厂的热经济指标计算，中外各国仍广泛采用热量法。本书的定量计算采用热量法，定性分析采用㶲方法；两者应相辅相成，定性分析指导定量计算，定量计算检验定性分析。

第二节　凝汽式发电厂的主要热经济性指标

发电厂的热经济性是用热经济性指标来衡量的。火力发电厂及其热力设备广泛采用热量法来计算发电厂的热经济性指标。主要热经济性指标有能耗量（汽耗量、热耗量、煤耗量）和能耗率（汽耗率、热耗率、煤耗率）以及效率。能耗量是以单位时间来度量，能耗率是以 1kW·h 电能来度量的。

一、发电厂的各种热损失和热效率

图 5-5 为凝汽式发电厂的热力系统图，以此为例，阐述凝汽式发电厂的各种热损失和热效率。

（一）锅炉设备的热损失与锅炉效率

发电厂的燃料在锅炉中燃烧，使燃料的化学能转变为烟气的热能，烟气流过锅炉各部分受热面，把热量传递给水和水蒸气。锅炉设备中的热损失主要包括烟气热损失、散热损失、未完全燃烧热损失、排污热损失等，其中排烟热损失占总损失的40%~50%。

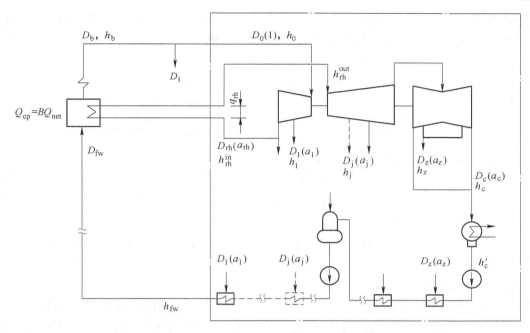

图 5-5 凝汽式发电厂热力系统图

锅炉效率 η_b 表示锅炉设备的热负荷与输入燃料的热量之比，其表达式为

$$\eta_b = \frac{Q_b}{Q_{cp}} = \frac{Q_b}{Bq_{net}} = \frac{D_b(h_b - h_{fw})}{Bq_{net}} = 1 - \frac{\Delta Q_b}{Q_{cp}} \tag{5-17}$$

锅炉热损失率为

$$\xi_b = \frac{\Delta Q_b}{Q_{cp}} = \frac{Q_{cp} - Q_b}{Q_{cp}} = 1 - \frac{Q_b}{Q_{cp}} = 1 - \eta_b \tag{5-18}$$

式中　Q_b——锅炉热负荷，对再热机组 $Q_b = D_b(h_b - h_{fw}) + D_{rh}q_{rh}$，kJ/h；

　　　Q_{cp}——全厂热耗量，kJ/h；

　　　B——锅炉单位时间内的燃料消耗量，kg/h；

　　　q_{net}——燃料的低位发热量，kJ/kg；

　　　ΔQ_b——锅炉热损失，kJ/h；

　　　D_b——锅炉过热蒸汽流量，kg/h；

　　　h_b——锅炉过热器出口蒸汽比焓，kJ/kg；

　　　h_{fw}——锅炉给水比焓，kJ/kg；

　　　D_{rh}——锅炉再热蒸汽流量，kg/h；

　　　q_{rh}——单位再热蒸汽吸热量，kJ/kg。

锅炉效率反映了燃料输入热量被有效利用的程度，同时也反映了热损失的大小。锅炉效率越高，说明锅炉在能量转换环节中的热损失越小。影响锅炉效率的因素主要有锅炉的参数、容量、结构特性及燃料的种类等。大型锅炉效率一般在 0.90 ~ 0.94 范围内。

（二）管道热损失与管道效率

锅炉生产的蒸汽通过主蒸汽管道进入汽轮机做功，在蒸汽流过主蒸汽管道时，会有一部分热损失。蒸汽在管道中的节流损失，在汽轮机的相对内效率中考虑。管道效率用汽轮机的热耗量 Q_0 与锅炉设备热负荷 Q_b 之比。对于非再热机组，其表达式为

$$\eta_{\mathrm{p}} = \frac{Q_0}{Q_{\mathrm{b}}} = \frac{D_0(h_0 - h_{\mathrm{fw}})}{D_{\mathrm{b}}(h_{\mathrm{b}} - h_{\mathrm{fw}})} = 1 - \frac{\Delta Q_{\mathrm{p}}}{Q_{\mathrm{b}}} \tag{5-19}$$

管道热损失率

$$\xi_{\mathrm{p}} = \frac{\Delta Q_{\mathrm{p}}}{Q_{\mathrm{cp}}} = \frac{\Delta Q_{\mathrm{p}}}{Q_{\mathrm{b}}} \frac{Q_{\mathrm{b}}}{Q_{\mathrm{cp}}} = \frac{Q_{\mathrm{b}}}{Q_{\mathrm{cp}}}\left(1 - \frac{Q_0}{Q_{\mathrm{b}}}\right) = \eta_{\mathrm{b}}(1 - \eta_{\mathrm{p}}) \tag{5-20}$$

式中　　Q_0——汽轮机组热耗量，kJ/h；

　　　　D_0——汽轮机组的汽耗量，kg/h；

　　　　h_0——汽轮机进口蒸汽比焓，kJ/kg；

　　　ΔQ_{p}——管道损失，kJ/h。

管道效率反映了管道设施保温的完善程度和工质在主蒸汽管道上的泄漏和排放的大小。管道效率一般为 0.98~0.99。

（三）汽轮机的冷源损失与汽轮机绝对内效率

在汽轮机中，冷源损失包括两部分，即理想情况下（汽轮机无内部损失）汽轮机排汽在凝汽器中的放热量；蒸汽在汽轮机中实际膨胀过程中存在着进汽节流、排汽及内部（包括漏气、摩擦、湿气等）损失，使蒸汽做功减少而导致的冷源损失。

汽轮机的绝对内效率 η_{i} 表示汽轮机实际内功率与汽轮机热耗之比（即单位时间所做的实际内功与耗用的热量之比），其表达式为

$$\eta_{\mathrm{i}} = \frac{W_{\mathrm{i}}}{Q_0} = \frac{W_{\mathrm{i}}}{W_{\mathrm{a}}} \frac{W_{\mathrm{a}}}{Q_0} = \eta_{\mathrm{ri}}\eta_{\mathrm{t}} \tag{5-21}$$

或

$$\eta_{\mathrm{i}} = 1 - \frac{\Delta Q_{\mathrm{c}}}{Q_0} \tag{5-22}$$

其中

$$\eta_{\mathrm{ri}} = \frac{W_{\mathrm{i}}}{W_{\mathrm{a}}} \tag{5-23}$$

$$\eta_{\mathrm{t}} = \frac{W_{\mathrm{i}}}{Q_0} \tag{5-24}$$

式中　　Q_0——汽轮机汽耗为 D_0 时的热耗，kJ/h；

　　　　W_{i}——汽轮机汽耗为 D_0 时的实际内功率，kJ/h；

　　　　W_{a}——汽轮机汽耗为 D_0 时的理想内功率，kJ/h；

　　　ΔQ_{c}——汽轮机冷源损失，kJ/h；

　　　　η_{t}——循环的理想热效率；

　　　η_{ri}——汽轮机相对内效率。

汽轮机冷源损失率 ξ_{c} 为

$$\xi_{\mathrm{c}} = \frac{\Delta Q_{\mathrm{c}}}{Q_{\mathrm{cp}}} = \frac{\Delta Q_{\mathrm{c}}}{Q_0} \frac{Q_0}{Q_{\mathrm{b}}} \frac{Q_{\mathrm{b}}}{Q_{\mathrm{cp}}} = \frac{Q_{\mathrm{b}}}{Q_{\mathrm{cp}}} \frac{Q_0}{Q_{\mathrm{b}}}\left(1 - \frac{W_{\mathrm{i}}}{Q_0}\right) = \eta_{\mathrm{b}}\eta_{\mathrm{p}}(1 - \eta_{\mathrm{i}}) \tag{5-25}$$

式（5-22）是相对于新蒸汽为 D_0 时的表达式。当新蒸汽为 1kg 时用汽轮机实际比内功和汽轮机比热耗表示，则汽轮机的绝对内效率的表达式为

$$\eta_i = \frac{w_i}{q_0} = 1 - \frac{\Delta q_c}{q_0} \tag{5-26}$$

其中，比内功 $w_i = \dfrac{W_i}{D_0}$（kJ/kg），比热耗 $q_0 = \dfrac{Q_0}{D_0}$（kJ/kg），比冷源热损失 $\Delta q_c = \dfrac{\Delta Q_c}{D_0}$（kJ/kg）。

汽轮机实际做功 W_i 有以下三种不同表达式：

（1）W_i = 输入能量 − 输出能量，则实际内功为

$$W_i = D_0 h_0 + D_{rh} q_{rh} - \sum_1^z D_j h_j - D_c h_c \quad \text{kJ/h} \tag{5-27}$$

其中

$$D_0 = D_1 + D_2 + \cdots + D_z + D_c = \sum_1^z D_j + D_c \quad \text{kg/h} \tag{5-28}$$

$$D_{rh} = D_0 - D_1 - D_2 = \sum_3^z D_j + D_c \tag{5-29}$$

将式（5-28）、式（5-29）代入式（5-27），整理得

$$W_i = D_1(h_0 - h_1) + D_2(h_0 - h_2) + \cdots + D_z(h_0 - h_z + q_{rh}) + D_c(h_0 - h_c + q_{rh})$$

$$= \sum_1^z D_j \Delta h_j + D_c \Delta h_c \quad \text{kJ/h} \tag{5-30}$$

汽轮机的实际比内功表达式为

$$w_i = \frac{W_i}{D_0} \tag{5-31}$$

$$w_i = h_0 + \alpha_{rh} q_{rh} - \sum_1^z \alpha_j h_j - \alpha_c h_c = \sum_1^z \alpha_j \Delta h_j + \alpha_c \Delta h_c \quad \text{kJ/kg} \tag{5-32}$$

其中

$$\alpha_j = \frac{D_j}{D_0}$$

（2）W_i 为汽轮机凝汽流和各级回热汽流的内功之和，则实际内功为：

$$W_i = D_1(h_0 - h_1) + D_2(h_0 - h_2) + \cdots + D_z(h_0 - h_z + q_{rh}) + D_c(h_0 - h_c + q_{rh})$$

$$= \sum_1^z D_j \Delta h_j + D_c \Delta h_c \quad \text{kJ/h} \tag{5-33}$$

式中　　D_c——汽轮机凝汽量，kg/h；

q_{rh}——1kg 再热蒸汽吸热量，kJ/kg；

Δh_j——抽汽在汽轮机中的实际焓降，再热前其值为 $\Delta h_j = h_0 - h_j$，再热后其值为

$$\Delta h_j = h_0 - h_j + q_{rh}, \quad \text{kJ/kg};$$

Δh_c——凝汽在汽轮机中的实际焓降，kJ/kg。

（3）用反平衡法求 W_i、w_i，则

$$W_i = Q_0 - \Delta Q_c, \quad w_i = q_0 - \Delta q_c \tag{5-34}$$

其中

$$\Delta Q_c = D_c(h_c - h_c')$$

$$\Delta q_c = \alpha_c(h_c - h_c')$$

对于蒸汽动力循环，η_i 称作实际循环消耗（或绝对内效率），它的大小不仅反映了热量利用率，也反映了汽轮机的实际热功转换率。目前，现代大型汽轮机组的绝对内效率达到 0.45 ~ 0.47。

扣去给水泵消耗的功率 W_{pu}（kJ/h），可得汽轮机的净内效率 η_i^n，其表达式

$$\eta_i^n = \frac{W_i - W_{pu}}{Q_0} \tag{5-35}$$

（四）汽轮机的机械损失及机械效率

汽轮机输出给发电机轴端的功率与汽轮机内功率之比称之为机械效率 η_m，其表达式为

$$\eta_m = \frac{3600 P_{ax}}{W_i} = 1 - \frac{\Delta Q_m}{W_i} \tag{5-36}$$

式中　P_{ax}——发电机轴端输入功率，kW；

　　　ΔQ_m——机械损失，kJ/h。

汽轮机机械损失热损失率 ξ_m 为

$$\xi_m = \frac{\Delta Q_m}{Q_{cp}} = \eta_b \eta_p \eta_i (1 - \eta_m) \tag{5-37}$$

汽轮机机械效率反映了汽轮机支持轴承、推力轴承与轴和推力盘之间的机械摩擦耗功，以及拖动主油泵、调速系统耗功量的大小。机械效率一般为 $0.965 \sim 0.990$。

（五）发电机的能量损失及发电效率

发电机的输出功率 P_e 与轴端输入功率 P_{ax} 之比称之为发电机效率 η_g，其表达式为

$$\eta_g = \frac{P_e}{P_{ax}} = 1 - \frac{\Delta Q_g}{3600 P_{ax}} \tag{5-38}$$

式中　Q_g——发电机损失，kJ/h。

发电机能量损失率 ξ_g 为

$$\xi_g = \frac{\Delta Q_g}{Q_{cp}} = \eta_b \eta_p \eta_i \eta_m (1 - \eta_g) \tag{5-39}$$

发电机效率反映了发电机轴与支持轴承摩擦耗功，以及发电机内冷却介质的摩擦和铜损（线圈发热），铁损（铁芯涡流发热等）造成的功率消耗。大中型发电机效率一般为 $0.950 \sim 0.989$。

（六）全厂总能量损失及总效率

对整个发电厂的生产过程而言，将上述各项损失综合考虑以后，得出凝汽式发电厂的总效率 η_{cp} 的表达式为

$$\eta_{cp} = \eta_b \eta_p \eta_i \eta_m \eta_g \tag{5-40}$$

如以发电厂为研究对象，全厂总效率表示发电厂输出的有效能量（电能）与输入总能量（燃料的化学能）之比，其表达式为

$$\eta_{cp} = \frac{3600 P_e}{B q_{net}} = \frac{3600 P_e}{Q_{cp}} \tag{5-41}$$

发电厂总能量损失率 ξ_{cp} 为

$$\xi_{cp} = \frac{\Delta Q_j}{Q_{cp}} = \sum_{cp} \xi_j \tag{5-42}$$

其中

$$\Delta Q_j = \Delta Q_b + \Delta Q_p + \Delta Q_c + \Delta Q_m + \Delta Q_g \tag{5-43}$$

$$Q_{cp} = 3600 P_e + \Delta Q_b + \Delta Q_p + \Delta Q_c + \Delta Q_m + \Delta Q_g \tag{5-44}$$

根据式（5-44）的计算结果，可绘制相应的能流图。图5-6所示为凝汽式发电厂的能流图，该机组有三级回热抽汽。

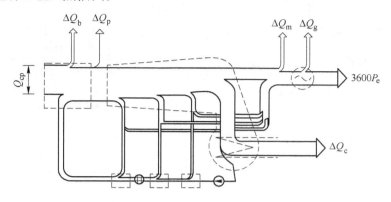

图5-6 凝汽式发电厂的能流图

发电厂的各项损失与发电厂的蒸汽参数和设备容量有关，其数据见表5-4。

表5-4 火力发电厂的各项损失

项 目	电厂初参数			
	中参数	高参数	超高参数	超临界参数
锅炉损失	11.0	10.0	9.0	8.0
管道热损失	1.0	1.0	0.5	0.5
汽轮机冷源热损失	61.5	57.5	52.5	50.5
汽轮机机械损失	1.0	0.5	0.5	0.5
发电机损失	1.0	0.5	0.5	0.5
总能量损失	75.5	69.5	63.0	60.0
全厂效率	24.5	30.5	37.0	40.0

二、凝汽式发电厂的热经济指标

（一）汽轮发电机组的汽耗量和汽耗率

1. 汽轮发电机组的汽耗量 D_0

在汽轮发电机组中，汽耗量 D_0 是在一定功率 P_e 时，汽轮机的进汽量。由机组的能量平衡式（功率方程式）可得

$$D_0 w_i \eta_m \eta_g = 3600 P_e \tag{5-45}$$

由式（5-32）可知汽轮机的实际内功 $w_i = \sum_1^z \alpha_j \Delta h_j + \alpha_c \Delta h_c$，将该式代入式（5-45）得

$$D_0 \left(\sum_1^z \alpha_j \Delta h_j + \alpha_c \Delta h_c \right) \eta_m \eta_g = 3600 P_e \tag{5-46}$$

将 $\alpha_c = 1 - \sum_1^z \alpha_j$ 代入上式，得

$$D_0 = \frac{3600P_e}{(h_0 - h_c + q_{rh})\eta_m\eta_g(1 - \sum_1^z \alpha_j Y_j)} = D_{c0}\beta \quad \text{kg/h} \tag{5-47}$$

式中　Y_j——抽汽做功不足系数，它表示因回热抽汽做功不足部分占应做功量的份额；

　　　D_{c0}——纯凝汽（无回热抽汽）循环汽耗量，$D_{c0} = \dfrac{3600P_e}{(h_0 - h_c + q_{rh})\eta_m\eta_g}$；

　　　β——回热抽汽做功不足汽耗增加系数，$\beta = 1/(1 - \sum_1^z \alpha_j Y_j)$。

抽汽在再热前

$$Y_j = \frac{h_j - h_c + q_{rh}}{h_0 - h_c + q_{rh}} \tag{5-48}$$

抽汽在再热后

$$Y_j = \frac{h_j - h_c}{h_0 - h_c + q_{rh}} \tag{5-49}$$

2. 汽轮发电机组的汽耗率 d_0

汽轮发电机组的汽耗率 d_0 是在发 $1\text{kW}\cdot\text{h}$ 电量时，汽轮机的进汽量，其表达式为

$$d_0 = \frac{D_0}{P_e} = \frac{3600}{(h_0 - h_c + q_{rh})\eta_m\eta_g(1 - \sum_1^z \alpha_j Y_j)} = \frac{3600}{(h_0 - h_c + q_{rh})\eta_m\eta_g}\beta$$

$$= d_{c0}\beta \quad \text{kg/(kW}\cdot\text{h)} \tag{5-50}$$

对于非再热机组，$q_{rh} = 0$，式（5-47）、式（5-50）即变为回热循环时的汽耗量、汽耗率；若 $\sum \alpha_j = 0$，即为纯凝汽式机组（无回热、再热）的汽耗量、汽耗率。

由于 $\sum \alpha_j < 1$，$\sum Y_j < 1$，故 $\beta > 1$，即回热机组的汽耗量、汽耗率大于相同循环参数的朗肯循环的汽耗量和汽耗率。

（二）汽轮发电机组的热耗量和热耗率

1. 热耗量 Q_0

相应于新汽量 D_0 的工质循环吸收热量称为汽轮机的热耗 Q_0，即

$$Q_0 = D_0(h_0 - h_{fw}) + D_{rh}q_{rh} \quad \text{kJ/h} \tag{5-51}$$

2. 热耗率 q_0

汽轮发电机组每发 $1\text{kW}\cdot\text{h}$ 的电量所消耗循环吸热量称为热耗率 q_0，即

$$q_0 = \frac{Q_0}{P_e} = d_0[(h_0 - h_{fw}) + \alpha_{rh}q_{rh}] \quad \text{kJ/(kW}\cdot\text{h)} \tag{5-52}$$

根据汽轮发电机组能量平衡

$$Q_0\eta_i\eta_m\eta_g = W_i\eta_m\eta_g = 3600P_e \tag{5-53}$$

得

$$q_0 = \frac{3600}{\eta_i\eta_m\eta_g} = \frac{3600}{\eta_e} \quad \text{kJ/(kW}\cdot\text{h)} \tag{5-54}$$

式中　η_e——汽轮发电机组绝对电效率，$\eta_e = \dfrac{3600P_e}{Q_0} = \dfrac{W_i}{Q_0}\dfrac{W_{ax}}{W_i}\dfrac{3600P_e}{W_{ax}} = \eta_i\eta_m\eta_g =$

$\eta_t \eta_{ri} \eta_m \eta_g$ 。

从式（5-54）可知，热耗率 q_0 的大小与 η_i、η_m 和 η_g 有关，在此 η_m、η_g 的数值在 0.93 ~ 0.99 范围内，且变化不大，因此热耗率 q_0 的大小主要取决于 η_i，或者说 η_i 的大小主要决定于 q_0。所以热耗率 q_0 反映了发电厂的热经济性，是发电厂重要的热经济性指标之一。

回热式汽轮机的热经济性当然高于无回热（按朗肯循环工作）系统，但其汽耗量、汽耗率却高于朗肯循环，故严格讲，汽耗量、汽耗率不能作为单独的热经济指标。只有当 q_0 一定时，d_0 才能反映电厂热经济性。表 5-5 为国产汽轮发电机组的热经济指标。

表 5-5　国产汽轮发电机组的热经济指标

额定功率 P_e/MW	η_{ri}	η_i	η_m	η_g	η_e	$d/kg \cdot (kW \cdot h)^{-1}$	$q/kJ \cdot (kW \cdot h)^{-1}$
0.75 ~ 6	0.76 ~ 0.82	<0.30	0.965 ~ 0.986	0.930 ~ 0.960	<0.27 ~ 0.284	>4.9	>13.333
12 ~ 25	0.82 ~ 0.85	0.31 ~ 0.33	0.986 ~ 0.990	0.965 ~ 0.975	0.29 ~ 0.32	4.7 ~ 4.1	12414 ~ 11250
50 ~ 100	0.85 ~ 0.87	0.37 ~ 0.40	约0.99	0.980 ~ 0.985	0.36 ~ 0.39	3.9 ~ 3.5	10000 ~ 9231
125 ~ 200	0.86 ~ 0.89	0.43 ~ 0.45	约0.99	约0.99	0.421 ~ 0.441	3.1 ~ 2.9	8612 ~ 8238
300 ~ 600	0.88 ~ 0.90	0.45 ~ 0.48	约0.99	约0.99	0.441 ~ 0.47	3.2 ~ 2.8	8219 ~ 7579
1000	0.90 ~ 0.925	0.489 ~ 0.498	约0.99	约0.989	0.478 ~ 0.49	2.9 ~ 2.7	7347 ~ 7383

（三）全厂发电热经济指标热耗率 q_{cp} 和煤耗率 b_{cp}

1. 发电厂的热耗量 Q_{cp} 和热耗率 q_{cp}

$$Q_{cp} = Bq_{net} = \frac{Q_b}{\eta_b} = \frac{Q_0}{\eta_b \eta_p} = \frac{3600 P_e}{\eta_{cp}} \quad kJ/h \tag{5-55}$$

$$q_{cp} = \frac{Q_{cp}}{P_e} = \frac{q_0}{\eta_b \eta_p} = \frac{3600}{\eta_{cp}} \quad kJ/(kW \cdot h) \tag{5-56}$$

2. 发电厂的煤耗量 B_{cp} 和煤耗率 b_{cp}

$$B_{cp} = \frac{Q_{cp}}{q_{net}} = \frac{3600 P_e}{\eta_{cp} q_{net}} \quad kg/h \tag{5-57}$$

$$b_{cp} = \frac{B_{cp}}{P_e} = \frac{q_{cp}}{q_{net}} = \frac{3600}{\eta_{cp} q_{net}} \quad kg/(kW \cdot h) \tag{5-58}$$

取标准煤的低位发热量 $q_{net}^s = 29270\ kJ/kg$，可得发电厂标准煤耗率 b_{cp}^s 为

$$b_{cp}^s = \frac{3600}{\eta_{cp} q_{net}^s} = \frac{3600}{29270 \eta_{cp}} = \frac{0.123}{\eta_{cp}} \quad kg\ 标准煤/(kW \cdot h) \tag{5-59}$$

$$b_{cp}^s = \frac{123}{\eta_b \eta_p \eta_e} \quad g\ 标准煤/(kW \cdot h) \tag{5-60}$$

（四）全厂供电热耗率 q_{cp}^n 和标准煤耗率 b_{cp}^n

全厂供电热效率 η_{cp}^n，即扣除厂用电功率 P_{ap} 的全厂效率，又称全厂净效率。

$$\eta_{cp}^n = \frac{3600(P_e - P_{ap})}{Q_{cp}} = \frac{3600 P_e}{Q_{cp}}(1 - \xi_{ap}) = \eta_{cp}(1 - \xi_{ap}) \tag{5-61}$$

式中　ξ_{ap}——厂用电率，$\xi_{ap} = \dfrac{P_{ap}}{P_e}$，% 。

全厂供电热耗率 q_{cp}^n

$$q_{cp}^n = \frac{3600}{\eta_{cp}^n} = \frac{3600}{\eta_{cp}(1 - \xi_{ap})} \quad kJ/(kW \cdot h) \tag{5-62}$$

全厂供电标准煤耗率 b_{cp}^n

$$b_{cp}^n = \frac{0.123}{\eta_{cp}^n} = \frac{0.123}{\eta_{cp}(1 - \xi_{ap})} \quad kg\ 标准煤/(kW \cdot h) \tag{5-63}$$

显然，$\eta_{cp}^n < \eta_{cp}$，$q_{cp}^n > q_{cp}$，$b_{cp}^n > b_{cp}^s$。

从上述表达式可知，能耗率中热耗率、煤耗率与热效率之间是一一对应关系，它们是通用的热经济指标，三者知其一，即可根据以上关系式求得其他指标。标准煤耗率表明一个电厂范围内的能量转换过程的技术完善程度，也反映其管理水平和运行水平，同时也是厂际、班组间的经济评比、考核的重要指标之一。

近年来，我国火电厂标准煤耗率逐年下降，为国家节约了大量煤炭资源，但与工业发达国家相比，还有一定的差距。

第三节　热电厂的主要热经济性指标

上一节介绍了凝汽式发电厂的热经济性指标，分析凝汽式机组发电效率（又称全厂热效率）η_{cp} 比较低的原因，主要是汽轮机的冷源损失大导致的，如果能将冷源损失进行利用，则可以大大改善全厂的热效率，提高热经济性。如将一部分做过功的蒸汽从汽轮机抽出对外供热，就是一种有效利用冷源损失的方法。因此，就有了对外同时供热和发电的供热式汽轮机，装有供热式汽轮机的发电厂称为热电厂。

一、热电分产和热电联产

热、电分别生产简称热电分产，它是以凝汽式发电厂对外供电，用工业锅炉或采暖热水锅炉乃至民用灶生产热能对热用户供热，又称单一能量生产，即只供应一种能量，电能或热能。热电分产发电时不可避免地要放热给冷源，这部分低位热能完全没有被利用。热电分产供热的低位热能，却是从高位热能大幅度贬值而转换来的，浪费了能源，如图5-7所示。

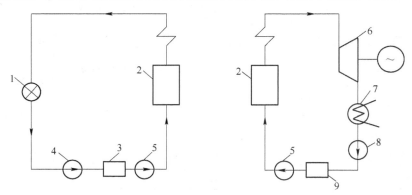

图 5-7　热电分产示意图

1—热用户；2—锅炉；3—回水箱；4—回水泵；5—给水泵；

6—汽轮机；7—凝汽器；8—凝结水泵；9—给水箱

热电联合能量生产简称热电联合或热化，它是将燃料的化学能转化为高位的热能用来发电，同时将汽轮机的排汽压力设计成热用户所需的压力（背压式汽轮机），蒸汽经汽轮机做功后（即发了电或热化发电）再供热用户使用，使蒸汽的冷凝热在热用户得到进一步利用，这样把热、电生产有机地结合起来，就构成热电联产，如图 5-8 所示。热电联产符合按质利用热能的原则，达到了"热尽其用"，提高热利用率，使热电厂的热经济性大为提高，节约了能源。

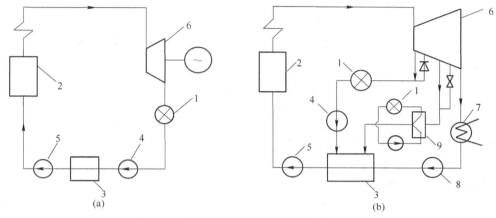

图 5-8　热电联产示意图

（a）背压式热电联产；（b）抽汽式热电联产

1—热用户；2—锅炉；3—回水箱；4—回水泵；5—给水泵；6—凝汽式汽轮机；
7—凝汽器；8—凝结水泵；9—热网加热器

二、热电厂总热耗量的分配

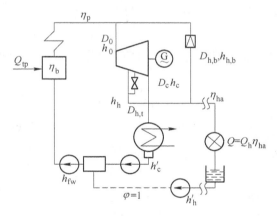

图 5-9　热电厂热力系统图

如上面所述，热电联产是指电厂对热电用户供应电能和热能，并且生产的热能是取自汽轮机做过部分功或全部功的蒸汽，即同一股蒸汽（热电联产汽流）先发电后供热。图 5-9 所示是热电厂的热力系统图。特别需要指出的是对于抽汽式汽轮机，只有先发电后供热的供热汽流 $D_{h,t}$ 才属热电联产，而凝汽流 D_c 仍属于分产发电，同样热电厂用锅炉产生的新蒸汽 $D_{h,b}$ 经减温减压后供给热用户仍属分产供热。

在热电厂中，工质所吸收的热量不但生产电能（需要一定功率），而且要满足热用户所需要的热能。因此表征热电厂的热经济性指标，除按照生产电能的指标外，还必须考虑生产热能的指标，可见热电联产经济指标的确定比分产要复杂和困难得多。为了确定其电能和热能的生产成本及分项的热经济指标，必须将热电厂总热耗量合理分配给两种产品。

目前国内外对热电联产总热耗量分配方法有热量法、实际焓降法、做功能力法及热经济学法等。各种方法都有一定的合理性和局限性，这里主要介绍前三种计算方法。

（一）热量法

热量法的核心是只考虑能量的数量，不考虑能量的质量差别。将热电厂的总热耗量按生产两种产品的数量进行分配。

热电厂总热耗量

$$Q_{tp} = B_{tp}q_{net} = \frac{Q_b}{\eta_b} = \frac{Q_0}{\eta_b\eta_p} \quad kJ/h \tag{5-64}$$

式中　B_{tp}——热电厂总燃料消耗量，kg/h；

　　　q_{net}——燃料低位发热量，kJ/kg。

热电厂分配给供热方面的热耗量是以热用户实际消耗的热量为依据的，即分配给供热方面的热耗量为

$$Q_{tp,h} = \frac{Q_h}{\eta_b\eta_p} = \frac{Q}{\eta_b\eta_p\eta_{hs}} \quad kJ/h \tag{5-65}$$

式中　Q_h——热电厂对外供出的热量，kJ/h；

　　　Q——热用户需要的热量，kJ/h；

　　　η_{hs}——热网效率，%。

则分配给发电方面的热耗量

$$Q_{tp,e} = Q_{tp} - Q_{tp,h} \quad kJ/h \tag{5-66}$$

可见，热量法分配给供热的热耗量，不论供热蒸汽参数的高低，一律按锅炉新蒸汽直接供热方式处理，而未考虑实际联产供热热流在汽轮机中已做过功、能级降低的实际情况。热电联产的节能效益（即联产发电部分无冷源损失）全部由发电部分独占，热用户仅获得了热电厂高效率大锅炉取代低效率小锅炉的好处，但以热网效率 η_{hs} 表示的集中供热管网的散热损失，使之打了折扣。因此不利于鼓励用户降低用热参数，从而使热电联产总的热经济性降低。热量法被称为热电联产"效益归电法"或"好处归电法"。

（二）实际焓降法

实际焓降法是按联产供热抽汽汽流在汽轮机少做的功占新蒸汽实际做功的比例来分配供热的总热耗量。

分配给联产供热的热耗量

$$Q_{tp,t} = Q_{tp}\frac{D_{h,t}(h_h - h_c)}{D_0(h_0 - h_c)} \quad kJ/h \tag{5-67}$$

式中　$D_{h,t}$——热电厂联产供热蒸汽量，kg/h；

　　　h_h——供热蒸汽比焓，kJ/kg；

　　h_0，h_c——汽轮机进汽、排汽的比焓，kJ/kg。

式（5-67）适用于非再热机组，对再热机组，还应考虑再热器的吸热量。

若电厂还有新蒸汽直接减温减压对外供热，则应将其供热量直接加在分配给供热的方面。减温减压器的供热量为

$$Q_{tp,b} = \frac{D_{h,b}(h_{h,b} - h'_h)}{\eta_b\eta_p} \quad kJ/h \tag{5-68}$$

式中　$D_{h,b}$——减温减压器供热蒸汽量，kg/h；

　　$h_{h,b}$，h'_h——减温减压器供汽、热网返回水的比焓，kJ/kg。

则供热总的热耗量为：

$$Q_{tp,h} = Q_{tp,t} + Q_{tp,b} \quad kJ/h \tag{5-69}$$

发电的热耗量为：

$$Q_{tp,e} = Q_{tp} - Q_{tp,h} \quad kJ/h \tag{5-70}$$

实际焓降的分配方法把热电联产的冷源损失全部由发电方面承担，热用户未分摊任何冷源损失，热电联产的节能效果全部归于供热方面，故又称"好处归热法"。该分配法考虑了供热抽汽品质方面的差别。热用户要求的供热参数越高，供热热电联产的效益越大。但是，对发电方面而言，联产汽流却因供热引起实际焓降不足少发了电，且抽汽式供热汽轮机的供热调节装置不可避免地会增大汽流阻力，从而使机组的凝汽发电部分的内效率降低，热耗增大。

（三）做功能力法

做功能力法是把联产汽流的热耗量按蒸汽的最大做功能力在电、热两种产品间分配。分配给联产汽流供热的热耗量按联产汽流的最大做功能力占新蒸汽的最大做功能力的比值来分摊，即分配给供热方面的热耗量 $Q_{tp,h}$ 为：

$$Q_{tp,h} = Q_{tp}\frac{D_{h,t}e_h}{D_0 e_0} = Q_{tp}\frac{D_{h,t}(h_b - T_{en}S_h)}{D_0(h_0 - T_{en}S_0)} \quad kJ/h \tag{5-71}$$

式中 e_0，e_h——新蒸汽和供热抽汽的比㶲，kJ/kg；

     S_0，S_h——新蒸汽和供热抽汽的比熵，kJ/（kg·K）；

     T_{en}——环境温度，K。

做功能力法以热力学第一定律和第二定律为依据，同时考虑了热能的数量和质量差别，使热电联产的好处较合理地分配给热、电两种产品，理论上也较有说服力。但是由于供热式汽轮机的供热抽汽或背压排汽温度与环境温度较为接近，此方法与实际焓降法的分配结果相差不大，所以热电厂也不能接受这种分配方法。

综上所述，可见上述三种分配方法均有局限性。热量法是按热电厂生产两种能量的数量关系来分配，没有反映两种能量在质量上的差别，将不同参数蒸汽的供热量按等价处理，但使用上较为方便，得到广泛的运用。而实际焓降法和做功能力法却不同程度地考虑了能量质量上的差别；供热蒸汽压力越低时，供热方面分配的热耗量越少，可鼓励热用户尽可能降低用汽的压力，从而降低热价；但实际焓降法对热电联产得到的效益全归于供热，因而会挫伤热电厂积极性；而做功能力法具有较为完善的热力学理论基础，但使用上极不方便，因而两种技术未得到广泛的应用。总之，热电联产总热耗量的分配应充分考虑热电厂节约能源、保护环境的社会效益，在兼顾用户承受能力的前提下，本着热、电共享的原则合理分摊。因此，从理论上探讨热电厂总热耗量的合理分配，仍是发展热化事业中迫切需要解决的问题。

三、热电厂的主要热经济指标

凝汽式发电厂主要热经济指标有全厂热效率 η_{cp}、全厂热耗率 q_{cp} 和标准煤耗率 b_{cp}，它们均能表示凝汽式发电厂能量转换过程的技术完善程度，且算式简明，三者相互联系，知其一即可求得其余两个，极为方便。

热电厂的主要热经济指标却要复杂得多，这是因为：（1）它是利用已在汽轮机中先做了功、发了电的部分蒸汽（供热汽流 D_h）再用以对外供热；而且电、热两种能量产品的质量（品位）是不同的；若供热参数不同，热能的品位也有所不同。（2）一般热电厂（如装 C、CC 型供热式机组），既有供热汽流 D_h 的热电联产，又有凝汽汽流 D_c 的热电分产，有时还有直接从锅炉引出蒸汽，经过减压减温设备后供峰载热网加热器或补充供汽的不足部分，这是分产供热，它们的经济性是不相同的。热电厂的热经济指标既应反映能量转换过程的技术完善程度，又要计算简明。遗憾的是迄今尚无单一的热经济指标，能够既从质量上又在数量上来衡量两种能量转换过程的完善程度，而只能采用综合评价方法，既有总指标又有分项指标来衡量。

（一）热电厂总的热经济指标

1. 热电厂的燃料利用系数 η_{tp}

热电厂的燃料利用系数又称热电厂总效率，是指热电厂生产的电、热两种产品的总能量与其消耗的燃料能量之比，即

$$\eta_{tp} = \frac{3600W + Q_h}{B_{tp}q_{net}} \tag{5-72}$$

式中　W——热电厂的发电量，$kW \cdot h$；

Q_h——热电厂的供热量，kJ/h；

B_{tp}——热电厂的煤耗量，kg/h。

热电厂的燃料利用系数 η_{tp} 是数量指标，不能表明热、电两种能量产品在品位上的差别，只能表明燃料能量在数量上的有效利用程度。电厂运行时，热电厂的燃料利用系数可能在相当大的范围波动，尤其是装有抽汽式供热机组的热电厂：（1）当热负荷为零时，由于其绝对内效率比相同蒸汽初参数的凝汽式机组还小，所以 η_{tp} 也会比凝汽式发电厂的效率 η_{cp} 低；（2）供热式汽轮机带高负荷时，η_{tp} 可高达 70%~80%；（3）当供热式汽轮机停止运行，发电量为零，直接用锅炉的新蒸汽减压减温后对外供热时，没有按质用能，但 $\eta_{tp} \approx \eta_b\eta_p$ 也很高，显然这是不合理的。

η_{tp} 既不能比较供热式机组间的热经济性，也不能比较热电厂的热经济性，因此不能作为评价热电厂热经济性的单一指标。在设计热电厂时，用以估算热电厂燃料的消耗量。

2. 供热机组的热化发电率 ω

热化发电率只与联产汽流生产的电能和热能有关，热化发电量与热化供热量的比值称为热化发电率，也叫单位供热量的电能生产率，用 ω 表示，即

$$\omega = \frac{W_h}{Q_{tp,t}} \quad kW \cdot h/GJ \tag{5-73}$$

式中　W_h——供热抽汽发电量（又称热化发电量），$kW \cdot h/h$；

$Q_{tp,t}$——供热量（又称热化供热量），GJ/h。

图 5-10 是某供热式汽轮机组给水回热系统简图。对外供热抽汽的焓值为 h_h，经热用户后与补水混合后返回到 z 级加热器出口。

由图可知，热化供热量为

$$Q_{tp,t} = \frac{D_{h,t}(h_h - \varphi h_h')}{10^6} \quad GJ/h \tag{5-74}$$

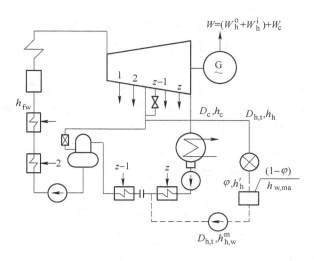

图 5-10　热电厂给水回热系统

式（5-74）中考虑热网中工质损失，返回水率为 φ ，φ 在 $0 \sim 1$ 之间，补充热网水（$1 - \varphi$），补水焓为 $h_{w,ma}$ ，则返回热力系统混合后的焓值为

$$h_{h,w}^{m} = \varphi h_{h}' + (1 - \varphi) h_{w,ma} \quad \text{kJ/kg} \tag{5-75}$$

式中　$D_{h,t}$ ——热化供热汽流量，kg/h；如热电厂无对外分产供热，则 $Q_{h} = Q_{h,t}$ ，$D_{h} = D_{h,t}$ ；

　　　h_{h}' ——供热返回水比焓，即供热蒸汽的凝结水焓，若 $\varphi = 1$ ，则 $h_{h,w}^{m} = h_{h}'$ 。

热化发电量

$$W_{h} = W_{h}^{o} + W_{h}^{i} \quad \text{kW} \cdot \text{h/h} \tag{5-76}$$

$$W_{h}^{o} = \frac{D_{h,t}(h_{0} - h_{h})\eta_{m}\eta_{g}}{3600} \quad \text{kW} \cdot \text{h/h} \tag{5-77}$$

$$W_{h}^{i} = \sum_{j=1}^{z} \frac{D_{j}(h_{0} - h_{j})\eta_{m}\eta_{g}}{3600} \quad \text{kW} \cdot \text{h/h} \tag{5-78}$$

式中　W_{h}^{o} ——外部热化发电量，指对外供热抽汽的热化发电量，kW·h/h；

　　　W_{h}^{i} ——内部热化发电量，指供热返回水引入回热加热器增加的各级回热抽汽所发出的电量，kW·h/h；

　　　z ——供热返回水经过的回热加热级数；

　　　D_{j} ——各级抽汽加热供热返回水增加的回热抽汽量。

$$\omega_{o} = \frac{W_{h}^{o}}{Q_{tp,t}} = 278 \frac{h_{0} - h_{h}}{h_{0} - \varphi h_{h}'} \eta_{m}\eta_{g} \quad \text{kW} \cdot \text{h/GJ} \tag{5-79}$$

$$\omega_{i} = \frac{W_{h}^{i}}{Q_{tp,t}} = 278 \sum_{j=1}^{z} \frac{D_{j}(h_{0} - h_{j})}{D_{h,t}(h_{h} - \varphi h_{h}')} \quad \text{kW} \cdot \text{h/GJ} \tag{5-80}$$

式中　ω_{o} ，ω_{i} ——外部、内部热化发电率，kW·h/GJ。

一般内部热化发电量在总热化发电量中所占的份额不大，近似计算中 ω_{i} 可忽略不计。

影响 ω 的因素有供热机组的初参数、抽汽参数、回热参数、回水温度、回水率、补充水温度、设备的技术完善程度以及回水所流经的加热器的级数等。当供热机组的汽水参数一定时，热功转换过程的技术完善程度越高，热化发电量越高，即对外供热量相同时，热化发电量越大，从而可以减少本电厂或电力系统的凝汽发电量，节省更多的燃料。所以 ω 是评价热电联产技术完善程度的质量指标。

需要注意的是热化发电率只能用来比较供热参数相同的供热式机组的热经济性，不能比较供热参数不同的热电厂的热经济性，也不能用以比较热电厂和凝汽式电厂的热经济性。因此热化发电率不能作为评价热电厂热经济性的单一指标。

3. 热电厂的热电比 R_{tp}

热电比 R_{tp} 为供热机组热化供热量与发电量之比。

$$R_{tp} = \frac{Q_{tp,t}}{3600W} = \frac{Q_{tp,t}}{3600(W_h + W_c)} \tag{5-81}$$

对于凝汽式发电厂，无供热的成分，故热电比为零。对于背压式供热机组，其排汽的热量全部被利用，得到的热电比最大。对于抽汽式供热机组，因抽汽量是可调节的，热电比随供热负荷的变化而变化。当抽汽供热量最大时，凝汽流量很小，只用来维持低压缸的温度不过分升高，并不能使低压缸发出有效功来，其热电比略低于背压机。当供热负荷为零时，相当于一台凝汽机组，其热电比也为零。

由于热电比只表明本机组热电联产的利用程度，所以其值不宜作为热电机组之间的横向比较，只能用它衡量热电机组本身的利用率或节能经济效果。

4. 我国对热电厂总指标的规定

《关于发展热电联产的规定》——计基础〔2000〕1268 号（国家计委、国家经贸委、建设部、国家环保总局）提出，用热电比和总效率两个经济指标考核热电厂的经济效果。规定如下：

（1）供热式汽轮机发电机组的蒸汽流既发电又供热的常规热电联产，应符合下列指标：总效率年平均大于 45%。

热电联产的热电比：1）单机容量在 50MW 以下的热电机组，其热电比年平均应大于 100%；2）单机容量在 50～200MW 之间的热电机组，其热电比年平均应大于 50%；3）单机容量 200MW 及其以上抽汽凝汽两用供热机组，采暖期热电比应大于 50%。

（2）燃气—蒸汽联合循环热电联产系统应符合下列指标：

1）总效率年平均大于 55%；

2）各容量等级燃气—蒸汽联合循环热电联产的热电比应大于 30%。

（二）热电厂的分项热经济指标

1. 热电厂发电方面的主要热经济指标

发电方面的热效率

$$\eta_{tp,e} = \frac{3600P_e}{Q_{tp,e}} \tag{5-82}$$

发电方面的热耗率

$$q_{tp,e} = \frac{Q_{tp,e}}{P_e} = \frac{3600}{\eta_{tp,e}} \tag{5-83}$$

发电方面的标准煤耗率

$$b_{\mathrm{tp,e}} = \frac{B_{\mathrm{tp,e}}}{P_{\mathrm{e}}} = \frac{3600}{29270\eta_{\mathrm{tp,e}}} = \frac{0.123}{\eta_{\mathrm{tp,e}}} \quad \mathrm{kg\ 标准煤/(kW \cdot h)} \qquad (5\text{-}84)$$

式中　$B_{\mathrm{tp,e}}$——热电厂发电方面的标准煤耗量，kg 标准煤/h。

2. 热电厂供热方面的主要热经济指标

供热方面的热效率

$$\eta_{\mathrm{tp,b}} = \frac{Q}{Q_{\mathrm{tp,h}}} \qquad (5\text{-}85)$$

供热方面的标准煤耗率

$$b_{\mathrm{tp,h}} = \frac{B_{\mathrm{tp,h}}}{Q} \times 10^6 = \frac{34.1}{\eta_{\mathrm{tp,h}}} \quad \mathrm{kg\ 标准煤/GJ} \qquad (5\text{-}86)$$

式中　$B_{\mathrm{tp,h}}$——热电厂供热方面的标准煤耗量，kg 标准煤/h。

四、热电厂的节煤量计算及条件

(一) 节煤量的计算

热电厂与相同电、热负荷的热电分产厂相比，热电厂较分产厂节省燃料，即节约能源。被比较的分产发电的凝汽式发电厂称为替代电厂，被比较的分产发电凝汽机组称为替代机组。分产中的热负荷由工业锅炉或热水锅炉供应，其系统如图 5-11 所示。图中电负荷为 $W[(\mathrm{kW \cdot h})/\mathrm{h}]$，热负荷（用热量）为 $Q(\mathrm{GJ/a})$。热电分产凝汽电厂的锅炉效率为 η_{b}、主蒸汽管道效率为 η_{p}、汽轮机的机械效率为 η_{m} 和发电机的效率 η_{e} 与热电联产的完全相同；热电分产供热的工业锅炉效率 $\eta_{\mathrm{b(h)}}$、主蒸汽管道效率 $\eta_{\mathrm{p(h)}}$，显然 $\eta_{\mathrm{b(h)}} < \eta_{\mathrm{b}}$，热电联产供热通过热网干管向热用户供热，恒有散热损失，以热网效率 η_{hs} 表征。因此，热电联产的供热量 Q_{h} 与热用户的热负荷 Q 的关系是 $Q = Q_{\mathrm{h}} \cdot \eta_{\mathrm{hs}}$。

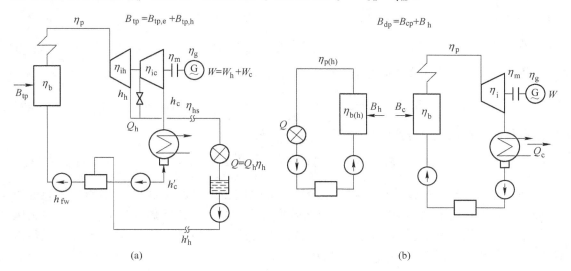

图 5-11　热电联产、分产的热力系统

(a) 热电联产的热力系统；(b) 热电分产的热力系统

热电厂总标准煤耗 B_{tp} 为用于发电、供热的标准煤耗之和，即

$$B_{tp} = B_{tp,e} + B_{tp,h} \tag{5-87}$$

热电分产总标准煤耗 B_{dp} 为分产发电标准煤耗 B_{cp} 与分产供热煤耗 B_h 之和，即

$$B_{dp} = B_{cp} + B_h \tag{5-88}$$

则热电联产的节煤量为

$$\Delta B = B_{dp} - B_{tp} = B_{cp} + B_h - (B_{tp,e} + B_{tp,h}) = (B_{cp} - B_{tp,e}) + (B_h - B_{tp,h}) \tag{5-89}$$

从热电联产节煤量的计算式可以看出：第一项是发电的节煤量，第二项是供热的节煤量，由于热电厂供热和发电较分产供热和发电均有节煤的有利因素和不利因素，下面将具体分析热电厂供热和发电的节煤条件。

（二）联产供热节煤

热电分产供热的标准煤耗量，由下列热平衡式求得，即

$$B_h \cdot q_1 \cdot \eta_{b(h)} \cdot \eta_{p(h)} = Q \times 10^6 \quad \text{kJ/h} \tag{5-90}$$

$$B_h = \frac{Q \times 10^6}{q_1 \cdot \eta_{b(h)} \cdot \eta_{p(h)}} \quad \text{kg/h}$$

以标准煤 $q_1 = 29270$ kJ/kg 计

$$B_h = \frac{Q \times 10^6}{29270 \cdot \eta_{b(h)} \cdot \eta_{p(h)}} = \frac{34.1Q}{\eta_{b(h)} \cdot \eta_{p(h)}} \quad \text{kg/h} \tag{5-91}$$

将 $Q = Q_h \eta_{hs}$ 代入上式得

$$B_h = \frac{34.1 Q_h \eta_{hs}}{\eta_{b(h)} \cdot \eta_{p(h)}} \quad \text{kg/h} \tag{5-92}$$

热电联产供热的标准煤耗量，由下列热平衡式求得。这里按照热量法，人为地规定联产供热由热电厂的电站锅炉来对外供热，联产供热的热效率 $\eta_{tp,h} = \eta_b \eta_p \eta_{hs}$。

$$B_{tp,h} \cdot q_1 \cdot \eta_b \cdot \eta_p \cdot \eta_{hs} = Q \times 10^6 \quad \text{kJ/h} \tag{5-93}$$

即

$$B_{tp,h} = \frac{Q \times 10^6}{q_1 \cdot \eta_b \cdot \eta_p \cdot \eta_{hs}} \quad \text{kg/h}$$

将 $Q = Q_h \eta_{hs}$ 代入，并以标准煤计，可得

$$B_{tp,h} = \frac{Q_h \cdot \eta_{hs} \times 10^6}{29270 \cdot \eta_b \cdot \eta_p \cdot \eta_{hs}} = \frac{34.1 Q_h}{\eta_b \cdot \eta_p} \quad \text{kg/h} \tag{5-94}$$

则热电联产比热电分产供热的节约标煤量 ΔB_h 为

$$\Delta B_h = B_h - B_{tp,h} = 34.1 Q_h \left(\frac{\eta_{hs}}{\eta_{b(h)} \cdot \eta_{p(h)}} - \frac{1}{\eta_b \cdot \eta_p} \right) \tag{5-95}$$

当热电厂（热电联产）供热和热电分产供热供应相同热负荷 Q_h 时，能节约燃料的主要原因是热电厂的电站锅炉效率 η_b 远高于热电分产供热的工业锅炉效率 $\eta_{b(h)}$，简称为因供热集中而节煤。其不利因素是热电厂供热有热网损失。若考虑热电厂供热和分产供热管道效率大致相等，即取 $\eta_p \approx \eta_{p(h)}$，则其节煤条件为

$$\eta_b > \frac{\eta_{b(h)}}{\eta_{hs}} \tag{5-96}$$

（三）热电厂发电的节煤条件

分产发电即替代凝汽式电厂发电的标准煤耗量 B_e 为

$$B_e = b_e(W_h + W_c) = b_e W = \frac{0.123W}{\eta_b \cdot \eta_p \cdot \eta_i \cdot \eta_m \cdot \eta_g} \quad \text{kg/h} \tag{5-97}$$

图 5-11（a）所示为单抽汽式供热机组，可视为背压机与凝汽式机的组合，即供热汽流发电 W_h，属热电联产，即 $\eta_{ih} = 1$。凝汽流发电 W_c，且 $W = W_h + W_c$。供热汽流发电标准煤耗率为 $b_{e,h}$，即

$$b_{e,h} = \frac{0.123}{\eta_b \cdot \eta_p \cdot \eta_m \cdot \eta_g} \tag{5-98}$$

凝汽流发电 W_c 的标准煤耗率为 $b_{e,c}$，即

$$b_{e,c} = \frac{0.123}{\eta_b \cdot \eta_p \cdot \eta_{ic} \cdot \eta_m \cdot \eta_g} \tag{5-99}$$

由于供热机组凝汽流发电的绝对内效率比代替凝汽机组的低（即 $\eta_{ic} < \eta_{ih}$），考虑到可以认为供热机组的锅炉效率、管道效率、机械效率、发电效率与替代机组的基本相同，因此必然存在 $b_{e,c} > b_e > b_{e,h}$。

热电厂发电的标准煤耗量 $B_{tp,e}$ 为

$$B_{tp,e} = b_{e,h} \cdot W_h + b_{e,c} \cdot W_c = \frac{0.123W_h}{\eta_b \cdot \eta_p \cdot \eta_m \cdot \eta_g} + \frac{0.123W_c}{\eta_b \cdot \eta_p \cdot \eta_{ic} \cdot \eta_m \cdot \eta_g} \quad \text{kg/h} \tag{5-100}$$

则热电厂发电的节煤量可写为

$$\begin{aligned} \Delta B_e &= B_e - B_{tp,e} = b_e(W_h + W_c) - (b_{e,h}W_h + b_{e,c}W_c) \\ &= W_h(b_e - b_{e,h}) - W_c(b_{e,c} - b_e) \quad \text{kg/h} \end{aligned} \tag{5-101}$$

将 $W_c = W - W_h$ 代入得 $\Delta B_e = W_h(b_{e,c} - b_{e,h}) - W(b_{e,c} - b_e)$。

热电联产发电比热电分产发电节约的标准煤耗量 ΔB_e 也可写成

$$\Delta B_e = B_e - B_{tp,e} = \frac{0.123}{\eta_b \cdot \eta_p \cdot \eta_m \cdot \eta_g}\left[\frac{W}{\eta_i} - \left(W_h + \frac{W_c}{\eta_{ic}}\right)\right] \quad \text{kg/h} \tag{5-102}$$

从上面热电联产发电节煤量的计算式可以看出，热电厂节煤的有利因素是热化发电的煤耗率比替代机组的发电煤耗率低，而不利因素则是供热机组凝汽流发电的煤耗率比替代机组的发电煤耗率高，因此，热电厂的发电是否节煤存在一定的条件，即要满足 $\Delta B_e > 0$。

也就是 $W_h(b_{e,c} - b_{e,h}) - W(b_{e,c} - b_e) > 0$，即 $\dfrac{W_h}{W} > \dfrac{b_{e,c} - b_e}{b_{e,c} - b_{e,h}}$。

当 $\Delta B_e = 0$ 时，得

$$\frac{W_h}{W} = \frac{b_{e,c} - b_e}{b_{e,c} - b_{e,h}} \tag{5-103}$$

令

$$[X] = \frac{b_{e,c} - b_e}{b_{e,c} - b_{e,h}} \tag{5-104}$$

$X = \dfrac{W_h}{W}$ 的含义是供热机组热化发电量占供热机组总发电量的比例，称为热化发电比；$[X]$ 是由供热机组的特性与替代机组的特性决定的特性参数，称为临界热化发电比。从以上的分析和推导可知：热电厂的发电节煤条件是供热机组的热化发电比一定要大于临界热化发电比，即 $X > [X]$。而 $W_h = \omega Q_h$，只有 Q_h 足够大时热电厂才会节煤。热负荷越大，

则热电厂发电节煤越多。

由于热电厂的总的指标 η_{tp}、ω 分别表示量和质的指标，而分项热经济指标又随热量的分配方法不同而不同，因此这些指标在应用上均有其合理性和局限性，所以要全面的评价热电厂的热经济性需要用节煤量来说明。只有热电厂是节煤的才能说明它的热经济性高。

第四节　核电厂的热经济性指标

一、核电厂概述

核电厂就是利用核能发电的电厂。与火电厂一样有两大部分组成：蒸汽供应系统和汽轮发电机系统，这两种电厂的蒸汽供应系统有较大的差异，其汽轮发电机系统基本相似。核电厂的蒸汽供应系统是核蒸汽供应系统，由核燃料在反应堆内发生可控链式裂变反应，放出核能来产生蒸汽。

核电站的主体包括反应堆、蒸汽发生系统及汽轮发电机，此外，还有稳压器、冷凝器、各类泵、加热器、再热器、管道、变电输电系统等。核电厂的心脏是核反应堆，核反应堆是一个能维持和控制核裂变链式反应，从而实现核能—热能转换的装置。

目前全球电力 17% 以上是来自核能发电，而且核电发展的速度和规模正在朝着快和大的方向发展。核电厂的优越性主要表现在：（1）核能是一种清洁的能源，在核电站正常运行中，基本上不排放 SO_2、NO_x、CO_2、飘尘等污染物质，即使有微量的放射性物质排放，其排放量也远小于同功率的燃煤电站的放射性排放量，而且远小于环境中天然存在的放射性本底，对人类不会造成任何危害。（2）核燃料的资源丰富，从最初只能利用的 ^{235}U、^{239}Pu 到现在的 ^{238}U 和钍也已加入了核燃料的行列。（3）核燃料（仅限于裂变能）单位质量储能很高，1t 燃料元件所发出的能量约相当于 30 万吨煤燃烧所发的热。因其寿命长，消耗小，设备初期投资虽然较高，但燃料和运行费用较低，所以其能量成本比燃煤或燃油动力厂要低。

二、核电厂的一般工作原理

以压水堆核电厂为例，其生产流程如图 5-12 所示。它分为核电厂一回路系统、二回路系统。一回路系统以反应堆为核心，核燃料在反应堆中进行可控链式裂变反应，将裂变产生的大量热量带出反应堆的物质称为冷却剂（水或气体），再通过蒸汽发生器将热量传给水，水被加热成蒸汽供汽轮机拖动发电机转变为电能。冷却剂释热后，通过冷却剂循环主泵送回反应堆去吸热，不断地将反应堆中核裂变释放热能引导出来，其压力靠稳压器维持稳定。核电站的反应堆和蒸汽发生器相当于火电厂的锅炉，有人称为原子锅炉。一回路系统及其设备都封闭在巨大的安全壳式厂房内，系厚 1m 的钢筋混凝土带球面封顶的圆柱形建筑，内衬 6mm 不锈钢钢板，可承受 0.4MPa 压力，耐 150℃ 温度，通常称为核岛。

水在蒸汽发生器内被加热汽化成 5～7MPa 的饱和蒸汽（湿度约 0.5%），用于驱动汽轮发电机，做功后蒸汽排入凝汽器凝结成水，再通过回热系统后用泵送回蒸汽发生器，形成二回路。二回路系统及其设备与常规火电厂基本相同，其布置整体通常称为常规岛。

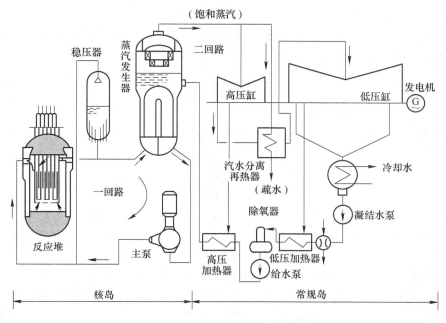

图 5-12　压水堆核电厂生产流程示意图

三、核电厂的主要热经济指标

核电厂能量有效性的主要指标是效率或燃料消耗率。图 5-13 为最简单的核电厂的热力系统及其朗肯循环。

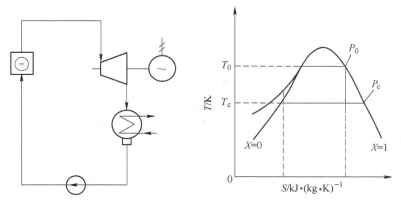

图 5-13　最简单的核电厂的热力系统及其朗肯循环

对单回路的核电厂，毛效率表示为

$$\eta_{as} = \frac{3600 P_e}{Q_r} \tag{5-105}$$

式中　Q_r——反应堆热功率，kJ/h。

相应的"净热效率"或"供电效率"η_{as}^n，即

$$\eta_{as}^n = \frac{3600(P_e - P_{ap})}{Q_r} = \eta_{as}(1 - \xi_{ap}) \tag{5-106}$$

式中　　ξ_{ap}——厂用电率，$\xi_{ap} = P_{ap}/P_e$。

包括其维护设备在内的反应堆损失主要是反应堆的排污系统、冷却系统的损失及散热损失，用反应堆装置的效率来评价

$$\eta_r = \frac{Q_{sg}}{Q_r} \qquad (5\text{-}107)$$

式中　　Q_{sg}——反应堆的蒸汽热负荷。

汽轮机装置的绝对电效率和管道效率可按下式计算

$$\eta_p = \frac{Q_0}{Q_{sg}} \qquad (5\text{-}108)$$

$$\eta_e = \frac{3600P_e}{Q_0} \qquad (5\text{-}109)$$

由以上关系得

$$\eta_{as} = \eta_r \cdot \eta_p \cdot \eta_e \qquad (5\text{-}110)$$

由于现代核电厂的初参数为 $6\sim8MPa$ 干饱和蒸汽，其全厂效率比凝汽式火电厂在更大程度上取决于汽轮机装置的绝对电效率。对饱和蒸汽轮机，上述各效率的数值范围为：$\eta_e = 0.34 \sim 0.35$，$\eta_p \approx 0.99$，$\eta_r \approx 0.995$，那么 $\eta_{as} = 0.33 \sim 0.34$。

用饱和蒸汽或微过热的蒸汽发生器的双回路的核电厂（如压水堆核电厂）如图 5-14 所示。二回路系统汽轮机的汽耗、汽耗率、热耗、热耗率以及绝对电效率的计算，与常规火电厂的机组热效率指标计算是一样的。压水堆核电厂机组热耗率，一般为 $q_0 = 10000 \sim 11000kJ/(kW \cdot h)$。

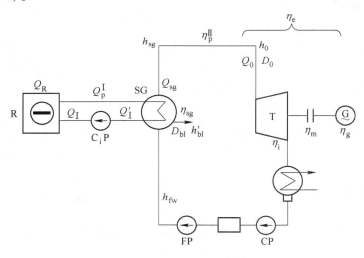

图 5-14　计算用压水堆核电站的热力

一、二回路的管道效率分别用 η_p^{I}、η_p^{II} 表示，蒸汽发生器的热负荷 Q_{sg} 的计算与式 (5-17)（锅炉效率）类似，即

$$Q_{sg} = D_{sg}(h_{sg} - h_{fw}) + D_{bl}(h'_{bl} - h_{fw}) \qquad kJ/h \qquad (5\text{-}111)$$

式中　　D_{sg}——蒸汽发生器出口的蒸汽流量，kg/h；

　　　　h_{sg}——蒸汽比焓，kJ/kg。

一回路反应堆热功率 Q_r 为

$$Q_r = \alpha A(\bar{t}_{sh} - \bar{t}_{ca})W \tag{5-112}$$

式中　α——冷却剂与燃料元件包壳之间的平均对流放热系数，$W/(m^2 \cdot °C)$；

　　　A——燃料元件总的放热面积，m^2；

　　　$\bar{t}_{sh}$——燃料元件包壳外表面的平均温度，$°C$；

　　　$\bar{t}_{ca}$——冷却剂平均温度，$°C$。

反应堆热量利用率 η_r 、蒸汽发生器热量利用率 η_{sg} 分别为

$$\eta_r = Q_{sg}/Q_r , \ \eta_{sg} = Q_{sg}/Q'_1 \tag{5-113}$$

一、二回路管道效率

$$\eta_p^{I} = Q'_1/Q_1 , \ \eta_p^{II} = Q_0/Q_{sg} \tag{5-114}$$

一回路管道效率 $\eta_p^{I} = 0.995$ ，二回路管道效率 $\eta_p^{II} = 0.99$ ，Q_1 、Q'_1 为一回路工质在反应堆中吸热量和传给蒸汽发生器的热量。

核电厂毛效率 η_{as} （发电效率）为

$$\eta_{as} = \frac{3600P_e}{Q_r} = \eta_r \cdot \eta_{sg} \cdot \eta_p^{I} \cdot \eta_p^{II} \cdot \eta_t \cdot \eta_{ri} \cdot \eta_m \cdot \eta_g = \eta_r \cdot \eta_{sg} \cdot \eta_p^{I} \cdot \eta_p^{II} \cdot \eta_e \tag{5-115}$$

反应堆热功率 Q_r 又可写成

$$Q_r = \frac{3600P_e}{\eta_{as}} \tag{5-116}$$

核电厂净效率 η_{as}^n （供电效率）为

$$\eta_{as}^n = \eta_{as}(1 - \xi_{ap}) \tag{5-117}$$

压水堆核电站的发电效率 η_{as} 一般为 $35.5\% \sim 38.5\%$ ，供电效率一般为 $31.5\% \sim 34.5\%$ ，核电厂的厂用电率 ξ_{ap} 一般为 $6\% \sim 7\%$ 。

反应堆核燃料消耗率 b_{as} 为

$$b_{as} = \frac{3600 \times 10^3}{q_{nu}\eta_{as}} = \frac{3600 \times 10^3}{6.8 \times 10^{10}\eta_{as}} = \frac{0.054}{\eta_{as}} \quad g/(MW \cdot h) \tag{5-118}$$

1kg 核燃料的发热量 q_{nu} 为 6.8×10^{10} kJ。

核电厂的年燃料消耗量为

$$B_{vp} = b_{as} \cdot P_e \cdot n \tag{5-119}$$

式中　n——核电厂的年运行小时数。

【本章小结】发电厂生产电能的过程是一个能源转换的过程，即燃料的化学能通过锅炉转换成蒸汽的热能，蒸汽在汽轮机中膨胀做功，将蒸汽的热能转变为机械能，通过发电机最终将机械能转换为电能。

发电厂的热经济性是通过能量转换过程中的利用程度或损失大小来衡量或评价的，称之为热经济性指标。凝汽式发电厂的主要热经济性指标有能耗量（汽耗量、热耗量、煤耗量）和能耗率（汽耗率、热耗率、煤耗率）以及效率。热电厂的主要热经济指标比凝汽式发电厂的热经济性指标复杂得多，只能采用综合评价方法，既有总指标（热电厂的燃料利用系数、供热机组的热化发电率和热电厂的热电比）又有分项指标（发电方面的主要热

经济指标和供热方面的主要热经济性指标）来衡量。核电厂能量有效性的主要指标是效率或燃料消耗率。

思 考 题

1. 发电厂的热经济性评价方法有哪几种？描述其区别与联系？

2. 凝汽式发电厂能量转换过程中有哪些热损失，它们各用什么指标来反映？

3. 在什么情况下热电分产的经济性高于热电联产？

4. 为何 η_{cp} 不能作为热电厂的单一热经济指标看待？

5. 有电、热负荷就应建热电厂吗？建热电厂节省燃料应满足的基本条件是什么？

6. 可从哪些方面体现出热量法是将热电联产的好处归于发电方面？

7. 热化发电比 X、热化发电率 ω、燃料利用系数 η_{tp} 的作用是什么，其区别是什么？

8. 核电厂的热经济指标有哪些？

第六章　发电厂的热力循环

【本章导读】第二章介绍了蒸汽参数及简单蒸汽动力装置循环，分析了不同蒸汽参数对朗肯循环热效率的影响，本章对发电厂的其他热力循环进行介绍，主要有给水回热循环、蒸汽再热循环、热电联产循环和燃气—蒸汽联合循环。

第一节　给水回热循环

朗肯循环热效率低的主要原因是循环吸热过程的平均温度较低，致使烟气与工质之间的换热温差较大，相应做功能力损失较大。由于降低平均放热温度受到环境温度的限制，所以提高蒸汽动力循环热效率的根本途径是提高工质吸热过程的平均温度。分析蒸汽动力循环的吸热过程，可以发现水的吸热过程是整个吸热过程中温度最低的部分，若能予以改进，即可提高整个吸热过程的平均温度，给水回热循环就是这样提出的。

一、给水回热循环的意义

给水回热循环是利用已在汽轮机做过功的部分蒸汽，在给水回热加热器中，将回热蒸汽冷却放热来加热给水，以减少液态区低温工质的吸热，因而提高循环的吸热平均温度，使循环热效率提高。图 6-1 （a）、（b）分别为单级回热热力系统图和循环的 T-S 图。图中 1—7—8—9—5—6—1 称为回热循环。

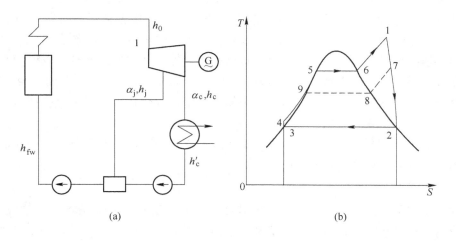

(a)　　　　　　　　　　　　　(b)

图 6-1　单级回热热力系统图和循环的 T-S 图

给水回热加热的意义在于采用给水回热以后,一方面,回热使汽轮机进入凝汽器的凝汽量减少了,由热量法可知,汽轮机冷源损失降低了;另一方面,回热提高了锅炉给水温度,使工质在锅炉内的平均吸热温度提高,使锅炉的传热温差降低。同时,汽轮机抽汽加热给水的传热温差比水在锅炉中利用烟气所进行加热时温差小得多,做功能力损失减少了。

回热循环是提高火电厂效率的措施之一,现代大型热力发电厂几乎毫无例外的采用了回热循环。回热循环是由回热加热器、回热抽汽管道、水管道、疏水管道、疏水泵及管道附件等组成的一个加热系统。

二、回热加热器的类型及其结构

回热加热器是回热循环系统的核心。加热器按照内部汽、水接触方式的不同,可分为混合式加热器与表面式加热器两类,如图 6-2 所示;按受热面的布置方式,可分为立式和卧式两种。

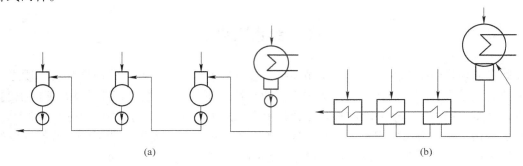

图 6-2　混合式加热器和表面式加热器
(a) 混合式加热器系统；(b) 表面式加热器系统

(一) 混合式加热器

混合式加热器由于汽、水直接接触传热,其端差为零,能把水加热到该级加热器蒸汽压力下所对应的饱和水温度,充分利用了加热蒸汽的能位,热经济性高。其工作过程是,一方面将水加热至饱和状态,另一方面加热水的压力最终将与加热蒸汽压力一致。它没有金属受热面,构造简单,在金属消耗、制造、投资以及汇集各种不同参数的汽、水流量(如疏水、补充水、扩容蒸汽等) 等方面都优于表面式加热器,并能除去水中气体。但混合式加热器所组成的系统有严重的缺点,这就是每台加热器均要配水泵,以便把水从低压打入高压加热器,为了工作可靠还要有备用泵。为了防止水泵的汽蚀影响锅炉供水,每台水泵之上要有一定的高度、一定容量的储水箱。这使得混合式加热器系统和厂房布置复杂化,投资增加,电厂安全可靠性降低。

根据布置方式不同,混合式加热器又有卧式与立式两种。图 6-3 所示为卧式混合式低压加热器,图 6-4 为立式混合式低压加热器。

(二) 表面式加热器

表面式加热器与混合式加热器相比,其优点是只有给水泵和凝结水泵,系统较简单、运行安全可靠以及系统投资等其他方面都优于混合式加热器,但缺点是有端差而热经济性低,并有热疏水的回收和利用问题。

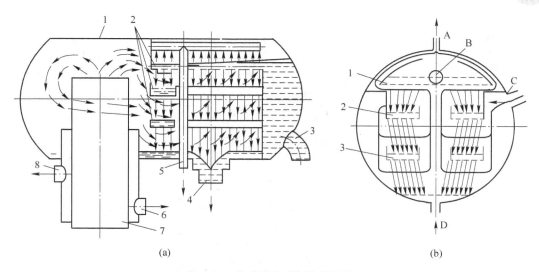

图 6-3　卧式混合式加热器结构

（a）结构示意图；（b）加热器内凝结水细流加热示意图

1—外壳；2—多孔淋水盘组；3—凝结水入口；4—凝结水出口；5—汽、气混合物引出口；

6—事故时凝结水到凝结水泵进口联箱的引出口；7—加热蒸汽进口；8—事故时凝结水往凝汽器的引出口；

A—汽、气混合物出口；B—凝结水进口（示意）；C—加热蒸汽入口（示意）；D—凝结水出口

　　表面式加热器也有卧式和立式两种。现代一般大容量机组中采用卧式的较多，其结构如图 6-5 所示。加热器由筒体、管板、U 形管束和隔板等主要部件组成。筒体的右侧是加热器水室，它采用半球形、小开孔的结构形式。水室内有一分流隔板，将进出水隔开，给水由给水进口处进入水室下部，通过 U 形管束吸热升温后从水室上部给水出口处离开加热器。加热蒸汽由入口进入筒体，经过蒸汽冷却段、冷凝段、疏水冷却段后蒸汽由气态变为液态，最后由疏水出口流出。

　　卧式加热器因其换热面管横向布置，在相同凝结放热条件下，其凝结水膜较竖管薄，其单管放热系数约高 1.7 倍，同时在筒体内易于布置蒸汽冷却段和疏水冷却段，在低负荷时可借助于布置的高程差来克服自流压差小的问题，因此，卧式热经济性高于立式，但它的占地面积则较立式大。目前我国 300MW、600MW 以上机组回热系统多数采用卧式回热加热器。

　　图 6-6 为管板—U 形管束立式低压加热器，这种加热器的受热面由铜管或钢管形成的 U 形管束组成，采用胀接或焊接的方法固定在管板上，整个管束插入加热器圆形筒体内，管板上部有用法兰连接的将进出水空间隔开的水室，水从与进水管连接的水室流入 U 形管，吸热后的水从与出水管连接的另一水室流出。加热蒸汽从进汽管进入加热器筒体上部，借导向板汇集到加热器下部的水空间，经疏水自动排除装置排出。

　　该立式加热器占地面积小，便于安装和检修，结构简单，外形尺寸小，管束管径较粗、阻力小，管子损坏不多时，可以采用堵管的办法快速抢修。其缺点是当压力较高时，管板的厚度加大，薄管壁管子与厚管壁连接，工艺要求高，对温度敏感，运行操作严格，换热效果较差；在设计汽机房屋架高度时，要考虑吊出管束及必要时跨运行机组的因素。目前，在中、小机组和部分大机组中采用较多。

　　根据技术经济全面综合比较，所有电厂都选用了较多的表面式加热器组成回热系统，

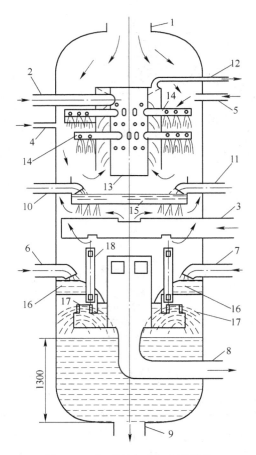

图 6-4　立式混合式加热器结构

1—加热蒸汽进口；2—凝结水进口；3—轴封来汽；4—除氧器余汽；5—3 号加热器和热网
加热器的余汽；6—热网加热器来疏水；7—3 号加热器疏水；8—排往凝汽器的事故疏水管；
9—凝结水出口；10—来自电动、汽动给水泵轴封的水；11—止回阀的排水；12—汽、气混合物出口；
13—水联箱；14—配水管；15—淋水盘；16—水平隔板；17—止回阀；18—平衡管

只有除氧器采用混合式，以满足给水除氧的要求。如上所述，除氧器后必须有给水泵，这就将其前后的面式加热器依水侧压力分成低压加热器（承受凝结水泵压力）和高压加热器（承受给水泵压力）两组加热器。

三、给水回热的热经济性

给水回热加热的热经济性主要是以回热循环汽轮机绝对内效率来衡量。现以循环初、终参数相同的朗肯循环和一级回热为例，说明回热循环的热经济性。

假定进入汽轮机的蒸汽量为 1kg，抽出的回热抽汽为 α_j kg，通向凝汽器的凝汽量为 α_c kg，则 $\alpha_j + \alpha_c = 1$，如图 6-7 所示。

1kg 进汽在汽轮机的内功

$$W_i = \alpha_j(h_0 - h_1) + \alpha_c(h_0 - h_c)$$

1kg 进汽循环的吸热量

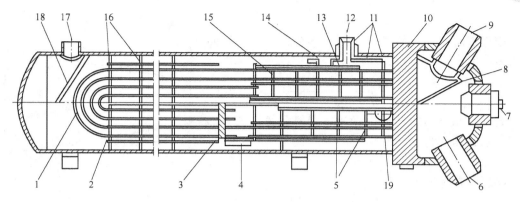

图 6-5 管板—U 形管束卧式高压加热器结构

1—U 形管；2—拉杆和定距管；3—疏水冷却段端板；4—疏水冷却段进口；5—疏水冷却段隔板；
6—给水进口；7—人孔密封板；8—独立的分流隔板；9—给水出口；10—管板；11—蒸汽冷却段遮热板；
12—蒸汽进口；13，18—防冲板；14—管束保护环；15—蒸汽冷却段隔板；
16—隔板；17—疏水进口；19—疏水出口

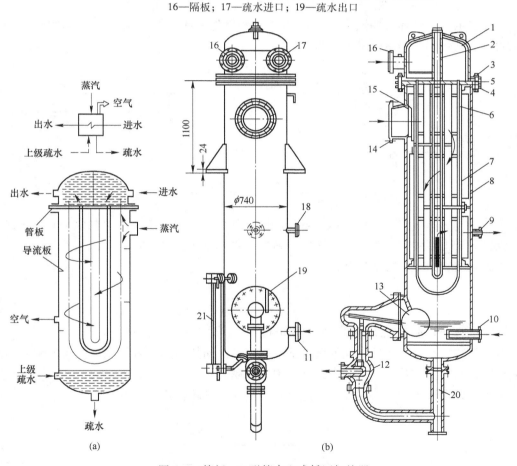

图 6-6 管板—U 形管束立式低压加热器
（a）图例（上部）及结构；（b）结构外形及剖面
1—水室；2—拉紧螺栓；3—水室法兰；4—筒体法兰；5—管板；6—U 形管束；7—支架；8—导流板；
9—抽空气管；10，11—上级加热器来的疏水入口管；12—疏水器；13—疏水器浮子；14—进汽管；15—护板；
16，17—进、出水管；18—上级加热器来的空气入口管；19—手柄；20—排疏水管；21—水位计

$$q_0 = h_0 - h_{\text{fw}}$$

则根据凝汽式汽轮机绝对内效率公式，得单级回热汽轮机的绝对内效率为

$$\eta_i = \frac{W_i}{q_0} = \frac{\alpha_j(h_0 - h_1) + \alpha_c(h_0 - h_c)}{h_0 - h_{\text{fw}}} \qquad (6\text{-}1)$$

若不计水泵的焓升，不计加热器的散热损失，加热器的热平衡式为

$$h_{\text{fw}} = \alpha_j h_j + \alpha_c h_c' \qquad (6\text{-}2)$$

循环吸热量又可写为

$$h_0 - h_{\text{fw}} = \alpha_j(h_0 - h_j) + \alpha_c(h_0 - h_c') \qquad (6\text{-}3)$$

这样

$$\eta_i = \frac{\alpha_j(h_0 - h_j) + \alpha_c(h_0 - h_c)}{\alpha_j(h_0 - h_j) + \alpha_c(h_0 - h_c')} \qquad (6\text{-}4)$$

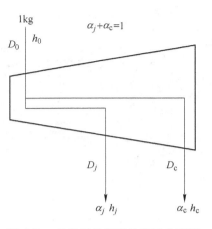

图 6-7 单级回热循环的汽流分配图

此式表示回热循环是抽汽循环（α_j 汽流）和朗肯循环（循环 α_c）叠加所组成的一个复合循环，其效率的表示式又可写为

$$\eta_i = \frac{\alpha_j(h_0 - h_j) + \alpha_c(h_0 - h_c)}{\alpha_j(h_0 - h_j) + \alpha_c(h_0 - h_c')} = \frac{h_0 - h_c}{h_0 - h_c'} \cdot \frac{1 + \dfrac{\alpha_j(h_0 - h_j)}{\alpha_c(h_0 - h_c)}}{1 + \dfrac{\alpha_j(h_0 - h_j)}{\alpha_c(h_0 - h_c)} \cdot \dfrac{\alpha_c(h_0 - h_c)}{\alpha_c(h_0 - h_c')}}$$

$$= \eta_i^R \frac{1 + A_r}{1 + A_r \eta_i^R} \qquad (6\text{-}5)$$

其中

$$\eta_i^R = \frac{\alpha_c(h_0 - h_c)}{\alpha_c(h_0 - h_c')}, \quad A_r = \frac{\alpha_j(h_0 - h_j)}{\alpha_c(h_0 - h_c)}$$

式中，η_i^R 为与回热式汽轮机的参数、容量相同的朗肯循环的汽轮机绝对内效率；A_r 为回热式汽轮机的动力系数，它表明抽汽流所做内功占凝汽流所做内功的份额。

与无回热相比，η_i 的相对提高为

$$\delta\eta_i = \frac{\eta_i - \eta_i^R}{\eta_i^R} = \frac{1 - \eta_i^R}{(1/A_r) + \eta_i^R} \qquad (6\text{-}6)$$

汽轮机有回热抽汽 $A_r > 0$ 时，由上式可得：$\eta_i > \eta_i^R$。

由此可知，在其他条件相同的情况下，采用给水回热加热，可使汽轮机组的绝对内效率提高，且回热抽汽动力系数越大，绝对内效率越高。

对于多级无再热的回热循环，若忽略水泵耗功，汽轮机绝对内效率为

$$\eta_i = \frac{\displaystyle\sum_{j=1}^{z} \alpha_j(h_0 - h_j) + \alpha_c(h_0 - h_c)}{\displaystyle\sum_{j=1}^{z} \alpha_j(h_0 - h_j) + \alpha_c(h_0 - h_c')} \qquad (6\text{-}7)$$

则

$$A_r = \frac{\displaystyle\sum_{j=1}^{z} \alpha_j(h_0 - h_j)}{\alpha_c(h_0 - h_c)}, \quad \eta_i = \frac{1 + A_r}{1 + A_r \eta_i^R} \eta_i^R$$

由 $\alpha_c + \sum\limits_{j=1}^{z} \alpha_j = 1$ 可知，回热抽汽在汽轮机中的做功量 $\sum\limits_{j=1}^{z} \alpha_j (h_0 - h_j)$ 越大，则凝汽做功 $\alpha_c (h_0 - h_c)$ 相对越低，冷源损失越少，回热循环的绝对内效率越高。当级数一定时，A_r 的大小取决于回热抽汽参数，即回热效率的提高取决于回热抽汽的参数，A_r 达到最大时，$\delta\eta_i$ 达到最大。

由 $\delta\eta_i$ 式可看出，因 $\eta_i^R < 1$ ，所以 $\delta\eta_i > 0$ ，由此可得出结论：采用回热总是能提高热经济性，所以现代的热力发电厂普遍采用回热来提高电厂的热经济性。

由于回热使 η_i 提高，因此机组热耗率 $q_0 = \dfrac{3600}{\eta_i \eta_m \eta_g}$ 下降，并使发电厂的有关热经济指标得到改善，如 η_{cp} 提高，标准煤耗率 b 降低。所以现代的发电厂普遍采用回热，或同时具有再热和回热。

在采用多级回热循环的发电厂，影响回热过程热经济性的主要因素有：给水总焓升（温升）在各级回热加热器间的回热分配、锅炉最佳给水温度、回热加热级数，三者紧密联系，互有影响。

四、除氧器及给水除氧

热力发电厂运行时，给水中溶解氧是由于补充水带入空气，或从系统中处于真空下的设备、管道附件的不严密处漏入的空气所致。给水中溶氧是造成热力设备及其管道腐蚀的主要原因之一，所溶二氧化碳会加剧氧的腐蚀。换热设备中的不凝结气体，使传热恶化，降低机组的热经济性。水中溶氧会造成腐蚀穿孔引起泄漏爆管。高参数蒸汽溶解物质能力强，通过汽轮机通流部分，会在叶片上沉积，不仅降低汽轮机的出力，还会使轴向推力增加，危及机组安全运行。为此，给水必须除氧以严格控制给水含氧量在允许范围。

除氧器是利用回热抽汽来加热除去锅炉给水中溶解气体的混合加热器，它不仅可以除去锅炉给水氧气，还可以除去其他的气体，它既是回热系统的一级，又用以汇集主凝结水、补充水、各种疏水、锅炉连排扩容蒸汽、汽轮机门杆漏气、外来汽水等各项汽水，并要保证给水品质和水泵的安全运行，除氧器是影响火电厂安全经济运行的一个重要辅助设备。

（一）给水除氧方法

给水除氧有化学除氧和物理（热力）除氧两种方法。

化学除氧是向水中加入化学药剂，使水中溶解氧与它产生化学反应生成无腐蚀性的稳定化合物，达到除氧的目的，该法能彻底除氧，但不能除去其他气体，且价格较贵，还会生成盐类，故在电厂中较少单独采用这种方法。目前在大机组中应用较广的还是在给水中加联胺 N_2H_4 ，它不仅能除氧，而且还可提高给水的 pH 值，同时有钝化钢表面的优点。N_2H_4 除氧生成 N_2 和 H_2O 对热力系统及设备的运行没有任何害处，在 200℃ 以上的高温水中能还原铁和铜的氧化物，有利于减缓锅炉水冷壁管生成铁垢与铜垢。其不仅广泛用于高压及以上锅炉，也用于直流锅炉。N_2H_4 除氧效果受 pH 值、溶液温度及过剩 N_2H_4 量的影响，因此采用联胺除氧应维持以下条件：（1）必须使水保持足够的温度；（2）必须使水维持一定的 pH 值；（3）必须使水中有足够的过剩联胺。

化学除氧除了加联胺外，还有在中性给水中加气态氧或过氧化氢，使金属表面形成稳定的钝化膜的方法，也有同时加氧加氨的联合水处理以及开发出的新型化学除氧剂等方法。

物理除氧是借助于物理手段，将水中溶解的氧和其他气体除掉，并且在水中无任何残留物质。火电厂中应用最普遍的是热力除氧法，其价格便宜，同时除氧器作为回热系统中的一个混合式加热器，突出了回热系统在热经济上的优势。

（二）热力除氧原理

热除氧的原理，基于以下四个理论。

1. 道尔顿定律

混合气体全压力等于其组成各气体分压力之和，即除氧器内水面上混合气体全压力 p，应等于溶解水中各气体（N_2、O_2、CO_2、水蒸气等）分压力 p_{N_2}、p_{O_2}、p_{CO_2}、p_{H_2O} 之和。

$$p = p_{N_2} + p_{O_2} + p_{CO_2} + \cdots + p_{H_2O} = \sum p_j + p_{H_2O} \quad \text{MPa} \tag{6-8}$$

如定压下加热水至沸腾并使水蒸气分压力 p_{H_2O} 趋近于全压，则水面上所有其他气体的分压力 $\sum p_j$ 即趋近于零。

2. 亨利定律

气体在水中的溶解度，与该气体在水面上的分压力成正比。即单位体积水中溶解某气体量 b 与水面上该气体的分压力 p_b 成正比，其表达式为

$$b = K_b \frac{p_b}{p} \quad \text{mg/L} \tag{6-9}$$

式中　p——混合气体全压力，MPa；

K_b——该气体的重量溶解度系数，与气体种类、水面上该气体分压力和水的温度有关，mg/L。

图 6-8 为气体在水中溶解量与水温的关系曲线。

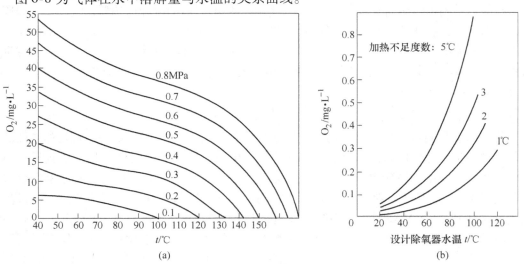

图 6-8　气体在水中的溶解量与水温的关系曲线

（a）水中的 O_2 的溶解度；（b）水中溶解氧量与水温加热不足的关系

3. 传热方程

根据道尔顿分压定律和亨利定律，要将凝结水加热到除氧器压力下的饱和温度，才能

使气体（N_2、O_2、CO_2、水蒸气等）在水中的溶解度趋于零。创造能将水加热到除氧器工作压力下饱和温度的条件，传热方程为

$$Q_d = K_h A \Delta t \quad \text{kJ/h} \tag{6-10}$$

式中　Q_d——除氧器传热量，kJ/h；

　　　K_h——传热系数，$kJ/(m^2 \cdot \text{℃} \cdot h)$；

　　　A——汽水接触的传热面积，m^2；

　　　Δt——传热温差，℃。

需强调指出的是必须将水加热到除氧器压力下的饱和温度。由图 6-8（b）所示，即使加热微量不足 1℃，水中溶氧量都远超过除氧器允许的含氧量指标。

4. 传质方程

气体离析出水面要有足够的动力（Δp），其传质方程为

$$G = K_m A \Delta p \quad \text{mg/h} \tag{6-11}$$

式中　G——离析气体量，mg/h；

　　　K_m——传质系数，$mg/(m^2 \cdot MPa \cdot h)$；

　　　A——传质面积（即传热面积），m^2；

　　　Δp——不平衡压差，即平衡压力与实际分压力之差，MPa。

综合式（6-8）～式（6-11），可得以下结论：

（1）定压下一般气体（O_2、CO_2、空气等）在水中溶解量与该气体在液面上的分压力成正比，当该气体的分压力为零时，其溶解量也趋于零。

（2）根据传热方程，必须严格控制将水温加热至该压力下的饱和温度，这时水面上的 p_{H_2O} 才趋近于全压，$\sum p_j$ 才趋于零，若 p_{O_2} 为零，则水中溶氧量为零，这是热除氧的必要条件。如图 6-8（b）所示，若在 0.1MPa 压力下工作，加热不足 1℃，水中溶氧量约 0.18mg/L，远远超过允许值。

（3）根据传质方程，要有足够的不平衡压差 Δp，这是热除氧的充分条件。除氧初期水中溶解气体较多，Δp 较大，以小汽包形式克服水表面张力，自水中离析出来的驱动力较大，能除去水中气体的 80%～90%，相应水中含氧量可降低到 0.05～0.1mg/L。除氧后期，水中仅溶解残留的少量气体，Δp 已较小，气体已难以克服水的表面张力离析，须靠加大汽水接触面（形成水膜，水膜的表面张力小）或水紊流的扩散作用，使气体从水中离析出来。

（三）除氧器的结构要求和类型

1. 对热除氧器构造的要求

根据热除氧的原理，对热除氧器构造的要求如下：

（1）满足传热要求。需要足够的汽水接触面积，水应在除氧器内均匀喷散成雾状水滴或细小水柱，将水加热至除氧器工作压力下的饱和温度。即使有少量加热不足（几分之一摄氏度），都会引起除氧效果恶化，使水中残余溶解氧量增加，达不到给水除氧的要求，故定压除氧器要装压力自动调节器。

（2）为满足传质要求，初期水应喷成水滴，后期要形成水膜，而且汽水应逆向流动，确保有较大的不平衡压差。

（3）要有足够的空间，使汽水接触时间充分。据试验，在 0.1MPa 压力下，其他条件一定，汽水接触时间分别为 10min、20min、30min 时，水中溶氧量分别达 0.056mg/L、0.017mg/L、0.006mg/L。为符合允许的给水含氧量，可见应有 20～30min 的持续时间，即除氧塔要有足够大的空间。

（4）必须把水中逸出的气体及时排走，以保证液面上氧气及其他气体分压力维持为零或最小，否则，要发生"返氧"现象，故应设有排气口并有足够余气量。可通过除氧器的化学试验来确定排气口开度。

（5）储水箱设再沸腾管，以免水箱的水温因散热降温低于除氧器压力下的饱和温度，产生"返氧"。

另外，除氧器、储水箱还要满足强度、刚度、防腐等要求，并配以相应管道及附件和测试表等。

2. 热力除氧器类型及结构

通常所指的除氧器由除氧塔（除氧头）和给水箱两部分组成，给水除氧主要是在除氧塔中进行，因此对除氧器的结构和类型介绍都是针对除氧塔而言。除氧器的分类主要有按结构和压力两种方式。按结构分类是根据水在除氧塔内的播散方式可分为淋水盘（细流）式、喷雾填料（喷雾膜式）式等。根据除氧器内压力大小，可有真空式、大气压式和高压除氧器几种。此外也有按除氧塔的布置方式分为立式和卧式除氧器的。本节只介绍典型除氧头的结构特点。

（1）大气压式除氧器。除氧器内工作压力较大气压力稍高一些（约 0.118MPa），以便离析出的气体能在该压差的作用下自动排出除氧器。由于除氧器工作压力低，造价低，土建费用也低，适宜于中、低压参数发电厂、热电厂补充水及返回水的除氧设备。大气压式除氧器均为立式淋水盘式，如图 6-9 所示。其结构主要特点如下：

1）设有 5～8 层环形、圆形淋水盘交错布置，盘底钻有直径为 5～8mm 小孔，盘中水层高约 100mm。由小孔落下表面积很大的细小水滴。

2）高压加热器组来的疏水、低压加热器组来的凝结水等由除氧头上部各接口处引入（温度低的水流

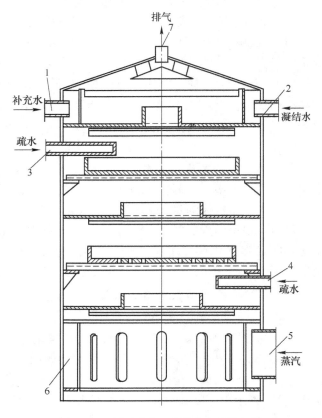

图 6-9 大气压式立式淋水盘式除氧塔

1—补充水管；2—凝结水管；3—疏水箱来疏水管；
4—高压加热器来疏水管；5—进汽管；6—汽室；7—排气管

在除氧头最上部引入）；回热加热蒸汽从除氧头的底部引入，汽水逆向流动、换热，将水加热到104℃，使其溶氧小于15μg/L。

3）顶部设有排气口。若淋水盘安装有倾斜，或小孔被堵，都会影响除氧效果。这种除氧器对负荷的适应能力差，现多应用在中参数及以下的电厂。

（2）喷雾式除氧器。喷雾式除氧器由两部分组成，上部为喷雾层，由喷嘴将水雾化，除去水中大部分溶解氧及其他气体（初期除氧）；下部为淋水盘或填料层，在该层除去水中残留的气体（深度除氧）。其主要优点是：1）传热面积大，强化传热；2）能够深度除氧，可使水中氧含量小于7μg/L；3）能够适应负荷、进水温度的变化。

除氧塔（头）有立式与卧式两种，大型机组采用卧式较多。图6-10、图6-11为卧式除氧塔的一种。由于卧式除氧塔在长度方向可布置较多的喷嘴，有效避免相邻喷嘴水雾化后相互干扰，完成初期除氧阶段，除氧效果获得保证。同时也布置多个排气口，利于气体及时逸出，以免"返氧"，影响除氧效果。卧式除氧塔的下部为深度除氧阶段，由喷雾除氧段来的并已被除去80%~90%氧的凝结水通过布水槽钢均匀喷洒在若干层淋水盘上后，再进入填料层，与底部来的一次加热蒸汽形成逆向流动，完成深度除氧。填料层一般由比表面积（单位体积的表面积）大的填料组成，如用不锈钢薄片压制的Ω环，或用玻璃纤维压制的圆环或蜂窝状填料等，使流过的水分散成适应传质需要的水膜，保证足够大的表面积和足够长的时间，创造了深度除氧所需的条件。除过氧的水由出口管进入下部除氧水箱。

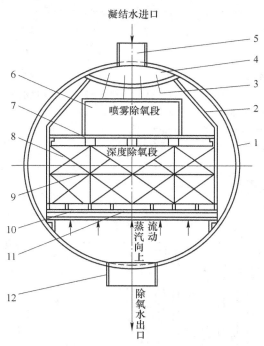

图6-10 除氧塔横断面简图
1—除氧头外壳；2—侧包板；3—恒速喷嘴；
4—凝结水进水室；5—凝结水进水管；6—喷雾除氧空间；
7—布水槽钢；8—淋水盘箱；9—深度除氧空间；
10—栅架；11—工字钢托架；12—出水口

（3）无除氧头的除氧器（一体化除氧器）。除氧头及其水箱一体化除氧器（简称一体化除氧器），已广泛用于欧洲、北美、中东以及远东发达国家，它取消了常规除氧器的除氧头，如图6-12所示。

它的除氧过程分两次进行。进入的主凝结水通过特殊自调式喷水装置2雾化成细小水滴，喷水量通过喷水孔的多少来决定，而喷水孔的多少是由上部控制负荷大小的弹簧来控制，故水滴的粒度及喷射的角度不因除氧器的出力大小而改变。这些细小水滴以高速通过除氧器的蒸汽空间，撞击到挡水板5上坠落到水空间。汽空间的气体分压力很小，小水滴穿过汽空间得以较充分混合和换热，不凝结气体由排气口8逸出。此过程即初步除氧，进行非常迅速。由于上述过程中，水在汽空间停留时间很短，需深度除氧，它是用蒸汽喷射设备（即主要蒸汽加热装置）引往储水空间充入蒸汽搅动水箱内的水，使其达到饱和状

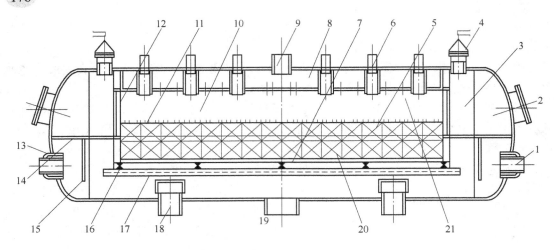

图 6-11　除氧塔纵向结构图

1,13—进汽管；2—搬物孔；3—除氧头；4—安全阀；5—淋水盘箱；6—排汽管；7—栅架；8—凝结水进水室；

9—凝结水进水管；10—喷雾除氧空间；11—布水槽钢；12—人孔门；14—进口平台；

15—布汽孔板；16—工字梁；17—基平面角铁；18—蒸汽连通管；

19—除氧水出口管；20—深度除氧段；21—恒速喷嘴

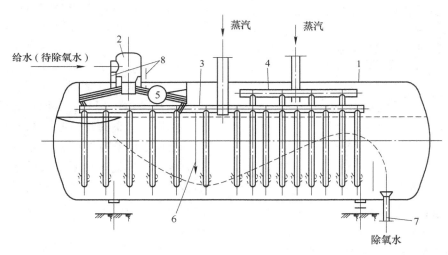

图 6-12　一体化除氧器

1—水箱；2—给水雾化装置；3—主要蒸汽加热装置；4—辅助加热装置；

5—挡水板；6—隔板；7—除氧水出口；8—排气口

态；为了延长给水流动时间不凝结气体能充分逸出，在水空间内还有隔板 6。通过两次除氧，使出口给水含氧量小于 $(5 \times 10^{-7})\%$，达到合格除氧要求。

第二节　蒸汽再热循环

采用朗肯循环时，提高蒸汽初压、降低排汽压力，均使汽轮机的排汽湿度加大，不仅降低汽轮机的相对内效率，而且蒸汽中水滴冲蚀汽轮机叶片，危及叶片的安全。采用蒸汽再热是保证汽轮机最终湿度在允许范围的一项有效措施，只要再热参数选择合适，还是进一步提高初压和热经济性的重要手段。所以高参数、大容量再热机组是现代火电厂的主要标志之一。

现代大型汽轮机多采用一次蒸汽中间再热，少数采用两次中间再热。我国 200MW、300MW、600MW、1000MW 汽轮机，均采用一次蒸汽中间再热。

一、蒸汽再热的目的

蒸汽中间再热就是将汽轮机高压部分做过功的蒸汽从汽轮机某一中间级引出，送到锅炉的再热器再加热，提高温度后，又引回汽轮机，在以后的级中继续膨胀做功。与之相对应的循环称再热循环。如图 6-13 所示。

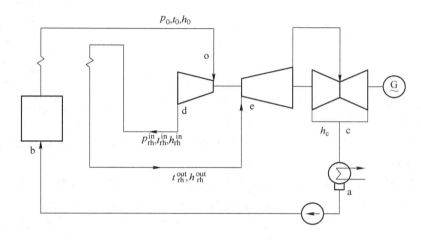

图 6-13　蒸汽中间再热系统

采用蒸汽中间再热是为了提高发电厂的热经济性和适应大机组发展的需要。随着初压的增加，汽轮机排汽湿度 $(1-x)$ 增加了，为了使排汽湿度不超过允许的限度可采用蒸汽中间再热。采用中间再热，不仅减少了汽轮机的排汽湿度，改善了汽轮机后几级叶片的工作条件，提高了汽轮机的内效率，同时由于蒸汽再热，使 1kg 工质的焓降增大了，若汽轮发电机组输出功率不变，则可减少汽轮机总耗汽量。此外，中间再热的应用，能够采用更高的蒸汽初压，增大单机容量。

但是，采用中间再热将使汽轮机的结构、布置及运行方式复杂，金属消耗及造价增大，对调节系统要求高，使设备投资和维护费用增加，因此，通常只在 100MW 以上的大功率、超高参数汽轮机组上才用蒸汽中间再热。

二、蒸汽再热的经济性

图 6-14 为理想一次再热循环的 $T\text{-}S$ 图。对于中间再热循环，可视为基本循环（朗肯循环）$o—d—f—a—b—g—h—o$ 和再热附加循环 $d—e—c—f—d$ 所组成的复合循环，前者吸热平均温度为 $\overline{T}_0$，后者吸热平均温度为 $\overline{T}_{\text{rh}}$。

该理想再热循环的热效率 $\eta_{\text{t}}^{\text{rh}}$ 为

$$\eta_t^{rh} = \frac{q_0 \eta_t + q_\Delta \eta_\Delta}{q_0 + q_\Delta} = \frac{\eta_t + \dfrac{q_\Delta}{q_0}\eta_\Delta}{1 + \dfrac{q_\Delta}{q_0}}$$

（6-12）

式中　η_Δ——附加循环热效率；

$\quad\quad q_0$——基本循环加入热量，kJ/kg；

$\quad\quad q_\Delta$——附加循环加入热量，kJ/kg；

$\quad\quad \eta_t$——基本循环热效率。

若用 $\delta\eta$ 表示再热引起的效率相对变化，则

$$\delta\eta = \frac{\eta_t^{rh} - \eta_t}{\eta_t} = \frac{\eta_\Delta - \eta_t}{\eta_t\left(\dfrac{q_0}{q_\Delta} + 1\right)} \times 100\%$$

（6-13）

由上式可知，只有当附加循环热效率 η_Δ 大于基本朗肯循环热效率 η_t 时，采用蒸汽中间再热后，热经济是提高的，且基本循环热效率越低，再热加入的热量越大，再热所得到的热经济效益就越大。

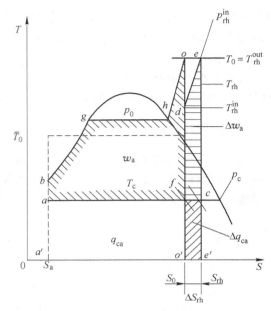

图 6-14　理想一次再热循环的 $T\text{-}S$ 图

理想再热循环较基本循环能提高热经济效益在于提高了再热循环整个吸热过程的平均温度、降低了排汽湿度。排汽湿度降低，使湿汽损失减少，减少了汽轮机不可逆的膨胀损失，提高了汽轮机低压缸的相对内效率。至于整个再热循环吸热平均温度是否能提高，取决于再热两个基本参数（温度和压力）的合理选择。

三、蒸汽中间再热参数

（1）提高再热后蒸汽温度可以提高再热循环的热效率。从图 6-14 可看出，在其他参数不变的情况下，提高再热后的温度，可使再热附加循环热效率 η_Δ 提高，因而再热循环热效率必然提高，同时对汽轮机相对内效率也有良好的影响。再热温度每提高 10℃，可提高再热循环热效率 0.2%~0.3%。但是，再热温度的提高，同样要受到高温金属材料的限制。用烟气再热时，一般取再热温度等于或接近于新蒸汽的温度，$t_{rh}^{out} = t_0 \pm (10 \sim 20)$。

（2）随着再热压力的提高，附加循环的热效率 η_Δ 提高，但再热过程的附加循环在整个再热循环中所占比重却会不断减小，即降低了附加循环加入的热量 q_Δ。η_Δ 的提高导致循环效率 η_t^{rh} 的提高，而 q_Δ 的降低又使 η_t^{rh} 降低，显然由于这样两个矛盾着的因素同时起作用，结果必定存在一个最佳的再热压力，在这个压力下进行再热可使再热循环热效率 η_t^{rh} 达到最大值。当再热温度等于蒸汽初温度时，最佳再热压力约为蒸汽初压力的 18%~26%，当再热前有回热抽汽时，取 18%~22%；再热前无回热抽汽时取 22%~26%。

再热参数的选择是一项重要工作，在蒸汽初、终参数以及循环的其他参数已定时，应当这样来选择：首先选定合理的蒸汽再热后的温度，当采用烟气再热时，一般选取再热后的蒸汽温度与初温度相同；其次根据已选定的再热温度按实际热力系统计算并选出最佳再

热压力；最后还要核对一下，蒸汽在汽轮机内的排汽湿度是否在允许范围内，并从汽轮机结构上的需要进行适当的调整。可以指出，这种调整使得再热压力偏离最佳值时，对整个装置热经济性的影响并不大，一般再热压力偏离最佳值10%时，其热经济性相对降低只有0.01%~0.02%。通常蒸汽再热前在汽轮机内的焓降约为总焓降的30%。

对大型再热机组，当机组进汽参数由亚临界参数提高到超临界参数时，汽轮机相对内效率的提高非常明显，如图6-15所示。但当进汽参数在25MPa/600℃/600℃的基础上再提高至30MPa/600℃/600℃时，其相对内效率的变化仅为0.5%，为了提高这一参数，所消耗的金属上的代价是否合理需要通过详细的技术经济评估，所以目前我国生产的超超临界压力1000MW机组大多为25MPa/600℃/600℃范围内。

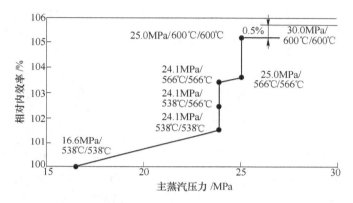

图6-15　相对内效率与蒸汽参数的关系

我国主要再热式汽轮机额定工况时的蒸汽初参数、再热参数，见表6-1。

表6-1　我国主要再热式机组的蒸汽参数

机组参数	单位	机组铭牌功率					
		200MW	300MW			600MW	
p_0	MPa	12.75	16.18	16.18	16.67	16.67	24.2
t_0	℃	535	550	535	537	538	538
$p_{rh,i}$	MPa	2.47	3.46	3.42	3.52	3.96	4.85
$t_{rh,i}$	℃	312	328	321	315	332	505
p_{rh}	MPa	2.16	3.12	3.27	3.17	3.61	4.29
t_{rh}	℃	535	550	535	537	538	566
$p_{rh,i}/p_0$	%	19.37	21.38	21.13	21.11	23.75	20.04

四、再热对回热经济性的影响

回热机组采用蒸汽中间再热，会使回热的热经济效果减弱，同时影响回热的最佳分配。

（一）再热对回热热经济性的影响

热量法认为蒸汽中间再热使1kg蒸汽的做功增加，机组功率一定时，新蒸汽流量将减少（可减少15%～18%），同时，再热使回热抽汽的温度和焓值都提高了，使回热抽汽量减少，回热抽汽做功减少，凝汽流做功相对增加，冷源损失增加，热效率较无再热机组稍低。图6-16和图6-17分别表示采用一级和多级回热和无再热时热经济性的变化 $\Delta\eta_{i(r)}$ 的差异。

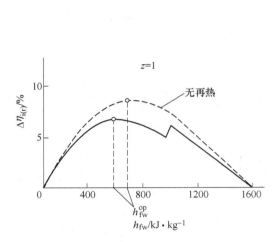

图6-16　再热对单级回热热经济性的影响
（虚线代表无再热，实线代表采用再热）

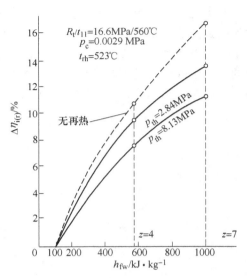

图6-17　再热对多级回热热经济性的影响
（虚线代表无再热，实线代表采用再热）

做功能力法认为，再热使汽轮机中低压级膨胀过程线移向 $h-S$ 图右上方，各级抽汽的焓和过热度增大，个别抽汽点的过热度要高达 $150\sim250℃$，使加热器的传热温差增加，不可逆传热损失增加。图6-16中随着抽汽压力的降低（反映在给水焓值的减少上），抽汽点逐渐由再热前移至再热后，曲线有一向下的拐点，此后的曲线向下的程度取决于抽汽过热度，即加热器的传热温差。

（二）再热对回热分配的影响

再热对回热分配的影响主要反映在锅炉给水温度和再热后第一级抽汽压力的选择上。

目前在各级回热加热分配上，由于高压缸排汽过热度低，而下一级再热后的回热抽汽过热度高，一般采用增大高压缸排汽的抽汽，使这一级加热器的给水焓升为相邻下一级的给水焓升的 $1.3\sim1.6$ 倍。其目的是减少给水加热过程的不可逆损失，从而提高回热经济效益。此外采用蒸汽冷却器来利用蒸汽的过热度，提高给水温度，减少加热器端差，以达到降低热交换过程的不可逆性，削弱再热带来的不利影响。

蒸汽中间再热虽有削弱给水回热效果的一面，但再热式机组采用回热的热经济性仍高于无再热的回热机组。因此，现代高参数大容量机组均同时采用蒸汽中间再热和给水回热加热，因为二者都可以提高热经济性，节省燃料。如果中间再热和给水回热配合参数选择合理，则热经济性会更高。

五、蒸汽中间再热的方法

再热的选择取决于再热的目的，它与再热的参数（再热温度 t_{rh}^{in}，再热蒸汽管道压损

Δp_{rh}）有密切的关系，影响机组的经济性和安全性。

根据加热介质的不同，再热方法有烟气中间再热、新蒸汽中间再热以及中间载热质中间再热等几种。

（一）烟气再热

如图 6-18 所示，在汽轮机中做过部分功的蒸汽，经冷却管道引至安装在锅炉烟道中的再热器中进行再加热，再热后的蒸汽经管道的热段送回汽轮机和低压缸中继续做功。这种再热的方法，可使蒸汽温度加热到 550～600℃。因而在采用合理的中间再热压力和保证再热的效果之下，有可能使总的热经济性相对提高 6%～8%，所以这种方法在电厂中得到广泛的应用。但是，由于再热蒸汽管道往返于锅炉房和汽机房，因而带来了一些不利的因素。首先是蒸汽在管道中流动产生压损，使再热的经济效益减少 1.0%～1.5%；其次是再热管道中存储了大量蒸汽，一旦汽轮机突然甩负荷，此时若不采取适当措施，就会引起汽轮机超速。为了保证机组的安全，在采用烟气再热的同时，汽轮机必须配置灵敏度高和可靠性大的调节系统，并增设必要的旁路系统。

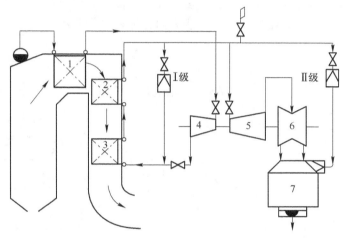

图 6-18　烟气再热系统

1—过热器；2—高温再热器；3—低温再热器；4—高压缸；

5—中压缸；6—低压缸；7—凝汽器

火电厂再热机组一般都采用烟气一次再热，理论上对超临界、超超临界压力机组采用二次中间再热可以进一步提高机组的热效率，在相同蒸汽初参数下，可提高热效率 1.5%～2.0%。但是，世界上已运行的采用二次再热循环的机组并不多，因为采用二次再热，锅炉受热面、蒸汽管道的增加以及汽轮机的设备复杂性和材料价格引起的电厂造价的增加，使热效率提高获得的收益有相当长的时间用于抵充增加的造价，目前不足以达到商业化的运行。

（二）蒸汽再热

蒸汽再热是指利用汽轮机的新汽或抽汽为热源来加热再热蒸汽，图 6-19 为新蒸汽再热系统，在汽轮机中做过部分功的蒸汽引出至表面式加热器中用新蒸汽再加热，与烟气加热相比，再热后的汽温较低，比再热用的汽源温度还要低 10～40℃，相应的再热蒸汽压力也不高。所以用新蒸汽进行再过热要比用烟气再过热的效果差得多，在一般情况下，热经济性只能提高 $3\% \sim 4\%$。因此新蒸汽再热的方法在火电厂很少单独采用，一般与烟气再热同时使用。蒸汽再热具有再热器简单、便宜，可以布置在汽机旁边，从而大大缩短了再热管道的长度，使再热管道中的压损减小，再热汽温的调节也比较方便，所以蒸汽再热在核电站中得到了广泛应用。核电站中汽轮机的主蒸汽是饱和蒸汽或微过热蒸汽，汽轮机高压缸的排汽湿度高达百分之十几，若直接进入低压缸汽轮机将无法运行，必须通过去湿和再热来提高进入低压缸蒸汽的过热度。一般去湿再热器是采用蒸汽再热的方法，先经过抽汽再热，再采用新蒸汽再热。

（三）用中间载热质再热蒸汽方法

综合了烟气再热（热经济性高）和蒸汽再热蒸汽（构造简单）的优点的另一种再热方法，是采用中间载热质的蒸汽再热方法，这种再热系统是一种有发展前途的中间再热系统，如图 6-20 所示。在这种系统中，需要有两个热交换器：一个安装在锅炉设备烟道中，用来加热中间载热质；另一个安装在汽轮机附近用中间载热质对汽轮机的排汽再加热。该方法选用的中间载热质应当保证它具有许多必要的特征：高温下的化学稳定性；对金属设备没有侵蚀作用；无毒；其比热容要尽可能大而比体积尽量要小等。

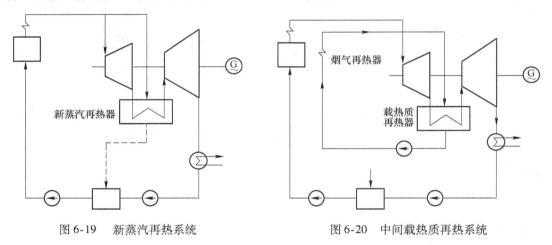

图 6-19　新蒸汽再热系统　　　　图 6-20　中间载热质再热系统

第三节　热电联产循环

由第五章第三节可知，热电联产的定义是指在发电厂中利用在汽机中做过功的蒸汽的热量供给热用户，这种在同一动力设备中同时生产电能和热能的生产过程称为热电联产（联合能量生产）。

热电联产必须满足两项基本要求：（1）热电厂内必须有热电联产电能和热能两种能量；（2）由热电厂向众多热用户集中供热，并保证其用热质量（压力、温度）和数量。

一、热电联产循环的效率

以具有相同蒸汽初参数的纯凝汽式（按朗肯循环工作）机组和背压式（纯供热循环）机组的理想循环来对比分析，$T\text{-}S$ 图如图 6-21 所示。初焓均为 h_0，朗肯循环排汽压力 p_c

很低，如 $p_c = 0.005\text{MPa}$ ，相应排汽温度仅 32.98℃ ，无法用来供热；而供热循环的排汽压力 p_h ，应视热用户要求而定，如 $p_h = 0.2\text{MPa}$ ，其排汽温度为 120.23℃ ，可用来供热。

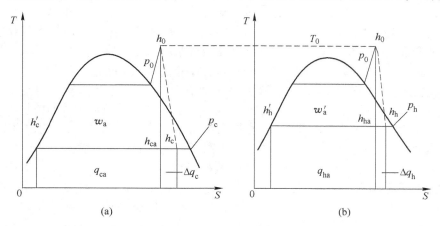

图 6-21 朗肯循环、供热循环的 $T-S$ 图

（a）朗肯循环；（b）供热循环

如图 6-21 （a）所示，理想朗肯循环热效率 η_t 和实际朗肯循环热效率 η_i （汽轮机的绝对内效率）为

$$\eta_t = \frac{w_a}{\overline{q}} = \frac{\overline{q} - q_{ca}}{\overline{q}} = 1 - \frac{q_{ca}}{\overline{q}} = 1 - \frac{h_{ca} - h_c'}{h_0 - h_c'} \tag{6-14}$$

$$\eta_i = \frac{w_i}{\overline{q}} = \frac{\overline{q} - q_c}{\overline{q}} = 1 - \frac{q_c}{\overline{q}} = 1 - \frac{h_c - h_c'}{h_0 - h_c'} \tag{6-15}$$

如图 6-21 （b）所示，理想纯供热循环的热效率 η_{th} 及其实际循环热效率 η_{ih} 为

$$\eta_{th} = \frac{w_a' + q_{ha}}{\overline{q}'} = \frac{(h_0 - h_{ha}) + (h_{ha} - h_h')}{h_0 - h_h'} = 1 \tag{6-16}$$

$$\eta_{ih} = \frac{w_i' + q_h}{\overline{q}'} = \frac{w_i' + (q_{ha} + \Delta q_h)}{\overline{q}'}$$

$$= \frac{(h_0 - h_h) + (h_{ha} - h_h') + (h_h - h_{ha})}{h_0 - h_h'} = 1 \tag{6-17}$$

式中　w_a ， w_a' ， w_i ， w_i' ——朗肯循环、供热循环的以热量计的理想和实际的比内功，kJ/kg；

$\overline{q}$ ， q_{ca} ， q_c ——朗肯循环的吸热量、理想和实际的放热量，kJ/kg；

$\overline{q}'$ ， q_{ha} ， q_h ——供热循环的吸热量、理想和实际的对外供热量，kJ/kg；

Δq_h ——供热循环的蒸汽膨胀做功的不可逆热损失，kJ/kg；

h_{ca} ， h_c ， h_c' ——朗肯循环理想的、实际的排汽比焓和该排汽压力 p_c 下的饱和水比焓，kJ/kg；

h_{ha} ， h_h ， h_h' ——供热循环理想的、实际的排汽比焓和该排汽压力 p_h 下的饱和水比焓，kJ/kg；

由图 6-21 和上述四式分析可知：

（1）朗肯循环的 η_t、η_i 值均较低，其排汽虽有较大热量，但品位太低，无法用来对外供热，只有凝结放热给冷源，实际排汽凝结放热量 $q_c = q_{ca} + \Delta q_c$，完全被冷却水带走，散失于大气，即冷源热损失很大，可达 $\overline{q}$ 的 55% 或更大，故其热利用率很低。

（2）纯供热循环的 η_{th}、η_{ih} 均为 1，因为不仅理想排汽放热量，而且蒸汽做功的不可逆热损失都全部用来对外供热，它完全没有像朗肯循环的冷源热损失，故可大幅度地提高热电厂的热经济性，使其热耗率、煤耗率大幅度降低，节约了能量消耗。

背压式机组是纯供热循环，其排汽压力 p_h 取决于热用户对供热参数的要求，显然 p_h 远高于 p_c，使得 $w_i' < w_i$，即 $(h_0 - h_h) < (h_0 - h_c)$。在满足用热参数的前提下，降低 p_h 值，可提高 w_i 值，即热化发电 W_h 值，使热化发电比 $X_h = W_h/W$ 提高，并且是用发电后更低品位的热能来满足对外供热，从而进一步提高了热电厂的热经济性。

（3）对于抽汽凝汽式机组，可视为背压式机组与凝汽式机组复合而成，其中供热汽流 D_h 完全没有冷源热损失，它的 η_{ih} 仍为 1，但是它的凝汽汽流仍有被冷却水带走的冷源热损失，该凝汽流的绝对内效率 η_{ic} 不仅不等于 1，而且还比凝汽式汽轮机（即代替电厂的汽轮机）的绝对内效率 η_i 还要低，即 $\eta_{ic} < \eta_i$。存在 $\eta_{ih} > \eta_i > \eta_{ic}$ 的关系，在热电联产热经济定性分析中，热电联产的燃料节省定量计算，都要运用这个关系式。

（4）$\eta_{ic} < \eta_i$ 的主要原因为：1）该凝汽流量通过供热式机组调节抽汽用的回转隔板，恒有节流导致的不可逆热损失；2）抽汽式供热机组非设计工况的效率要降低，如采暖用单抽汽式机组在非采暖期运行时，采暖热负荷为零，就是这种情况；3）电网中一般供热机组的初参数都低于代替电站的凝汽式机组；4）热电厂必须建在热负荷中心，有时（但并不总是）由于其供水条件比凝汽式电厂的差，导致热经济性有所降低。

二、热电联产的主要优点

（1）节约能源。我国是能源大国，也是能源消费大国，煤炭是我国的主要能源。要实现国民经济可持续发展的战略目标，能源至关重要。热电联产本身不仅可节约能源，还能燃用小型锅炉难以燃用的劣质煤，从而节省大量优质煤，供更需要的冶金、化工等行业使用，实现节能降耗。

（2）减轻大气污染，改善环境。我国城市大气污染的主要原因是燃煤生成的二氧化硫气体和煤烟粉尘。众多分散的小型供热锅炉房，多集中于城市人口密集区，其危害更严重。热电联产以大型的电站锅炉取代了许多小型供热锅炉，大锅炉的除尘效率高，并配以较高的烟囱，大大减轻了城市的大气污染，使得生态环境得到改善。

（3）提高热量供应，改善劳动条件。热电联产的集中供热，供热设备集中、大型化，供热管网规模大、供热设备容量大，用户热负荷的变化对供热系统的压力工况、水力工况的波动影响小，热媒（蒸汽或热水）参数较分散供热时稳定，提高了供热质量，改善人民生活，保障了用热产品的质量，减轻了工人繁重的体力劳动，改善了劳动条件。

（4）其他经济效益。因热电联产比热电分产节煤，故煤场、灰场的占地面积随之相应减少，并减少市区内煤、灰的运输量。与热电分产供热相比，热电联产还增加了电力供应等优点。

三、热电冷三联产

在热电厂热电联产的同时，将已在汽轮机中做了一部分功（发了电）的低品位蒸汽热能，通过制冷设备生产 6 ~ 8℃ 的冷水，供用户工艺冷却或空调之用，简称为热电冷三联产，如图 6-22 所示。

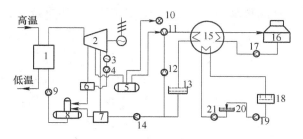

图 6-22　热电冷联供生产流程图

1—余热锅炉；2—背压式汽轮发电机组；3—凝汽器；4—凝结水泵；5—分汽缸；6—凝汽回热器；
7—供热抽汽回热器；8—除氧器；9—给水泵；10—热用户；11—减温器；12—减温水泵；13—凝结水箱；
14—热力站凝结水泵；15—溴化锂吸收式制冷机；16—冷却塔；17—冷却水泵；18—空调室；
19—冷冻水泵；20—冷冻水池；21—冷却循环水泵

　　热电冷三联产的应用是有其条件的，主要是现有制冷系统的能耗水平，供热式机组的形式、容量、参数及其运行工况等条件，以及当地电网的供电煤耗率水平等影响因素错综复杂，须结合具体工程通过技术经济、环保多方面论证比较后才能确定。

　　采用热电冷三联产还可以节省高品质的电能，降低成本。大型宾馆、医院、商场、高层楼宇及公用设施空调用电往往占其总电量的 60% 左右。每年夏季我国大部分地区都是用电高峰季节，往往造成电力供应紧张，若用低品位蒸汽热能制冷取代电力制冷，不仅节约用电，还可增加供电量，缓解供电压力。

第四节　燃气—蒸汽联合循环

一、燃气—蒸汽联合循环的特点及其类型

（一）燃气—蒸汽联合循环的特点

　　燃气—蒸汽联合循环由燃气轮机与汽轮机结合而成，是燃气轮机循环与蒸汽动力循环联合的热力循环。在常规蒸汽发电中，锅炉产生蒸汽用来发电是利用蒸汽朗肯热力循环来做功，做功发电是利用蒸汽的状态变化来完成的。燃料燃烧产生的高温烟气（1200 ~ 1600℃）只用于加热蒸汽（一般 450 ~ 560℃），然后由蒸汽驱动汽轮机发电。此时，高温烟气的做功能力（温度差和压力能，即燃气勃莱敦热力循环的做功能力）被浪费掉了，而燃气—蒸汽联合循环装置，有燃气—蒸汽两个热力循环，即燃气勃莱敦热力循环和蒸汽朗肯热力循环，燃气—蒸汽联合循环焓熵图如图 6-23 所示。图中：1—2 为空气在压气机中的压缩过程，2—3 为空气和燃料在燃烧室内的燃烧过程（工质吸热），3—4 为燃气在燃气透平中的膨胀做功过程，4—1 为燃气轮机排气放热过程。

　　在燃气勃莱敦热力循环中，燃料燃烧产生的高温高压烟气在状态变化时可以做功发电，而燃气勃莱敦循环排出的较高温度（500 ~ 600℃）的烟气仍然可以用来加热蒸汽至450 ~ 540℃用于发电。因此，燃气—蒸汽联合循环是将燃气勃莱敦热力循环和蒸汽朗肯热力循环联合起来，使燃料的热能既参与燃气轮机的循环又参与蒸汽轮机和锅炉组成的朗肯

循环，利用了烟气和蒸汽的做功能力发电，达到很高的热电转换效率。

用燃气轮机和汽轮机组成联合循环发电，正确选择各项参数和热力系统，其效率可高达45%，如将燃气轮机初温提高到1100℃左右时，效率可达50%以上。图6-24为联合循环装置的效率曲线。

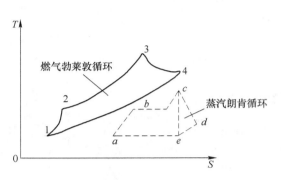

图6-23　燃气—蒸汽联合循环焓熵图

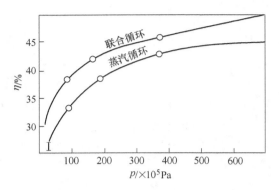

图6-24　联合循环装置的效率曲线

（二）燃气—蒸汽联合循环的类型

根据燃气与蒸汽两部分组合方式的不同，联合循环基本类型有余热锅炉型、增压燃烧锅炉型和加热锅炉给水型等。

1. 余热锅炉型联合循环

将燃气轮机的排气通至余热锅炉（Heat recovery steam generator，HRSG）中，加热锅炉中的水生产出蒸汽至汽轮机中做功，其系统如图6-25所示。这种联合循环方式的特点是以燃气轮机为主，汽轮机为辅。余热锅炉的容量和蒸汽参数取决于燃汽轮机排气参数，不能单独运行，蒸汽循环出力较低。一般汽轮机容量为燃气轮机功率的30%~50%。由于燃气轮机需燃油、气轻质燃料，且余热锅炉结构简单、造价低，故这种系统适用于旧的小容量蒸汽动力装置的改造，这种循环的热效率可达40%以上。

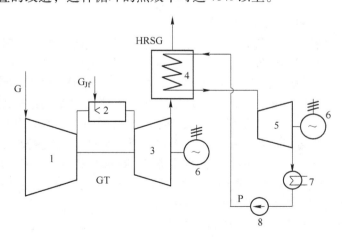

图6-25　余热锅炉型燃气—蒸汽联合循环

1—压气机；2—燃烧室；3—燃气透平；4—余热锅炉；5—汽轮机

6—发动机；7—凝汽器；8—水泵

与常规火电厂的汽轮机组相比，其主要优点是整个装置体积小、重量轻、金属及其他材料耗量小、造价较低；占地少；安装周期短，维修简单；冷却用水少，约为常规火电厂的 $1/3 \sim 1/2$；能快速（30s～30min）启动和带负荷。其主要缺点是需燃用价格昂贵的天然气、石油等轻质燃料；压气机耗费功率大（约为燃气轮机功率的 2/3 或更多）；放热温度高达 $400 \sim 650℃$；单机功率较小等。

2. 增压燃烧锅炉型联合循环

该循环的特点是把燃气轮机的燃烧室与锅炉合为一体，形成在压力下燃烧的锅炉（简称 PB），如图 6-26 所示。这时燃气轮机的压气机供给锅炉以压力燃烧用空气，锅炉内气体侧的换热系数大大提高，因而增压锅炉的体积比常压锅炉要小得多，这是它的一个显著优点。为使最后排至大气的烟气温度降至较低的数值，减少热损失，故用排气来加热锅炉给水，即图中加热器 H，这种联合循环输出的功率中汽轮机占大部分。

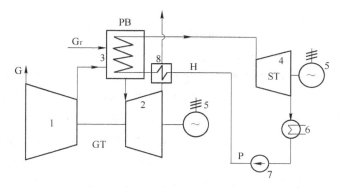

图 6-26　增压燃烧锅炉型燃气—蒸汽联合循环
1—压气机；2—燃气透平；3—增压锅炉；4—汽轮机；5—发电机
6—凝汽器；7—水泵；8—加热器

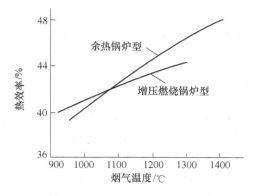

图 6-27　两种联合循环效率的比较

在该类型装置中，由于增压燃烧，整个锅炉是一个尺寸很大的密闭压力容器，为设计和安全运行等带来了困难。增压燃烧型联合循环的热效率与余热锅炉型的比较如图 6-27 所示。燃气初温在 1050℃ 以下时，增压燃烧锅炉型的效率高，在 1100℃ 以上时余热锅炉型的效率高，且随着温度的提高两者效率的差距迅速增大。由于这一因素，以及上述增压燃烧锅炉带来的问题，使增压燃烧锅炉联合循环至今发展较少。

3. 加热锅炉给水型联合循环

燃气轮机的排汽仅用来加热锅炉给水，图6-28 为加热锅炉给水型燃气—蒸汽联合循环，图中 B 为锅炉。由于锅炉给水所需加热量有限，使得燃气轮机的容量比汽轮机小得多，因而这种联合循环以汽轮机输出功率为主。

由于锅炉给水加热的温度不高，燃气轮机排气热量利用的合理程度较差，使得联合循环的效率提高较少。因而，新设计的联合循环不用该方案，仅在用燃气轮机来改造和扩建

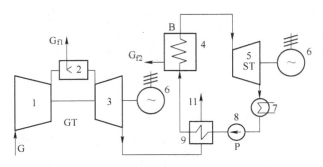

图6-28　加热锅炉给水型燃气—蒸汽联合循环
1—压气机；2—燃烧室；3—燃气透平；4—蒸汽锅炉；5—汽轮机；
6—发电机；7—凝汽器；8—水泵；9—热水余热锅炉

原有蒸汽电站时才会应用。

归纳起来，目前最多、发展最快的是余热锅炉型联合循环。

（三）燃气—蒸汽联合循环发电装置的优点

（1）有较高的热效率。60MW等级燃气—蒸汽联合循环的效率已达46%以上，300MW等级的已达55%以上，而同等功率的蒸汽轮机发电效率为30%和40%左右。

（2）环保性能好，对环境的污染少。燃气—蒸汽联合循环中的燃气废热得以利用，蒸汽锅炉的SO_2、NO_x排放相应大大降低，减少对环境污染。燃气—蒸汽联合循环发电装置采用油或天然气等为燃料，燃烧生成产物没有灰渣，无需灰渣排放，加上燃烧完全，燃烧生成产物中虽亦有一定量的NO_x存在，但可以采用注水、注汽等方法，将NO_x的含量降低到国家排放标准以下。当前，国家对发电厂污染物排放量要求日益严格，常规火电站为了满足国家环保规定，需花费大量资金、场地，用于环保治理，如烟气脱硫装置等。据统计，大型火电厂用于烟气脱硫、脱硝的费用，将占发电厂总投资的1/4～1/3。在这一方面，燃气—蒸汽联合循环发电装置有其明显的优点。

（3）投资省。目前每千瓦的投资费用仅4000～5000元，甚至更低，而蒸汽轮机发电站投资目前高达8000～11000元。

（4）建设周期短。由于土建少，又可以分阶段建设，首先建设燃机电站，再建联合循环电站，从而使资金效率最大化。

（5）占地少、用水少，适应建设坑口电厂。燃气轮机不需要大量冷却水，一般仅为常规蒸汽轮机电站的1/3左右，所以建设燃气—蒸汽联合循环能适应缺水地区和坑口电站的需要。

（6）运行可靠，高度自动化，运行人员可大大减少。60MW规模电厂人员约50余人。以天津滨海燃气电厂为例，投运以来，年运行小时数达7500小时以上，非常可靠。

（7）运行方式灵活，既可以作为基本负荷运行，也可以调峰运行。启动快，燃机快速启动只要十多分钟，就可达到满负荷，包括蒸汽轮机在内的联合循环，蒸汽轮机冷启动也在1.5小时以内。

（8）可燃用多种燃料：1）天然气；2）轻柴油；3）重油；4）高炉煤气（掺少量焦炉煤气或天然气）；5）焦炉煤气、转炉煤气；6）煤层气、煤层气化气、煤制气；7）油、气混合物等。

二、燃煤联合循环

联合循环具有很多优点，但长期限于以石油、天然气做燃料。我国石油和天然气的资源有限，而煤炭资源丰富。常规火电厂中所用的燃料虽然以煤为主，但是它不仅效率低，而且污染环境，若采取烟气处理，使电厂投资大幅度增加，热效率下降。因此，高效率、低污染、少用水的燃煤联合循环先进发电技术应运而生。

燃煤联合循环主要有：循环流化床燃煤联合循环（Circulating fluidized bed combustion combined cycle，CFBC-CC）、整体煤气化联合循环（Integrated gasification combined cycle，IGCC）、整体煤气化燃料电池联合循环（Integrated gasification fuel cell combined cycle，IG-FC-CC）、磁流体发电联合循环（Magnetohydrodynamics combined cycle，MHD-CC）等。目前发展较快的是循环流化床燃煤联合循环和整体煤气化联合循环。

（一）循环流化床燃煤联合循环

把煤破碎成颗粒状加入流化床炉中，空气自下向上鼓风，把煤粒吹起呈沸腾状与空气混合燃烧，称为沸腾燃烧。当在流化床中同时加入适量的石灰石或白云石，就能吸附硫化物而达到有效地除硫的目的。为了保证高效脱硫，防止温度过高灰分软化而结焦，流化床燃烧温度应保持在 $850 \sim 900℃$ 为宜，最高不超过 $950℃$。为控制流化床燃烧温度在上述范围内，需在床内埋设冷却管路以带走一部分燃烧所产生的热量。冷却介质用水时，水在管中被加热，称蒸汽埋管，由此形成了流化床锅炉。冷却介质用空气或其他气体时，称空气或气体埋管，形成流化床空气或气体锅炉。流化床燃烧有增压燃烧（Pressurized fluidized bed combustion，PFBC）和常压燃烧（Atmospheric fluidized bed combustion，AFBC）两种。增压流化床烟气侧由于压力高，换热系数大大提高，锅炉体积显著缩小，但整个锅炉是个大的压力容器。

（二）整体煤气化联合循环

整体煤气化联合循环（IGCC）是在 20 世纪 70 年代西方国家石油危机时期开始研究的一种洁净煤发电技术，它使煤在气化炉中气化成为中热值煤气或低热值煤气，然后通过处理，把粗煤气中的灰分、含硫化合物（主要是 H_2S 和 COS）等有害物质除净，供到燃气—蒸汽联合循环中去燃烧做功，借以达到以煤代油（或天然气）的目的。这样，就能间接地实现在供电效率很高的燃气—蒸汽联合循环中燃用固体燃料——煤的愿望。

显然，在这种技术方案中，燃气轮机、余热锅炉以及蒸汽轮机部分都是常规的成熟技术，所不同的主要是煤的气化和粗煤气的净化设备而已。在整体煤气化联合循环中，气化用的压缩空气来自压气机，气化用的蒸汽引自汽轮机抽汽。IGCC 系统如图 6-29 所示。

IGCC 发电技术的优点：

（1）供电效率高。目前，IGCC 的供电效率可达 $42\% \sim 45\%$，随着科技的发展有望突破 $50\% \sim 52\%$。

（2）优良的环保性能。即使使用高硫煤，也能满足严格的环保标准的要求，SO_2、NO_x 排放量远低于目前美国环保标准允许值，脱硫率 $\geqslant 98\%$，废物处理量少。

（3）耗水量少。一般来说，耗水量只有常规电站耗水量的 $50\% \sim 70\%$，对于缺水的国

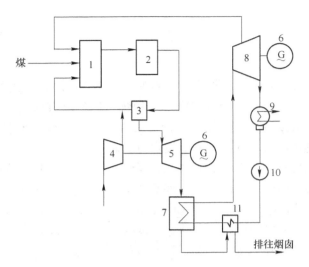

图 6-29　IGCC 系统

1—气化炉；2—煤气净化装置；3—燃烧室；4—压气机；5—燃气透平；6—发电机；7—余热锅炉；
8—汽轮机；9—凝汽器；10—凝结水泵；11—给水加热器（排气冷却器）

家或地区很有利，特别适宜在缺水的矿区建设坑口电站。

（4）充分利用资源。通过煤的气化，除了发电之外，IGCC 与煤化工结合成多联产系统，还能生产热、城市煤气和甲醇、汽油、尿素等化工产品，使煤得以综合利用，有利于降低生产成本。

（5）易于大型化。单机容量已达到 300～600MW 等级，便于实现规模经济的效应。

（6）可以通过合理选择气化炉类型和气化工艺，燃用各种品位的煤种。

IGCC 的主要缺点有：

（1）单位投资费用和发电成本比较高。

（2）不适宜在功率较小的条件下使用。

（3）对制造工艺要求很高。

一般来讲，IGCC 适宜于采用含硫量高于 3% 的煤种，其装置功率最好能达到 300～600MW 及以上，这样才能有利于降低投资费用和发电成本。

【本章小结】发电厂的热力循环主要有给水回热循环、蒸汽再热循环、热电联产循环和燃气—蒸汽联合循环。给水回热循环是利用已在汽轮机做过功的部分蒸汽，通过在给水回热加热器将回热蒸汽冷却放热来加热给水，以减少液态区低温工质的吸热，因而提高循环的吸热平均温度，使循环热效率提高。蒸汽再热循环是将汽轮机高压部分做过功的蒸汽从汽轮机某一中间级引出，送到锅炉的再热器再加热，提高温度后，又引回汽轮机，在以后的级中继续膨胀做功。蒸汽再热循环是保证汽轮机最终湿度在允许范围的一项有效措施，只要再热参数选择合适，还是进一步提高初压和热经济性的重要手段。

热电联产循环是指在发电厂中利用在汽机中做过功的蒸汽的热量供给热用户的生产过程。热电联产必须满足两项基本要求：（1）热电厂内必须有热电联产电能和热能两种能量；（2）由热电厂向众多热用户集中供热，并保证其用热质量（压力、温度）和数量。

燃气—蒸汽联合循环由燃气轮机与汽轮机结合而成，是燃气轮机循环与蒸汽动力循环联合的热力循环。

思 考 题

1. 当循环的蒸汽初、终参数一定时，采用再热除提高其热效率、减少排汽湿度、提高 η_{ri} 的直接效果外，还有哪些间接效果？
2. 为什么现代大容量机组的回热系统以表面式加热器为主？
3. 为什么现代发电厂多采用热除氧方法？化学除氧的应用情况是怎样的？
4. 热除氧的机理是什么？它的必要条件、充分条件各是什么？

第七章　发电厂的热力系统

【本章导读】一般来说，汽轮机与锅炉之间的汽水循环系统即为汽轮机热力系统，又称发电厂热力系统，是发电厂实现热功转换热力部分的工艺系统。本章主要从热力系统范围、用途角度对其进行分类，并分别对主蒸汽系统、锅炉给水系统、发电厂的辅助热力系统、发电厂疏放水系统、发电厂原则性热力系统和全面性热力系统进行说明。

第一节　热力系统的概念及分类

热力系统是热力发电厂实现热功转换热力部分的工艺系统。它通过热力管道和阀门将各主、辅热力设备有机地联系起来，以在各种工况下能安全、经济、连续地将燃料的能量转换成机械能并最终转变为电能。用来反映热力发电厂热力系统的图，称热力系统图。热力系统图广泛用于设计、研究和运行管理。

一般来说，汽轮机与锅炉之间的汽水循环系统即为汽轮机热力系统，又称发电厂热力系统。如图 7-1 所示，它由凝汽系统、旁路系统、回热抽汽系统、疏放水系统、补充水系统等专门系统组成。

由于现代热力发电厂的热力系统是由许多不同功能的局部系统有机地组合在一起的，系统复杂而庞大，为有效研究及便于管理，常将全厂热力系统进行不同用途的分类。

以范围划分，热力系统可分为全厂和局部两类。局部的系统图又可分主要热力设备的系统（如汽轮机本体、锅炉本体等）和各种局部功能系统（如主蒸汽系统、给水系统、主凝结水系统、回热系统、对外供热系统、抽空气系统和冷却水系统等）两种。热力发电厂全厂热力系统则是以汽轮机回热系统为核心，将锅炉、汽轮机和其他所有局部热力系统有机组合而成的。

按用途来划分，热力系统可分为原则性和全面性两类。原则性热力系统是一种原理性图，对机组而言，如汽轮机（或回热）的原则性热力系统，对全厂而言，如发电厂的原则性热力系统，它们主要用来反映在某一工况下系统的安全性、经济性；对不同功能的各种热力系统，如主蒸汽、给水、主凝结水等系统，其原则性热力系统则是用来反映该系统的主要特征：采用的主辅热力设备、系统形式。根据原则性热力系统图的目的要求，在机组和全厂的原则性热力系统图上，不应有反映其他工况（非讨论工况）的设备及管线，以及所有与目的无关的阀门，除个别与热经济性有关的阀门（如定压除氧器的压力调节阀）外，所有其他阀门均不画，相同的设备也只需画一个来代表。对反映系统主要特点的各种功能的原则性热力系统图，次要的支管线及阀门不应画出。而全面性热力系统图是实际热

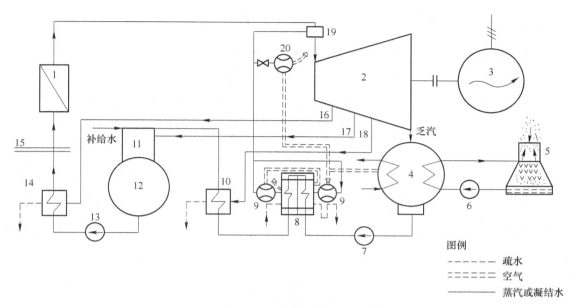

图 7-1　汽轮机热力系统

1—锅炉；2—汽轮机；3—发电机；4—凝汽器；5—冷却塔；6—循环水泵；7—凝结水泵；8—抽气冷凝器；
9—抽气器；10—低压加热器；11—除氧器；12—给水箱；13—给水泵；14—高压加热器；15—给水母管；
16—第一级抽汽；17—第二级抽汽；18—第三级抽汽；19—分离器；20—启动抽气器

力系统的反映，它包括不同运行工况下的所有系统，以反映该系统的安全可靠性、经济性和灵活性。因此，全面性热力系统图是施工和运行的主要依据。

第二节　主蒸汽系统

主蒸汽系统包括从锅炉过热器出口联箱至汽轮机进口主汽阀的主蒸汽管道、阀门、疏水装置及通往用新汽设备的蒸汽支管所组成的系统。对于装有中间再热式机组的发电厂，还包括从汽轮机高压缸排汽至锅炉再热器进口联箱的再热冷段管道、阀门及从再热器出口联箱至汽轮机中压缸进口阀门的再热热段管道、阀门。

主蒸汽系统设计应力求简单，工作安全可靠，安装、维修、运行力求方便灵活，同时留有扩建余地。在发生事故需要切除管路时，对发电量及供热量的影响应最小。火电厂常用的主蒸汽系统有以下几种类型。

一、单母管制系统

单母管制系统（又称集中母管制系统）的特点是发电厂所有锅炉的蒸汽先引至一根蒸汽母管集中后，再由该母管引至汽轮机和各用汽处，如图 7-2（a）所示。

为保证系统安全可靠，一般将母管分段，分段阀门为两个串联的切断阀，以确保隔离，并便于分段阀门的检修。正常运行时，分段阀处于开启状态，单母管处于运行状态。出现事故或分段检修时关闭，使事故或检修段停止运行，而相邻的一段可以正常运行。

该系统的优点是系统比较简单、布置方便，但运行调度不够灵活，缺乏机动性。当任

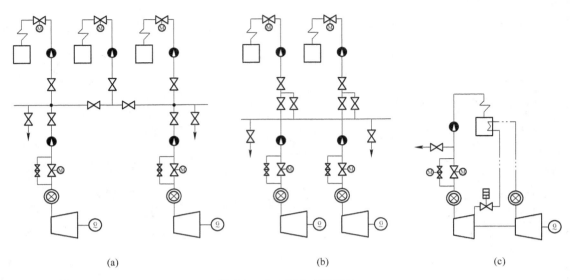

图 7-2　火电厂主蒸汽系统

（a）单母管制系统；（b）切换母管制系统；（c）单元制系统

一锅炉或与母管相连的任一阀门发生事故，或单母管分段检修时，与该母管相连的设备都要停止运行。因此，这种系统通常用于全厂锅炉和汽轮机的运行参数相同、台数不匹配，而热负荷又必须确保可靠供应的热电厂以及单机容量为 6MW 以下的电厂。

二、切换母管制系统

每台锅炉和相对应的汽轮机组成一个单元，单元之间用母管连接起来，如图 7-2（b）所示。每一单元与母管相连处装有三个切换阀门，它们的作用是当某单元锅炉发生事故或检修时，可通过这三个切换阀门由母管引来相邻锅炉的蒸汽，使该单元的汽轮机继续运行，而不影响从母管引出的其他用汽设备。

为了便于母管检修或电厂扩建不致影响原有机组的正常运行，机炉台数较多时，也可考虑用两个串联的关断阀将母管分段。母管管径一般是通过一台锅炉的蒸发量来确定，通常处于热备用状态；若分配锅炉负荷时，则应投入运行。

该系统的优点是可充分利用锅炉的富余容量，切换运行，既有较高的运行灵活性，又有足够的运行可靠性，同时还可实现较优的经济运行。该系统的不足之处在于系统较复杂，阀门多，发生事故的可能性较大；管道长，金属耗量大，投资高。所以，该系统适用于装有高压供热式机组的发电厂和中、小型发电厂。

三、单元制系统

如图 7-2（c）所示，其特点是每台锅炉与相对应的汽轮机组成一个独立单元，各单元间无母管横向联系，单元内各用汽设备的新蒸汽支管均引自机炉之间的主蒸汽管道。

这种系统的优点是系统简单、管道短、阀门少（引进型 300、600MW 有的取消了主汽阀前的电动隔离阀），故能节省大量高级耐热合金钢；事故仅限于本单元内，全厂安全可靠性较高；控制系统按单元设计制造，运行操作少，易于实现集中控制；工质压力损失少，散热小，热经济性较高；维护工作量少，费用低；无母管，便于布置，主厂房土建费用少。其缺点是单元之间不能切换，单元内任一与主汽管相连的主要设备或附件发生事故，都将导致整个单元系统停止运行，缺乏灵活调度和负荷经济分配的条件；负荷变动时对锅炉燃烧的调整要求高；机炉必须同时检修，相互制约。因此，对参数高、要求大口径高级耐热合金钢管的机组，且主蒸汽管道系统投资占有较大比例时，应首先考虑采用单元制系统。如装有高压凝汽式机组的发电厂，可采用单元制系统；对装有中间再热凝汽式机组或中间再热供热式机组的发电厂，应采用单元制系统。

第三节　锅炉给水系统

给水系统是从除氧器给水箱下降管入口到锅炉省煤器进口之间的管道、阀门和附件的总称。它包括了低压给水系统和高压给水系统，以给水泵为界，给水泵进口之前为低压系统，给水泵出口之后为高压系统。

一、给水系统类型

给水系统类型的选择与机组的类型、容量和主蒸汽系统的类型有关。主要有以下几种类型。

（一）集中母管制系统

集中母管制又称单母管制，设有三根给水母管，即给水泵入口侧低压吸水母管、出口侧高压母管和锅炉给水母管（当不设高压加热器时，可以只用两根母管，即低压吸水母管和高压给水母管）。这种系统通常将低压吸水母管和压力母管采用单母管分段，锅炉给水母管为切换母管，单路进水到锅炉省煤器，备用给水泵位于吸水母管和压力母管分段阀之间的位置（如图7-3所示）。为了防止给水泵在低负荷时产生汽化，一般给水系统在给水泵出口处都设有给水再循环管及其母管。这种系统的特点是可靠性高，但系统复杂，耗用管材、阀门较多。

（二）切换母管制系统

切换母管制和集中母管制的不同点是压力母管和锅炉给水母管均采用切换母管，相同点是给水泵吸水侧母管和给水泵出口侧压力母管仍采用单母管分段，也必须设置给水泵再循环管，如图7-4所示。

（三）单元制系统

图7-5为单元制给水系统，其优缺点与单元制主蒸汽系统相同。因其系统简单，投资省，中间再热凝汽式机组或中间再热供热式机组的发电厂均应采用单元制给水系统。

二、给水泵的配置

给水泵是向锅炉输送高温水的设备，其作用是把除氧器储水箱内具有一定温度、除过氧的给水，提高压力后输送到锅炉，以满足锅炉用水的需要。锅炉一旦断水会带来严重后果，所以对水泵的可靠性要求很高。另外，给水泵的功耗占厂用电较大比例，正确选择给水泵对机组的安全经济运行具有重要的意义。

（1）给水泵总流量的确定。

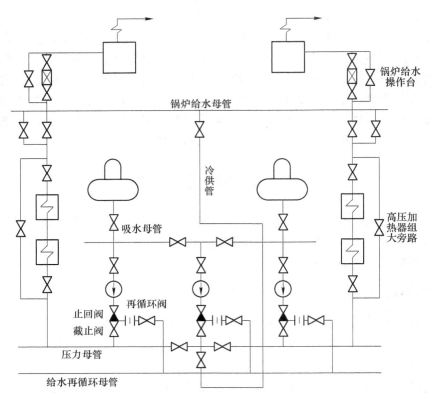

图 7-3　集中母管制给水系统

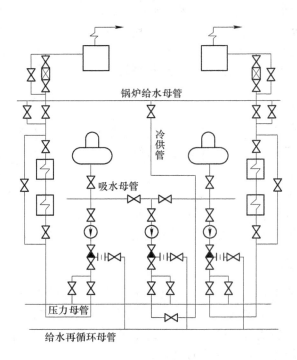

图 7-4　切换母管制给水系统

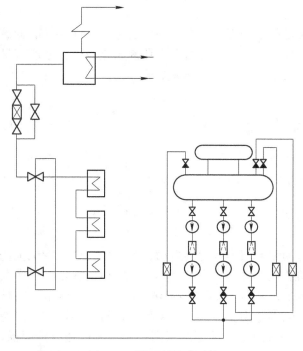

图 7-5 单元制给水系统

锅炉给水一般宜采用集中供水，在每一给水系统中，给水泵出口的总流量（即最大给水消耗量，不包括备用给水泵）均应保证供给其所连接的系统的全部锅炉在最大连续蒸发量时所需的给水量。同时考虑给水泵的老化、锅炉连续排污量、汽包水位调节的需要、锅炉本体吹灰及汽水损失、不明泄漏量等因素，还应留有一定裕量。

对中间再热机组，给水泵入口的总流量，还应加上供再热蒸汽调温用的从泵的中间级抽出的流量，以及漏出和注入给水泵轴封的流量差。前置给水泵出口的总流量，应为给水泵入口的总流量与从前置泵和给水泵之间的抽出流量之和。

（2）给水泵的台数和容量选择。

对采用母管制的给水系统，其最大一台给水泵停用时，其他给水泵应能满足整个系统的给水需要量。

对采用单元制的给水系统，给水泵的类型、台数和容量应按下列方式配置：

1）125MW、200MW 机组配 2 台容量为最大给水量 100% 的电动调速给水泵，也可配 3 台容量各为最大给水量 50% 的电动调速给水泵。

2）300MW 机组配 2 台容量各为最大给水量 50% 或 1 台容量为最大给水量 100% 的汽动给水泵，作经常运行泵，并各配一台容量为最大给水量 50% 的电动调速给水泵作备用泵。

300MW 机组如需装设电动给水泵作为运行给水泵，应进行技术经济比较后确定。

3）600MW 机组配 2 台容量各为最大给水量 50% 的汽动给水泵及一台容量为最大给水量 25%~35% 的电动调速启动备用给水泵。

（3）给水泵扬程的确定。

给水泵的扬程应为下列各项之和：

1）从除氧器给水箱出口到省煤器进口介质流动总阻力（按锅炉最大连续蒸发量时的给水量计算）。汽包炉应另加 20% 裕量；直流炉另加 10% 裕量。

2）汽包炉：锅炉汽包正常水位与除氧器给水箱正常水位间的水柱静压差。

直流炉：锅炉水冷壁锅炉水汽化始、终点标高的平均值与除氧器给水箱正常水位间的水柱静压差。

如制造厂提供的锅炉本体总阻力中已包括静压差，则应为省煤器进口与除氧器给水箱正常水位间的水柱静压差。

3）锅炉最大连续蒸发量时，省煤器入口的给水压力。

4）除氧器额定工作压力（取负值）。

在有前置给水泵时，前置泵和给水泵扬程之和应大于上列各项的总和。同时，前置给水泵的扬程除应计前置泵出口至给水泵入口间的介质流动总阻力和静压差以外，还应满足汽轮机甩负荷瞬态工况时为保证给水泵入口不汽化所需的压头要求。

（4）给水泵所需功率的计算。

$$P = \frac{DH}{3600 \times 120\eta} \quad \text{kW} \tag{7-1}$$

式中 P——给水泵轴功率，kW；

D——给水泵流量，t/h；

H——给水泵扬程，m；

η——给水泵效率，一般为70%~80%。

（5）给水泵的拖动方式。

给水泵的拖动方式常见的有电动机拖动和专用小汽轮机拖动，此外还有燃气轮机拖动及汽轮机主轴直接拖动等。用小型汽轮机拖动给水泵有如下优点：1）小型汽轮机可根据给水泵需要采用高转速（转速可从2900r/min提高到5000~7000r/min）变速调节，高转速可使给水泵的级数减少，重量减轻，转动部分刚度增大，效率提高，可靠性增加，改变给水泵转速来调节给水流量比节流调节经济性高，消除了阀门因长期节流而造成的磨损，同时简化了给水调节系统，调节方便；2）大型机组电动给水泵耗电量约占全部厂用电量的50%，采用汽动给水泵后，可以减少厂用电，使整个机组向外多供3%~4%的电量；3）大型机组采用小汽轮机拖动给水泵后，可提高机组的热效率0.2%~0.6%；4）从投资和运行角度看，大型电动机加上升速齿轮液力耦合器及电气控制设备比小型汽轮机还贵，且大型电动机启动电流大，对厂用电系统运行不利。配置汽动给水泵的机组，通常汽动给水泵为经常运行泵，电动调速泵为备用泵。

第四节 发电厂的辅助热力系统

一、发电厂的汽水损失及其补充

（一）工质损失

在发电厂的生产过程中，工质承担着能量转换与传递的作用，由于循环过程的管道、设备及附件中存在的缺陷或工艺需要，不可避免的存在各种汽水损失，它会直接影响发电厂的安全、经济运行。因为这不仅增大发电厂的热损失，降低电厂的热经济性，而且为了补充损失的工质，还必须增加水处理设备的投资和运行费用。另外，补充水的水质通常比汽轮机凝结水质较差，因此工质的损失还将导致补充水率增大，使给水品质下降，汽包锅炉排污量将增大，造成过热器结垢，或造成汽轮机流通部分积盐，出力下降，推力增加等，影响机组工作的可靠性和经济性。如新蒸汽损失1%，电厂热效率就降低1%。所以，发电厂的设计、制造、安装和运行过程中，应尽可能减少各种汽水损失，措施有：（1）选择合理的热力系统及汽水回收方式；尽量回收工质并利用其热量，如轴封冷却器、汽封自密封系统；锅炉连续排污水的回收与利用等；（2）改进工艺过程，如蒸汽吹灰改为压缩空气或炉水吹灰，锅炉、汽轮机和除氧器由额定参数启动改为滑参数启动或滑压运行；（3）提高安装检修质量，如用焊接取代法兰连接等。

发电厂的工质损失，根据损失的不同部位，可分为内部损失与外部损失。在发电厂内部热力设备及系统造成的工质损失称为内部损失。它又包括正常性工质损失和非正常性工质损失。如热力设备和管道的暖管疏放水，锅炉受热面的蒸汽吹灰，重油加热及雾化用汽，汽动给水泵、汽动风机、汽动油泵、轴封用油、汽水取样、汽包锅炉连续排污等均属工艺上要求的正常性工质损失。而各热力设备或管道、管制件等的不严密处泄漏出去的工质损失属于非正常性工质损失。

发电厂对外供热设备及系统造成的汽水工质损失称为外部工质损失。它与热负荷性质（如热水负荷就完全不能回收）、供热方式（直接或间接供汽、开式或闭式水网）以及回水质量（如是否含油、是否被制药的热用户细菌污染等）有关，变化范围很大，甚至完全不能回收，回水率为零。

（二）补充水引入系统

发电厂工质循环过程中虽然采取了各种减少工质损失的措施，仍不可避免地存在一定数量的工质损失，为此必须有补充水引入系统，以维持工质循环的连续。补充水引入系统不仅要确保补充水量的需要，同时还涉及补充水制取方式及补充水引入回热系统的地点选择。选择原则是，在满足其主要技术要求基础上力求经济合理。

（1）补充水应保证热力设备安全运行的要求。

为保证热力设备安全运行，中参数及以下热电厂的补充水必须是软化水（除去水中的钙、镁等硬垢盐）。对高参数热电厂和凝汽式电厂，补充水必须是除盐水（除去水中钙、镁等硬垢盐外还要除去水中硅酸盐）或蒸馏水。对亚临界压力汽包锅炉和超临界压力直流锅炉水质要求更高，除了要除去水中钙、镁、硅酸盐外，还要除去水中的钠盐，同时对凝结水还要进行精处理，以确保机组启停时产生的腐蚀产物、SiO_2 和铁等金属能被处理掉。凝结水精处理装置我国采用低压系统（有凝升泵）较多，引进机组则采用中压系统（无凝升泵）较多。补充水除盐一般都采用化学处理法。目前，采用离子交换树脂制取的化学除盐水，品质已能满足亚临界和超临界压力直流锅炉高品质补充水的要求，并且其成本低，在发电厂获得广泛采用。

（2）补充水应除氧、加热和便于调节水量。

为了热力设备的安全，补充水中溶解的大量气体必须除去，同时进入锅炉前应被加热至给水温度。为提高电厂的热经济性，用电厂的废热和汽轮机回热抽汽进行加热。一般凝汽式机组采用一级除氧（如回热系统中的高压除氧器）即可满足要求，对补充水量较大的高压供热机组或中间再热机组，采用一级除氧不能保证给水含氧量合格的情况下，应另设置一级补充水除氧器和初级除氧（也可在凝汽器内利用鼓泡除氧），然后通过回热系统的高压除氧器进行第二级除氧。

补充水汇入地点不同，其热经济性的高低是不同的，它取决于汇入地点所引起的不可逆损失大小，具体来说就采用同级回热抽汽的加热器出口处。同时，补充水补入热力系统，应随系统工质损失的大小进行水量调节，在热力系统适宜进行水量调节的地方有凝汽器和给水除氧器。通常大、中型凝汽机组补充水引入凝汽器，小型机组引入除氧器。

二、工质回收及废热利用

发电厂锅炉的连续排污水、汽轮机的门杆与轴封漏汽以及发电机的冷却水、厂用蒸汽、疏放水等，就其工艺本身而言，均属"废汽"、"废水"。为提高发电厂的经济性，应设法回收其部分工质并利用其热量。以下对汽包锅炉连续排污的回收和利用进行分析，讨论工质的回收和废热利用。

（一）汽包锅炉连续排污利用系统

图 7-6 所示为汽包锅炉单级连续排污利用系统，从汽包内盐段炉水浓度高的炉水表面处，通过连续排污管（一般位于汽包正常水位下 200~300mm 处）排出，引至连续排污扩容器，扩容降压蒸发出部分工质，引入热力系统除氧器，以回收工质利用其热量；扩容蒸发后剩余的排污水水温还高于 100℃，可再引入排污冷却器用以加热从化学车间来的软化水，排污水温降至 50℃ 左右后，方可排入地沟。锅炉连续排污利用系统，就是让高压的排污水通过压力较低的连续排污扩容器扩容蒸发，产生品质较好的扩容蒸汽，回收部分工质和热量，扩容器内尚未蒸发的、含盐浓度更高的排污水，可通过表面式排污水冷却器再回收部分热量。

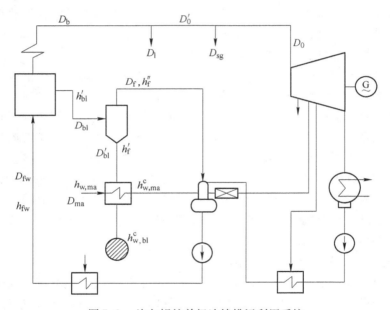

图 7-6　汽包锅炉单级连续排污利用系统

锅炉连续排污的目的就是要控制汽包内锅炉水水质在允许范围内，从而保证锅炉蒸发出的蒸汽品质合格。汽包中的排污水通常是含盐浓度较高的水。根据"规程"的规定，汽包锅炉的正常排污率不得低于锅炉最大连续蒸发量的 0.3%，但也不宜超过锅炉额定蒸发量 D_b 的下列数值：

（1）以化学除盐水为补给水的凝汽式发电厂为 1%。

（2）以化学除盐水或蒸馏水为补给水的热电厂为 2%。

（3）以化学软化水为补给水的热电厂为 5%。

（二）轴封蒸汽回收及利用系统

为了提高发电厂的热经济性，现代的汽轮机装置都设有轴封蒸汽回收利用系统。不同机组的轴封结构和轴封系统有所不同，但轴封蒸汽利用于回热系统都是一致的，因此轴封蒸汽回收及利用系统设计与发电厂热力系统的设计是紧密联系的。

汽轮机轴封蒸汽系统包括：主汽门和调节汽门的阀杆漏汽，再热式机组中压联合汽门的阀杆漏汽，高、中、低压缸的前后轴封漏汽和轴封用汽等。一般轴封蒸汽占汽轮机总汽耗量的2%左右，由于引出地点不同，工质的能位有差异，在引入地点的选择上应使该点能位与工质最接近，既回收工质，又利用其热量，同时又使其引起的附加冷源损失最小。

（三）工质回收和废热利用原则

（1）电厂回收工质时总伴随着热能的回收。回收时除注意工质的数量，还必须考虑回收热能的质量，要尽可能减少回收热能时的能位贬值。例如轴封漏汽、汽轮机门杆漏汽，应视其压力高低，尽可能分别引至压力与其相近的回热加热器，使因之引起的排挤回热抽汽导致额外冷源热损失增加尽可能地小，即降低 η_i 尽可能小。

（2）工质回收和废热利用的热经济效益，最终反映在电厂的热经济指标上，而不是表现在汽轮发电机组的热经济指标上（相反地，机组热经济性还因回热抽汽的被排挤而降低）。

（3）工质回收及废热利用，引入回热系统时，影响每千克工质做功量 ω_i 的变化，并应注意回收热能的质量影响，能位高的，单位热量增加的功较多，能位低的，单位热量增加的功较少。

（4）实际工质回收和废热利用系统，不仅要考虑热经济性，还要考虑投资、运行费用等的影响，应通过技术经济比较来确定。

第五节　发电厂疏放水系统

用来疏泄和收集全厂各类汽水管道疏水的管路及设备，称为发电厂的疏水系统。

为回收锅炉汽包和各类容器（如除氧水箱）的溢水，以及检修设备时排放的合格水质的管路及设备，称为发电厂的放水系统。

疏放水系统不但影响到发电厂的热经济性，也威胁到设备的安全和可靠运行。将蒸汽管道中的凝结水及时排掉是非常重要的，若疏水不畅（如管径偏小），管道中聚集了凝结水，会引起管道水击或振动，轻者会损坏支吊架，重者造成管道破裂、设备损坏的安全事故。水若进入汽轮机，还会损坏叶片，引起机组振动、推力瓦烧损、大轴弯曲、汽缸变形等恶性事故。因此，对疏放水系统的设计、安装、检修和运行都应足够重视。

发电厂的疏水系统由锅炉、汽轮机本体疏水和蒸汽管道疏水两部分组成。因机组启动暖机时各疏水点压力不同，应分别引入压力不同的疏水母管中，再接至设置在凝汽器附近的1~2个疏水扩容器，疏水扩容器的汽、水侧分别与凝汽器汽、水侧相连。

蒸汽管道疏水按管道投入运行的时间和运行工况可分为三种方式，如图7-7所示。

（1）自由疏水（又称放水）。机组启动暖管之前，将管道内停用时的凝结水放出，这时管内没有蒸汽，是在大气压下经漏斗排出。

（2）启动疏水（也称暂时疏水）。管道在启动过程排出暖管时的凝结水，因此管内有一定的蒸汽压力，疏水量大。

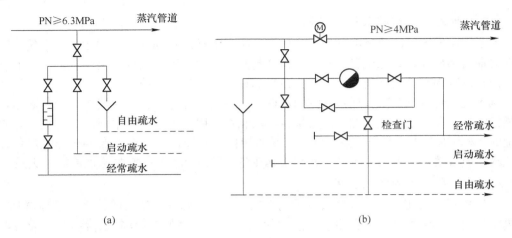

图 7-7　蒸汽管道的疏水类型

(a) PN≥6.3MPa；(b) PN≥4MPa

（3）经常疏水。在蒸汽管道正常工作压力下进行，为防止蒸汽外漏，疏水经疏水器排出，同时设有一旁路供疏水器故障时疏水能正常进行。

为防止汽轮机进水事故，有疏水水位指示的冷再热蒸汽管的疏水筒系统，如图 7-8 所示。其特点是：（1）在靠近汽轮机高压缸排汽口的冷再热管道处和在汽轮机下面水平管段的低位点各装一只热电偶温度计的检验系统，如管道进水，则上、下两点热电偶温度计产生温差信号，并报警；（2）在靠近汽轮机的冷再热管低位点设一至少有两个水位指示的疏水筒（筒径最小 150mm），达到高水位时，自动全开疏水阀并向主控室发出疏水阀已开的

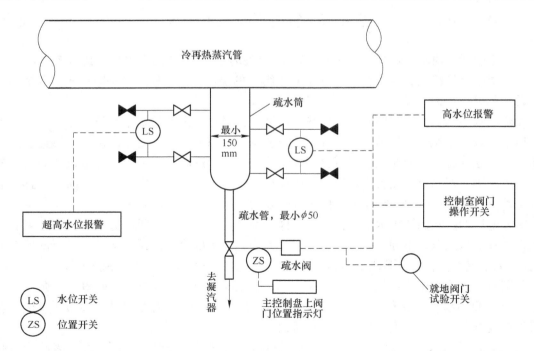

图 7-8　冷再热蒸汽管的疏水筒系统

报警信号，若水位继续升高至超高水位时，则报警并指示该超高水位。在主控室内有阀位指示，并能远方操作该疏水阀，即使阀门用人力关严也能强制开启。疏水筒中聚集的疏水应不定期地排放。而该疏水阀后的管径应大于阀前的管径，以保证疏水畅通，避免产生汽塞现象。

典型的发电厂疏放水系统如图7-9所示。它主要由疏水器、疏水扩容器、疏水箱、疏水泵、低位水箱、低位水泵及其连接管道、阀门和附件组成。

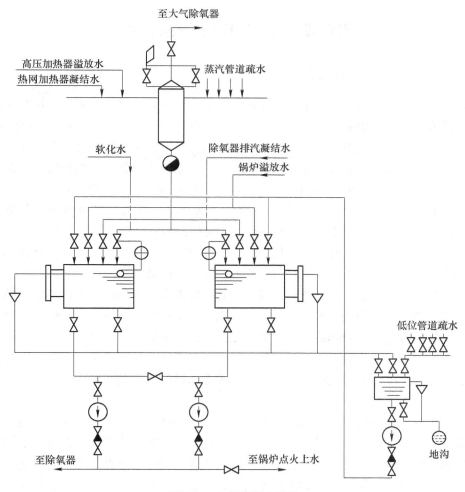

图7-9　全厂疏放水系统

疏水器起疏水阻汽作用。疏水扩容器是汇集发电厂各处来的压力温度不同的疏水、溢水、放水，在此降压扩容，分离出来的蒸汽通常是引入除氧器的汽平衡管，回收热量，扩容后的水以及压力低的疏放水均送往疏水箱。疏水箱用于收集全厂热力设备和管道的疏水、溢水和放水，一般全厂设两个疏水箱，并配两台疏水泵。通常疏水箱及疏水泵布置在主厂房固定端底层。疏水泵将疏水箱中水定期或不定期地送到除氧器中，当锅炉不设启动专用水箱时，也可通过疏水泵向汽包上水。低于大气压力的疏水，或低处设备、管道的疏、溢、放水，疏往低位水箱，然后由低位水泵将水送至疏水箱中。低位水箱和低位水泵通常布置在 0m 以下特挖的坑内。

对中间再热机组或主蒸汽采用单元制系统的高压凝汽式发电厂，通常是采用滑参数启动，机组启动疏水绝大部分经汽轮机本体疏水扩容器予以回收，所以疏水量很少。实践证明疏水箱中的水质差，仍不能回收，所以对中间再热机组或主蒸汽采用单元制系统的高压凝汽式发电厂，可不设全厂性疏水箱和疏水泵，而以汽轮机本体疏水系统和锅炉排污扩容器来替代全厂的疏放水系统。

第六节 发电厂原则性热力系统

一、发电厂原则性热力系统的组成

凝汽式发电厂的热力系统由锅炉本体汽水系统、汽轮机本体热力系统、机炉间的连接管道系统和全厂公用汽水系统四部分组成。供热式电厂还有对外供汽或热水的供热系统。

锅炉本体汽水系统主要包括锅炉本体的汽水循环系统，主蒸汽及再热蒸汽（一、二次蒸汽）的减温水系统、给水调节系统、锅炉排污水和疏放水系统等。汽轮机本体热力系统主要包括汽轮机的表面式回热加热器（不含除氧器）系统、凝汽系统、汽封系统、本体疏放水系统。机炉间的连接系统主要包括主蒸汽系统，低、高温再热蒸汽系统和给水系统（包括除氧器）等。再热式机组还有旁路系统。全厂公用汽水系统主要包括机炉特殊需要的用汽、启动用汽、燃油加热、采暖用汽、生水和软化水加热系统、烟气脱硫的烟气蒸汽加热系统等。新建电厂还有启动锅炉向公用蒸汽部分供汽的系统。

发电厂原则性热力系统是将锅炉设备、汽轮机设备以及相关的辅助设备作为整体的全厂性的热力系统。其实质是表明循环的特征、工质的能量转化、热量利用程度以及技术完善程度，主要作为定性分析和定量计算的应用。它包括锅炉、汽轮机和以下各局部热力系统组成：一、二次蒸汽系统，给水回热加热和除氧器系统，补充水引入系统，轴封汽及其他废热回收（汽包炉连续排污扩容回收，冷却发电机的热量回收）系统，热电厂还有对外供热系统。

设计发电厂时，拟定发电厂的原则性热力系统是一项非常重要的工作，它决定了发电厂各局部系统的组成，如锅炉、汽轮机及其主蒸汽、再热蒸汽管道连接系统、给水回热加热系统、锅炉连续排污利用系统、补充水系统、热电厂对外供热系统等，同时又决定了发电厂热经济性。拟定的原则性热力系统不同，带来的经济效果也不同，应通过正确的理论分析和综合的经济论证，拟定出一个较优的热力系统，才能使设计的发电厂获得较好的经济效益。

二、发电厂原则性热力系统举例

（一）亚临界参数机组发电厂原则性热力系统

（1）图 7-10 为国产 N300-16.7/538/538 型汽轮机配置 HG-1025/18.2-YM6 型强制循环汽包锅炉及 QFSN-300-2 水氢氢冷发电机的原则性热力系统图。汽轮机为单轴双缸双排汽，高中压缸采用合缸反流结构，低压缸为三层缸结构。高中压部分为冲动、反动混合

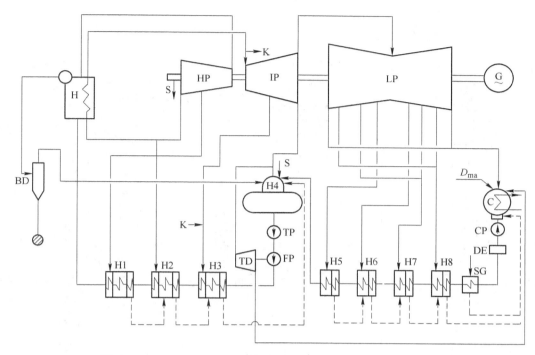

图 7-10　N300-16.7/538/538 型机组的发电厂原则性热力系统图

式，低压部分为双流、反动式。有八级不调整抽汽，回热系统为"三高四低一除氧"，除氧器（国产 YC-型带恒速雾化喷嘴的卧式除氧器）为滑压运行 [范围是 0.147～0.882MPa（a）]。高、低压加热器由上海电站辅机厂引进美国福斯特·惠勒动力公司的技术制造，均有内置式疏水冷却器，高压加热器还均有内置式蒸汽冷却器。采取疏水逐级自流方式。有除氧装置 DE、1 台轴封冷却器 SG。配有前置泵 TP 的给水泵 FP，经常运行为汽动泵，小汽轮机 TD 为凝汽式，正常运行其汽源取自第四段抽汽（中压缸排汽），其排汽引入主凝汽器。最末两级低加 H7、H8 位于凝汽器喉部。补充水引入凝汽器。采用一级凝结水除盐设备，配有凝结水泵 CP。

（2）图 7-11 为国产 N600-16.67/537/537 型机组的原则性热力系统，该机组是哈尔滨汽轮机厂制造的亚临界压力、一次中间再热、单轴、反动式、四缸四排汽机组。

试验证明，该机组不投油最低稳定燃烧负荷为 35.47% MCR，调峰范围大，特性好，运行稳。因此能适应在 35%～100% MCR 范围调峰运行。该机组能在大型电网中承担调峰负荷和中间负荷。气缸由高压缸、双流程中压缸、2 个双流程低压缸组成。高、中压缸均采用内、外双层缸形式，铸造而成。低压缸为三层结构（外缸、内缸 A、内缸 B），由钢板焊接而成。汽轮机高、中、低压转子均为有中心孔的整锻转子。机组配 HG-2008/18-YM2 型亚临界压力强制循环汽包炉。采用一级连续排污利用系统，扩容器分离出的扩容蒸汽送入高压除氧器。该机组设计热耗率为 7829kJ/（kW·h），接近世界先进水平，其最大计算功率为 654MW，锅炉效率 92.08%。

4 台低压加热器为表面式、卧式布置，其中 H7、H8 共用一体壳，共 2 台布置在凝汽

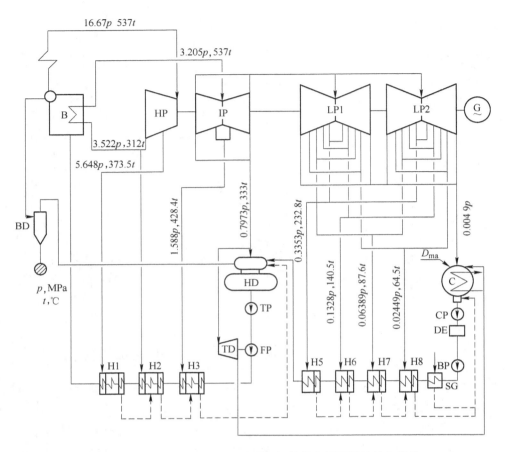

图 7-11　N600-16.67/537/537 型机组的发电厂原则性热力系统

器喉部空间。3 台高压加热器均为表面式、卧式布置。除氧器为滑压运行。凝结水精处理采用低压系统（4 号机已改为中压系统）。

（二）超临界参数机组发电厂原则性热力系统

（1）图 7-12 为进口美国 600MW 超临界压力机组的上海石洞口二厂的发电厂原则性热力系统。锅炉为瑞士苏尔寿和美国 CE 公司设计制造的超临界一次再热螺旋管圈、变压运行的直流锅炉。最大连续蒸发量 1900t/h，蒸汽参数为 25.3MPa、541℃，给水温度 285.5℃，锅炉效率 92.53%，不投油稳燃最低负荷为 30%。汽轮机为瑞士 ABB 公司设计并制造的单轴四缸四排汽一次再热反动式 Y454 型凝汽式汽轮机，主蒸汽参数为 24.2MPa、538℃，再热蒸汽参数为 4.29MPa、566℃，主蒸汽流量 1844t/h。机组为复合滑压运行，即 40%~90% 最大连续出力负荷区间为变压运行。

汽轮机共有八级非调整抽气，分别供"三高四低一除氧"。前置泵 TP 为电动调速，主给水泵 FP 汽动调速，驱动小汽机 TD 的汽源在正常工况时引自第四级抽汽，其排汽直接排往主机凝汽器。3 台高压加热器均有内置式蒸汽冷却段和疏水冷却段。高压加热器疏水逐级自流进入除氧器，卧式除氧器滑压运行。4 台低压加热器均带有内置式疏水冷却段，疏水逐级自流至凝汽器热井。凝结水全部需除盐。机组设计热耗率为 7648kJ/(kW·h)。

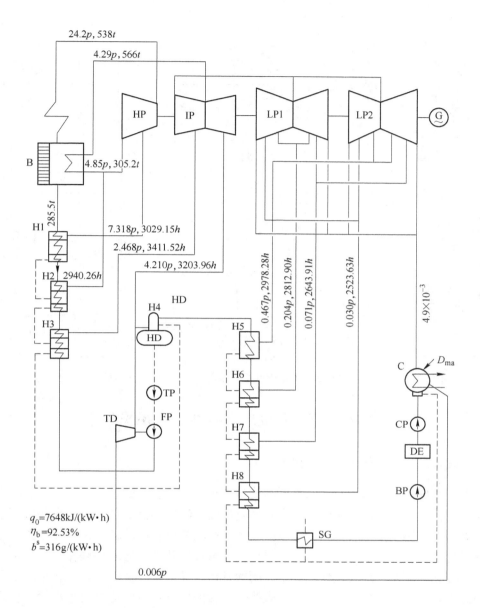

图 7-12　进口美国超临界 N600-24.2/538/566 机组的石洞口二厂发电厂原则性热力系统图

（2）图 7-13 为国产 N1000-25.0/600/600 超超临界压力机组热力系统，汽轮机为冲动式、一次中间再热、四缸四排汽、单轴、双背压、凝汽式汽轮机，配用 DG3000/26.15 – Ⅲ型变压直流、单炉膛、一次再热、平衡通风、前后墙对冲燃烧、运转层以上露天布置、固态排渣、全钢结构、全悬吊结构Ⅱ型锅炉。其基本布置与 600MW 机组类似，不同之处在 3 台高压加热器均为双列布置。给水系统装有 2 台 50% 容量的汽动给水泵和 1 台 50% 容量的电动给水泵，小汽轮机的汽源来自第三级抽气。额定工况下该机组的热耗率为 7355kJ/kg。

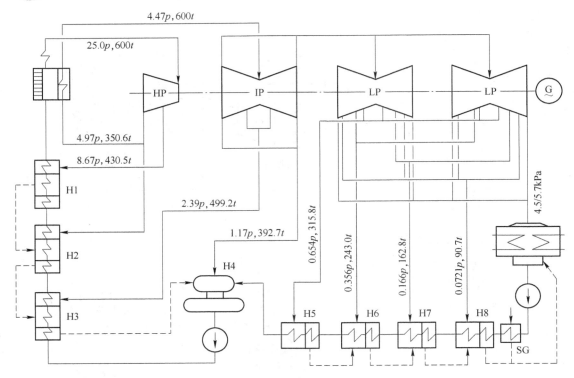

图 7-13　　国产 N1000-25.0/600/600 超超临界压力机组发电厂原则性热力系统

第七节　发电厂全面性热力系统

一、发电厂全面性热力系统的概念

　　发电厂原则性热力系统只涉及电厂的能量转换及热量利用的过程，并没有反映发电厂的能量是怎样实现转换的。实际上，要实现电厂能量转换不仅要考虑任一设备或管道在事故、检修时，不影响主机乃至整个电厂的工作，必须装设相应的备用设备或管路，还要考虑启动、低负荷运行、正常工况或变工况运行，事故以及停止等各种操作方式。根据这些运行方式变化的需要，应设置作用各不相同的备用泵类、管道及附件。这就构成了发电厂全面性热力系统，它是用规定的符号，表明全厂性的所有热力设备及其汽水管道和附件的总系统图。

　　发电厂的全面性热力系统是在原则性热力系统的基础上充分考虑到发电厂生产所必需的连续性、安全性、可靠性和灵活性后所组成的实际热力系统。因此，发电厂中所有的热力设备、管道及附件，包括主、辅设备，主管道及旁路管道，正常运行与事故备用的，机组启动、停机、保护及低负荷切换运行的管路、管制件都应该在发电厂全面性热力系统图上反映出来。因此，该系统图可以汇总主辅热力设备、各类管子（不同管材、不同公称压力、管径和壁厚）及其附件的数量和规格，提出供订货用清单。根据该系统图可以进行主厂房布置和各类管道系统的施工设计，是发电厂设计、施工和运行工作中非常重要的指导性设计文件。总之，发电厂全面性热力系统对发电厂设计而言，会影响到投资和各种钢材的耗量；对施工而言，会影响施工工作量和施工周期；对运行而言，会影响到热力系统运行调度的灵活性、可靠性和经济性；对检修而言，会影响到各种切换的可能性及备用设备投入的可能性。

为了使发电厂全面性热力系统图形更加清晰，不致过于复杂，对属于锅炉、汽轮机设备本身的管道（如锅炉本体的汽水管道、汽轮机本体的疏水管道，给水泵轴密封水等）和一些次要的管道（如工业水系统）一般不用表示，或予以适当简化（如热力辅助设备的空气管道系统、锅炉定期排污系统等），而另行绘制这些局部系统的全面性热力系统。

一般发电厂全面性热力系统由下列各局部系统组成：主蒸汽和再热蒸汽系统、旁路系统、回热系统（即回热抽汽及其疏水、空气管道）、给水除氧系统（包括减温水系统）、主凝结水系统、补充水系统、锅炉排污系统、供热系统、厂内循环水系统和锅炉启动系统等。

二、发电厂全面性热力系统举例

绘制发电厂全面性热力系统时，应采用规定的或常用的火电厂热力系统管线、阀门的图例如图 7-14 所示。

在全面性热力系统中，至少有 1 台锅炉、汽轮机及其辅助热力设备的有关汽水管道上要标明公称压力、管径和壁厚。通常在图的一端应附有该图的设备明细表，标明设备名称、规范、型号单位及其数量和制造厂家（或备注）。

为便于读者阅读、分析发电厂全面性热力系统，要注意以下几点：

（1）熟悉图例。不同国家的全面性热力系统的绘制及其图例有所不同。本书根据 GB/T 4270—1999《技术文件用热工图形符号与文字代号》以及电力规划设计院颁布标准 SDGJ 49—1984《电力勘测设计制图统一规定（热机部分）》所规定的有关热力系统管线和主要管道附件的统一图例标示，如图 7-14 所示。其他有关主、辅热力设备的统一图例，本书从略。

（2）以设备为中心，以局部系统为线索，逐步拓展。发电厂热力系统的主要设备包括锅炉、汽轮机、凝汽器、除氧器及各级回热加热器、各种水泵等，结合设备明细表，了解主要设备的特点和规范。再根据各局部系统，如回热系统、主蒸汽系统和旁路系统、给水系统等，找出各系统的连接方式及其特点、各系统间的相互关系及结合点，逐步扩大至全厂范围。

（3）区别不同的管线、阀门及其作用。辅助设备有经常运行的和备用的，管线和阀门也有正常工况运行和事故旁路，不同工况下切换甚至于只有启动、停机时才启用的，这些都需要通过前面章节所学各局部系统的内容，进行分析，最后综合成全厂的全面性热力系统的运行工况分析。

（一）国产 N300 型机组的全面性热力系统

图 7-15 所示为国产 N300-16.18/550/550（原型）再热凝汽式机组的发电厂全面性热力系统，汽轮机为单轴四缸四排汽，锅炉为亚临界参数、容量为 1000t/h 的直流锅炉，发电机为 QFS 型，即双水内冷式。

发电厂全面性热力系统有八级不调整回热抽汽，回热系统的特点是有 3 台高压加热器，1 台除氧器，4 台低压加热器。第 1 号高压加热器采用内置式蒸汽冷却器，第 2、3 号高压加热器采用外置式蒸汽冷却器，低压加热器全部采用内置式疏水冷却器。高压加热器

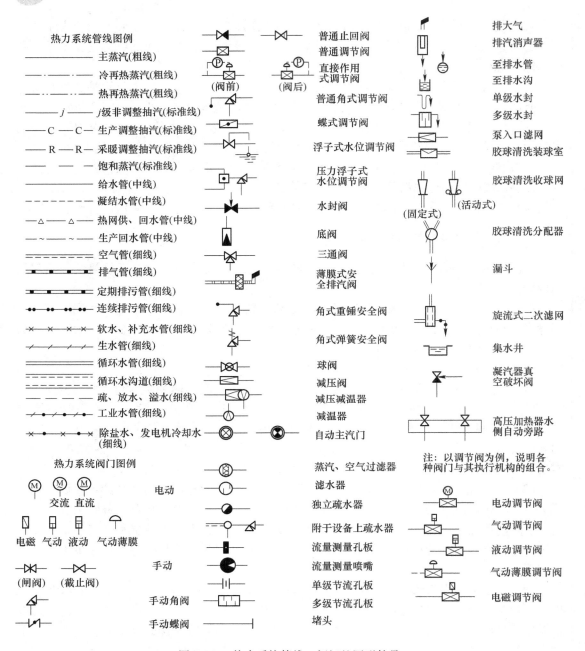

图 7-14   热力系统管线、阀门的图形符号

疏水逐级自流至除氧器，低压加热器疏水泵逐级自流至次末级，并用疏水泵送往其出口。

除氧器为复合滑压运行。配2台半容量汽动主给水泵，电动泵作为备用，均配有前置泵。小汽轮机为凝汽式，正常运行时其汽源取自第四段抽汽，其排汽引入主凝汽器。系统设有除盐装置和轴封冷却器。补充水引入凝汽器。

（二）国产 N600 型机组的全面性热力系统

图 7-16 所示为国产 N600-16.67/537/537-1 型机组的发电厂全面性热力系统，汽轮机

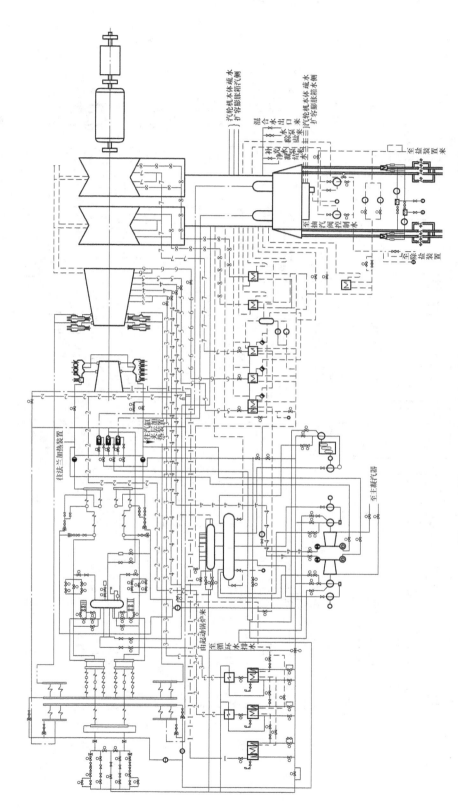

图 7-15 国产 300MW 机组的发电厂全面性热力系统

212

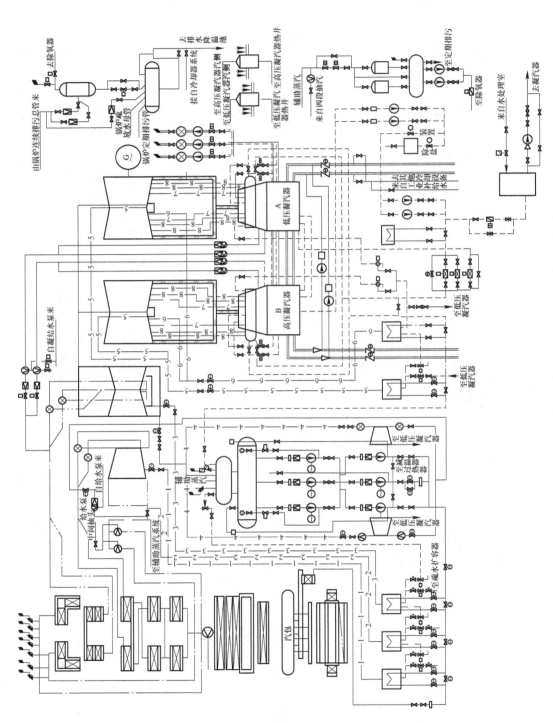

图 7-16 N600-16.67/537/537-1 型机组发电厂全面性热力系统

为四缸、单轴、四排汽口的一次中间再热凝汽式机组。凝汽器为双壳、双背压、单流程。单元制主蒸汽管道、冷再热和热再热蒸汽管道均采用2—1—2布置方式。高、低压两级串联旁路系统。回热系统仍为"三高四低一除氧"，均为卧式布置。

汽轮机A、B两个低压缸排汽分别进入凝汽器A、B两个壳体中。循环水先进入A壳体，然后进入B壳体，因此A壳体汽侧压力比B壳体汽侧压力低，形成双压凝汽器。两凝汽器热井中凝结水借助高度差可由低压流向高压，然后由凝结水泵送至除盐装置，再经凝结水升压泵送至轴封冷却器、低压加热器最后到除氧器。

【本章小结】 发电厂的热力系统是发电厂实现热功转换热力部分的工艺系统。它通过热力管道和阀门将各主、辅热力设备有机地联系起来，以在各种工况下能安全、经济、连续地将燃料的能量转换成机械能并最终转变为电能。主要由凝汽系统、旁路系统、回热抽汽系统、疏放水系统、补充水系统等专门系统组成。热力发电厂全厂热力系统是以汽轮机回热系统为核心，将锅炉、汽轮机和其他所有局部热力系统有机组合而成的。

发电厂原则性热力系统是将锅炉设备、汽轮机设备以及相关的辅助设备作为整体的全厂性的热力系统，其实质是表明循环的特征、工质的能量转化、热量利用程度以及技术完善程度，主要用于定性分析和定量计算。发电厂的全面性热力系统是在原则性热力系统的基础上充分考虑到发电厂生产所必需的连续性、安全性、可靠性和灵活性后所组成的实际热力系统。

思 考 题

1. 发电厂热力系统的分类有哪些？各自特点是什么？
2. 发电厂的汽水损失有哪些？怎样减少这些热损失？
3. 全厂疏放水系统由哪些设备组成？其作用是什么？
4. 何谓发电厂原则性热力系统？有何特点？其实质和作用各是什么？
5. 什么是发电厂全面性热力系统？它与原则性热力系统在画法上的区别是什么？发电厂全面性热力系统的主要作用是什么？
6. 如何正确阅读发电厂全面性热力系统图？

第八章　新能源发电

【本章导读】新能源是指传统能源之外的各种能源形式。目前技术比较成熟、已经开始大规模利用的新能源主要指核能、太阳能、地热能和生物质能。本章主要介绍这四种新能源发电技术的工作原理、基本类型及应用前景。

第一节　核能发电

一、概述

核能也叫原子能，是原子核发生裂变或聚变反应时产生的能量，广泛运用于工业、军事等领域。核能的开发利用是现代科学技术的一项重大成就，和平安全利用核能是人类文明进步的一种标志。从 20 世纪 40 年代原子弹的出现开始，核能就逐渐被人们所掌握，准确地说，原子能是化学能的一种。化学反应过程仅仅是使一种或几种物质的分子结构在反应中变成了另外一种或几种物质的分子结构，即由一种或几种物质变成了另外一种或几种新的物质，并未涉及原子的变化。而核能则是原子核通过核反应，改变了原有的核结构，由一种原子核变成了另外一种新的原子核，即由一种元素变成另外一种元素或者同位素，由此所释放出的能量。研究表明，一种元素当发生核反应变成另外一种元素时，将原子核内蕴藏着的巨大核能释放出来。

核能已经成为一种新型的清洁能源，自世界上第一座核电站建成以来，已经走过了 60 多年的发展历程。核电是核能发电的简称，即利用核能产生电能。核能发电有利于优化国家或区域能源结构，提高能源安全性和经济性，在经济社会发展中发挥着越来越重要的作用。根据国际原子能机构 2011 年 1 月公布的数据，目前全球正在运行的核电机组的核能发电量约占全球发电总量的 16%，美国、英国、法国、德国、日本等发达国家核电的比例都超过了 20%，其中法国已达 78%；正在建设的核电机组达 65 座，其中我国有 30 座。核电站的种类也从原始的石墨水冷反应堆发展到以普通水、重水、沸水、加压沸水为慢化剂的轻水堆、重水堆、沸水堆和先进沸水堆等；同时还有 700 多座用于舰船的浮动核动力堆、600 多座研究用反应堆。目前来看，核能发电不仅十分安全，也比较清洁、经济。一座 100 万千瓦的火电厂，一年要燃烧 270 万~300 万吨煤，排放 600 万吨二氧化碳、约 5 万吨二氧化硫和氮氧化物，以及 30 万吨煤渣和数十吨有害废金属。而一座 100 万千瓦的核电站，一年只消耗 30t 核燃料，而且不排放任何有害气体和其他金属废料。同时，煤炭和原油还是不可再生的宝贵化工原料，发展核电不仅可以把这些资源省下来留给子孙后代，还能有效改善人类的生存环境。

（一）国外核能发电概况

1938 年德国科学家首先发现了铀的核裂变现象，揭开了原子能技术发展的序幕。1942 年美国建成第一座原子反应堆，1945 年制成第一颗原子弹。1954 年在前苏联建成世界上第一座容量为 5MW 的核电站，它以低浓缩铀为燃料、石墨为减速剂，揭开了核电发展的历史。随后，美国研制成轻水反应堆，英、法研制了气冷反应堆，加拿大研制了重水反应堆，并分别建成实用的核电站。20 世纪 70 年代初的第一次石油危机推动了核电的发展，广泛采用的轻水堆、重水堆已发展为成熟的、安全可靠的能源。自 1954 年，前苏联核电站并网发电。截至 2001 年底，全世界正在运行的核电站共有 438 座，总发电容量为 353000MW，占全世界发电量的 16%。2008 年的统计数据表明，核电占各国总发电量的比例，最高的是法国，其次是立陶宛，中国列第 9 名。截至 2012 年底，核能在世界一次能源的地位已跃居到第三位，2020 年有望进入第二位。

核电站的发展已经历三代，目前正开展第四代核电站的研发。第一代是指在 20 世纪五六十年代建成的试验堆和原型堆核电站，如前苏联的第一核能电厂，美国的希平港压水堆核电站等；第二代是指 20 世纪 60 年代末期以来陆续投产，至今还正在商业运行的核电机组及其反应堆，如压水堆（Pressurized Water Reactor，PWR）、沸水堆（Advance Boiling Water Reactor，ABWR）、加拿大重水铀反应堆（Canadian Deuterium Uranium，CANDU）、水—水反应堆（Water Water Energetic Reactor，WWER）等，其特征为标准化、系列化以及批量建设；第三代是指以满足《用户要求文件》（URD）为设计要求，具有预防和缓解严重事故的措施，经济上能与天然气机组相竞争的核电机组及其反应堆，如先进压水堆（Advanced Passive 1000，AP-1000）、欧洲压水堆（European Pressurized Reactor，EPR）、简化沸水堆（Simplified Boiling Water Reactor，SBWR）等；第四代是指目前正进行概念设计和研究开发的，有望在 2030 年建成的经济性和安全性更加优越、废物量极少、无需厂外应急并具有防核扩散能力的核能利用系统。

（二）国内核能发电概况

我国核电发展起步于 20 世纪 80 年代中期，核电设计工作从 20 世纪 70 年代就已开始，经过了 300MW、600MW 和 1000MW 三个等级压水堆核电机组建设，已具有较强的设备国产化能力。300MW 机组国产化率达 80% 以上，年生产能力可达 2 套机组，并可出口创汇；600MW 机组国产化率可达 70%，年生产能力也可达 2 套机组；1000MW 机组在"十一五"期间国产化率可达 50%。国内现有 3 个核电基地，包括秦山 5 台、大亚湾 4 台、田湾 2 台，共 11 台机组。1991 年 12 月 15 日并网的秦山一期 300MW 机组是我国第一座自主设计、建造和运营的机组。秦山二期 650MW 机组中，1 号机组于 2002 年 4 月 15 日投运，2 号机组于 2004 年 5 月 3 日投运。秦山三期机组是从加拿大引进的两台 728MW 重水堆机组，1 号机组于 2002 年 12 月 31 日投运，2 号机组于 2003 年 7 月 24 日投运。田湾 2 台 1060MW 俄罗斯 AES-91 型压水堆核电机组于 1999 年 10 月 20 日正式开工，2007 年 5 月 17 日 1 号机组正式投入商业运行。大亚湾机组是 20 世纪 80 年代末从法国引进的两台 900MW 压水堆机组，分别于 1994 年 2 月和 5 月投入运行。20 世纪 90 年代中期，在大亚湾附近的岭澳建设了与大亚湾容量相同的压水堆 1000MW 机组，并分别于 2002 年和 2003 年投入运行。截至 2010 年底，我国已建成 13 台核电机组，其概况见表 8-1。我国目前正在运行的核电机组有 13 座，位列世界第 11，装机容量 11169MW，占我国电力总装机容量的1.16%，年发电量相当于 3172 万吨煤的发电量。

表 8-1　我国大陆已建核电机组（截至 2010 年底）

核电站	地　址	概　况
秦山核电一期	浙江省嘉兴市海盐县	1991 年 12 月 15 日并网发电，1994 年 4 月投入商业运行，1995 年 7 月顺利通过国家验收
秦山核电二期	浙江省嘉兴市海盐县	二期 2×650MW 商用压水堆核电站，分别于 2002 年 4 月 15 日、2004 年 5 月 3 日投入商业运行
秦山核电三期	浙江省嘉兴市海盐县	我国首座商用重水堆核电站工程，两台机组分别于 2002 年 12 月 31 日和 2003 年 7 月 24 日投入商业运行
大亚湾核电站	深圳龙岗区大鹏镇大亚湾大坑村麻角山	我国大陆首座大型商用核电站，2×984MW 压水堆核电机组。1994 年 5 月 6 日全面建成投入商业运行
岭澳核电站一期	深圳龙岗区大鹏镇	2×990MW 的压水堆核电机组，于 1997 年 5 月 15 日开工建设，2003 年 1 月 8 日建成投产
田湾核电站一期	江苏省连云港市连云区田湾	一期 2×1060MW 俄罗斯 AES-91 型压水堆核电机组。1999 年 10 月 20 日开工建设，2007 年 5 月 17 日正式投入商业运行
秦山核电站一期扩建项目（方家山核电站）	浙江省嘉兴市海盐县方家山	2×1100MW 二代改进型压水堆核电机组，2008 年 3 月 4 日开工，其 1、2 号机组分别于 2013 年底和 2014 年 10 月正式投产
三门核电站	浙江省台州市三门县健跳镇猫头山半岛	6×1250MW 先进压水堆 AP-1000 核电机组，1 号机组于 2013 年 11 月建成并投入商业运行；2 号机组于 2014 年 9 月建成并投入商业运行
宁德核电站一期	福建省宁德市辖福鼎市秦屿镇	采用我国自主品牌 CPR-1000 压水堆核电技术路线，1、2 号机组均于 2013 年建成投入商业运营
岭澳核电站二期	深圳市龙岗区大鹏镇	两台百万千瓦级压水堆核电机组，主体工程 2005 年 12 月 15 日开工，2 台机组于 2010 年至 2011 年建成投入商业运行
阳江核电站	广东省阳江市东平镇沙环村	6 台百万千瓦级核电机组，采用自主品牌核电技术 CPR1000，于 2008 年 12 月 16 日开工，6 台机组将在 2017 年全部建设完成
台山核电站一期	广东省江门市辖台山市赤溪镇腰古湾	采用欧洲先进压水堆核电 EPR 技术，一期工程 2×1700MW，是目前世界上单机容量最大的核电机组。于 2008 年 8 月 26 日开始动工，2013 年底首台机组并网发电
昌江核电站一期	海南省昌江县海尾镇塘兴村	采用由中核集团公司自主开发的具有我国自主知识产权的 CNP-600，标准两环路压水堆核电机组，一期建设 2 台 650MW 压水堆核电机组。于 2009 年底开工建设，2014 年底投入商业运行
海阳核电站	山东省烟台市海阳市（县）留格庄镇	规划建设 6 台百万千瓦级压水堆机组，其中，一期工程建设 2 台 AP-1000 百万千瓦级压水堆核电机组，首台机组于 2014 年投入商业运营

核电站	地 址	概 况
石岛湾核电站	山东省威海市荣成石岛湾	国内第一座高温气冷堆示范电站，一期规划建设 1 台 200MW 高温气冷堆核电机组，2013 年 11 月投产发电
红沿河核电一期	辽宁省大连市瓦房店东岗镇	采用改进型压水堆核电技术路线——CPR-1000，规划建设 6 台百万千瓦级核电机组。一期工程 1 号机组于 2007 年 8 月 18 日正式开工，2012 年建成投入商业运营
中国实验快堆	北京中国原子能科学研究院	中国实验快堆是我国第一座快堆，其热功率 65MW，电功率 25MW。2000 年 5 月开工建设，2011 年 7 月实现并网发电

二、核电站工作原理及类型

(一) 核电站工作原理

核电站是利用原子核裂变或聚变反应所释放的能量来生产电能的发电站。核电站使用的燃料一般是化学元素铀和钍。

1. 核裂变能发电

目前用于发电的核能主要是核裂变能。核裂变能发电过程与火力发电过程相似，只是核裂变能发电所需的热能不是来自锅炉中化石类燃料的燃烧过程，而是来自置于核反应堆中的核物质在核反应中由重核分裂成两个或两个以上较轻的核所释放出的能量。实现大规模可控核裂变链式反应的装置称为核反应堆。根据核反应堆形式的不同，核裂变能电站可分为轻水堆型、重水堆型及石墨气冷堆型等。

轻水堆型采用的是轻水，即普通的水（H_2O）作为慢化剂和冷却剂。重水堆型则采用重水（D_2O）作为中子慢化剂，重水或轻水作冷却剂。重水堆的特点是可采用天然铀作为燃料，不需浓缩，燃料循环简单，但建造成本比轻水堆要高。石墨气冷堆型采用石墨作为中子慢化剂，用气体作冷却剂。由于气冷堆的冷却温度可以较高，因而提高了热力循环的热效率。目前，气冷堆核电机组的热效率可以达到 40%，相比之下水冷堆核电机组的热效率只有 33%。

此外，还有正在研究中的快堆，即快中子增殖堆。这种反应堆的最大特点是不用慢化剂，主要使用快中子引发核裂变反应，因此堆芯体积小、功率大。由于快中子引发核裂变时新生成的中子数较多，可用于核燃料的转化和增殖，特别是采用氦冷却的快堆，其增殖比更大，是第四代核技术发展的重点堆型，也是我国未来核能系统首选堆型之一。

目前世界上的核电站大多数采用轻水堆型。轻水堆又有压水堆和沸水堆之分。据统计，目前已建的核电站中，轻水堆大约占 88%，其中轻水压水堆占 65% 以上，轻水沸水堆仅占 23% 左右。图 8-1 为沸水堆型核电站和压水堆型核电站的生产过程示意图。

由图 8-1 (a) 可以看出，在沸水堆型核能发电系统中，水直接被加热至沸腾而变成蒸汽，然后引入汽轮机做功，带动发电机发电。沸水堆型的系统结构比较简单，但由于水是在沸水堆内被加热，其堆芯体积较大，并有可能使放射性物质随蒸汽进入汽轮机，对设备造成放射性污染，使其运行维护和检修变得复杂和困难。为了避免这个缺点，目前世界上 60% 以上的核电站采用如图 8-1 (b) 所示的压水堆型核能发电系统。与沸水堆系统不

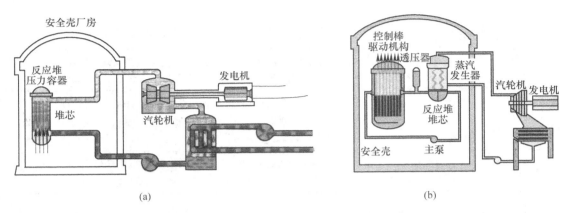

图 8-1　沸水堆型和压水堆型核能发电过程示意图

（a）沸水堆型核能发电系统；（b）压水堆型核能发电系统

同，在压水堆系统中增设了一个蒸汽发生器，从核反应堆中引出的高温水进入蒸汽发生器内，将热量传给另一个独立系统的水，使之加热成高温蒸汽推动汽轮发电机组发电。由于在蒸汽发生器内两个水系统是完全隔离的，所以就不会造成对汽轮机等设备的放射性污染。我国的核电站是以压水堆为主。

2. 核聚变能发电

研究表明，核聚变反应中每个核子放出的能量比核裂变反应中每个核子放出的能量大约要高 4 倍，因此核聚变能是比核裂变能更为巨大的一种能量。太阳能就是氢发生核聚变反应所产生的。

核聚变反应也称为热核反应。核聚变反应所用的燃料是氘和氚，既无毒性、无放射性，又不会产生环境污染和温室效应气体，是最具开发应用前景的清洁能源。核聚变燃料氘在海水中大量存在，海水中大约每 600 个氢原子就有 1 个氘原子，因此地球上海水中氘的总量约为 40 万亿吨。海水中所含的氘为 30mg/L，这些氘完全聚变所释放的聚变能相当于 300L 汽油燃烧的能量。从这个意义上说，如果实现了核聚变能的利用，则 1L 海水就相当于 300L 汽油。因此，海水中提取氘几乎是取之不尽、用之不竭。而核聚变反应所需的另一种原料氚可以由锂制造，地球上锂的存储量约为两千多亿吨，可以满足人类开发利用核聚变能的需要。此外，据资料介绍月球上储有丰富的氦-3，氘与氦-3 的核聚变反应所释放的能量比氘—氚核聚变反应释放的能量还要大，而且氘与氦-3 的核聚变反应基本上不产生中子，因此可以大大减轻设备材料的辐射损伤，降低感生放射性的水平。

（二）核电站的基本类型

目前运行和在建的核电站类型主要是压水堆核电站、重水堆核电站、沸水堆核电站、快堆核电站和气冷堆核电站等。

压水堆核电站使用加压轻水作冷却剂和慢化剂，且水在堆内不沸腾，是利用热中子引起链式反应的热中子反应堆。我国大亚湾核电站、岭澳核电站、秦山第一核电站、秦山第二核电站和田湾核电站均属这种堆型。

重水堆核电站使用轻水作冷却剂、重水作慢化剂，且水在堆内不沸腾，同样是利用热中子引起链式反应的热中子反应堆。我国秦山第三核电站属于这种堆型。

沸水堆核电站使用轻水作冷却剂和慢化剂，但水在堆内沸腾，是利用热中子引起链式反应的热中子反应堆。日本福岛第一核电站属于这种堆型。

快堆核电站是由快中子引起链式反应所释放出来的热能转换为电能的核反应堆，我国从俄罗斯引进的、建在福建三明的核电站属于这种堆型。

气冷堆核电站是以气体（二氧化碳或氦气）作为冷却剂，由热中子引起链式反应的热中子反应堆。到目前为止发展了天然铀石墨气冷堆、改进型气冷堆和高温气冷堆等三种堆型。我国的石岛湾核电站属于高温气冷堆。

下面分别介绍这几种典型核电站中所采用的堆型。

1. 轻水堆

轻水堆——采用轻水（即普通水 H_2O）作慢化剂和冷却剂。

轻水堆包括轻水压水堆和轻水沸水堆，是目前核电站采用的最主要的堆型。

轻水也就是一般的水，广泛地被用于反应堆的慢化剂和冷却剂。与重水相比，轻水有廉价的长处，此外其减速效率也很高。沸腾水堆的特点是将水蒸气不经过热交换器直接送到汽轮机，从而防止了热效率低下；加压水堆则用高压抑制沸腾，对轻水一般加 10.1 ~ 16.2MPa，从而热交换器把一次冷却系（取出堆芯产生的热）和二次冷却系（发生送往涡轮机的蒸汽）完全隔离开来。

轻水堆采用的是低浓缩的二氧化铀作燃料，烧结成细长块状，装在圆管包壳中。两端密封构成细长的燃料元件棒，然后按 15×15 或 17×17 排成栅阵，构成燃料组件。反应堆的堆芯由 100 ~ 200 个燃料棒组件和多个控制棒组件组成，置于压力壳中，作为慢化剂和冷却剂的轻水从堆芯的栅阵中流过，并将热量带到蒸汽发生器中。轻水压水堆燃料组件如图 8-2 所示。

图 8-2 轻水压水堆的燃料组件

轻水压水堆采用两个回路：一回路和二回路。一回路采用压力为 12 ~ 16MPa 的高压水，加热到 300 ~ 330℃后送到蒸汽发生器，将二回路的水加热成水蒸气（如图 8-3 所示）。二回路蒸汽通常是压力为 5.0 ~ 7.5MPa 的饱和蒸汽或微过热蒸汽，温度约为 275 ~ 290℃。因此，核电站应采用焓降小、蒸汽流量大、转速比较低的饱和蒸汽轮机，并在高、低压缸之间设置汽水分离器。压水堆核电机组的循环热效率约为 30% ~ 34%。

2. 重水堆

重水堆是采用重水（D_2O）作为中子慢化剂，重水或轻水作冷却剂。重水堆的代表堆

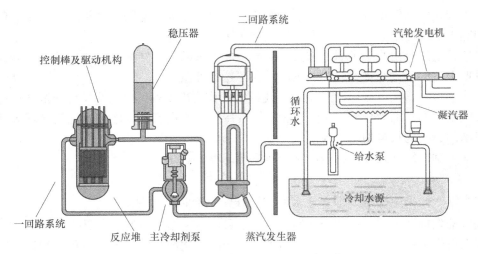

图 8-3　轻水压水堆一回路和二回路示意图

型是加拿大发展的坎杜型（CANDU）重水堆，即压水重水堆，以重水作为慢化剂和冷却剂，采用压力管将作为慢化剂和冷却剂的重水分开，慢化剂不承受高压。冷却剂在压力管内，压力约为 9.5MPa，温度从 250℃加热到约 300℃，到蒸汽发生器中传递给水生成压力为 4MPa 的蒸汽。

加拿大发展的压力管式重水反应堆自 1962 年首台核电机组投入运行以来，加拿大境内已拥有 22 台 CANDU 反应堆核电机组，并先后出口到印度、巴基斯坦、韩国、阿根廷、罗马尼亚和中国，共 12 台机组。中国的秦山核电三期工程就采用了加拿大 CANDU 反应堆。

重水堆的特点是：（1）可采用天然铀作燃料，不需浓缩，燃料循环简单；（2）建造成本比轻水堆高。

3. 石墨气冷堆

石墨气冷堆采用石墨作中子慢化剂，气体（二氧化碳或氦气）作冷却剂。由于采用气体作为冷却剂，气冷堆的冷却剂温度可以较高，从而提高热力循环的热效率。目前，水冷堆核电站机组的热效率只有 33%~34%，相比之下，气冷堆核电站机组的热效率可以达到40%。石墨气冷堆又可分为天然铀气冷堆、改进型气冷堆和高温气冷堆三种。

天然铀石墨气冷堆实际上是以天然铀作燃料、石墨作慢化剂、二氧化碳作冷却剂的反应堆。该堆的堆芯大致为圆柱形，是由很多正六角形棱柱的石墨块堆砌而成。在石墨砌体中有许多装有燃料元件的孔道，以便使冷却剂流过将热量带出去。从堆芯出来的热气体，在蒸汽发生器中将热量传给二回路的水，从而产生蒸汽，这些冷却气体借助循环回路回到堆芯，蒸汽发生器产生的蒸汽被送到汽轮机，带动汽轮发电机组发电，这就是天然铀石墨气冷堆核电站的简单工作原理。这种堆的主要优点是可采用天然铀作燃料，缺点是功率密度低、尺寸大、造价高、经济性差。

改进型气冷堆（Advanced Gas-cooled Reactor，AGR）是在天然铀石墨气冷堆的基础上发展起来的。设计的目的是改进蒸汽条件，提高气体冷却剂的最大允许温度。石墨仍然为慢化剂，二氧化碳为冷却剂，核燃料用的是低浓度铀（铀-235 的浓度为 2%~3%），出口温度可达670℃。它的蒸汽条件达到了新型火电站的标准，其热效率也可与之相比。

高温气冷堆被称为第三代气冷堆，它以石墨作为慢化剂，氦气作为冷却剂。在这种反应堆中，采用了陶瓷燃料和耐高温的石墨结构材料，并用了惰性的氦气作冷却剂，这样，就把气体的温度提高到750℃以上。同时，由于结构材料石墨吸收中子少，从而增加了燃耗。另外，由于颗粒状燃料的表面积大、氦气的传热性好和堆芯材料耐高温，所以改善了传热性能，提高了功率密度。这样，高温气冷堆成为一种高温、深燃耗和高功率密度的堆型。高温气冷堆的简单工作过程是，氦气冷却剂流过燃料体之间，变成了高温气体；高温气体通过蒸汽发生器产生蒸汽，蒸汽带动汽轮发电机发电。

高温气冷堆有特殊的优点：由于氦气是惰性气体，因而它不能被活化，在高温下也不腐蚀设备和管道；由于石墨的热容量大，所以发生事故时不会引起温度的迅速增加；由于用混凝土做成压力壳，因此，反应堆没有突然破裂的危险，大大增加了安全性；热效率能够达到40%以上，减少了热污染。

4. 石墨水冷堆

石墨水冷堆以石墨为慢化剂、水为冷却剂的热中子反应堆。核工业发展初期，石墨水冷堆主要用以生产核武器装料——钚、氚等。这种堆一般以天然铀金属元件做燃料。该种堆型是苏联基于石墨气冷堆技术开发的核电技术，只在前苏联建设部分电站，但由于发生了切尔诺贝利核事故，暴露了设计中的缺陷，已较少发展。

5. 快堆

快堆是"快中子反应堆"的简称，是世界上第四代先进核能系统的首选堆型，代表了第四代核能系统的发展方向。其形成的核燃料闭合式循环，可使铀资源利用率提高至60%以上，也可使核废料产生量得到最大程度的降低，实现放射性废物最小化。这种反应堆不用慢化剂，而主要使用快中子引发核裂变反应。快中子增殖堆不用慢化剂，堆芯体积小、功率大，要求传热性能好、又不慢化中子的冷却剂。国际社会普遍认为，发展和推广快堆，可以从根本上解决世界能源的可持续发展和绿色发展问题。

三、压水堆核电厂的循环回路

压水堆核电站的核燃料在反应堆内发生裂变而产生大量热能，再被高压水把热能带出，在蒸汽发生器内产生蒸汽，蒸汽推动汽轮机带动发电机发电。

一回路：反应堆堆芯因核燃料裂变产生巨大的热能，由主泵泵入堆芯的水被加热成327℃、15.7MPa的高温高压水，高温高压水流经蒸汽发生器内的传热U型管，通过管壁将热能传递给U型管外的二回路冷却水，释放热量后又被主泵送回堆芯重新加热再进入蒸汽发生器。水这样不断地在密闭的回路内循环，被称为一回路。

二回路：蒸汽发生器U型管外的二回路水受热变成蒸汽，推动汽轮发电机做功，把热能转化为电能；做完功后的蒸汽进入冷凝器冷却，凝结成水返回蒸汽发生器，重新加热成蒸汽。这样的汽水循环过程，被称为二回路。

三回路：三回路使用海水或淡水，它的作用是在冷凝器中冷却二回路的蒸汽使之变回冷凝水。

（一）一回路系统与主要设备

除了反应堆以外，一回路的主要设备包括蒸汽发生器、冷却剂主循环泵、稳压器及阀门和管道（如图 8-4 所示）。

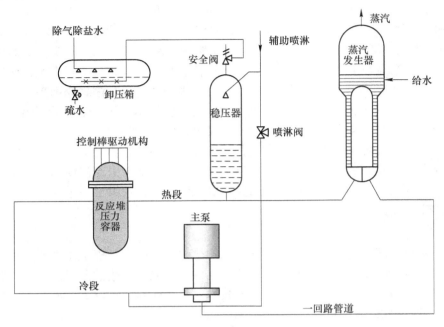

图 8-4　一回路主系统

一回路系统主要功能：（1）在核电站正常功率运行时将堆内产生的热量载出，并通过蒸汽发生器传给二回路工质，产生蒸汽，驱动汽轮发电机组发电；（2）在停堆后的第一阶段，经蒸汽发生器带走堆内的衰变热；（3）系统的压力边界构成防止裂变产物释放到环境中的一道屏障；（4）反应堆冷却剂作为可溶化学毒物硼的载体，并起慢化剂和反射层作用；（5）系统的稳压器用来控制一回路的压力，防止堆内发生偏离泡核沸腾，同时对一回路系统实行超压保护。

1. 蒸汽发生器

蒸汽发生器是一个约高 20m 的热交换器，其内部装设了 U 形传热管，以管壁换热的方式将一回路水的热能传送到二回路，然后把二回路给水转化为蒸汽，推动涡轮发电机。

（1）特点：蒸汽发生器是压水堆核电站主要设备中故障最多的设备。制造工艺难度大，生产周期长。

（2）类型：立式 U 型管束自然循环蒸汽发生器（如图 8-5 所示）和直流式蒸汽发生器（如图 8-6 所示）。

2. 主循环泵

（1）作用：推动高温、高压的冷却剂通过一回路及反应堆堆芯的循环流动。

（2）要求：

1）耐腐蚀和耐辐照性能好。

2）具有较大的转动惯量，可以在停电时维持一段时间的流动，使冷却剂继续带走反应堆中剩余的热量。

3）一回路的冷却剂具有放射性，主循环泵必须严格限制介质的泄漏。

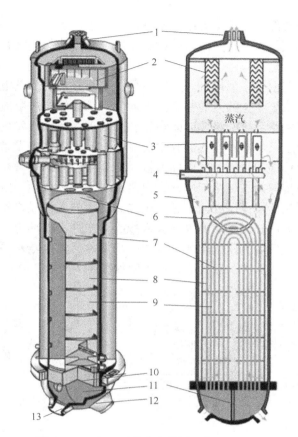

图 8-5 立式 U 型管束自然循环蒸汽发生器

1—蒸汽出口管嘴；2—蒸汽干燥器；3—旋叶式汽水分离器；
4—给水管嘴；5—水流；6—防振条；7—管束支撑板；
8—管束围板；9—管束；10—管板；11—隔板；
12—冷却剂出口；13—冷却剂入口

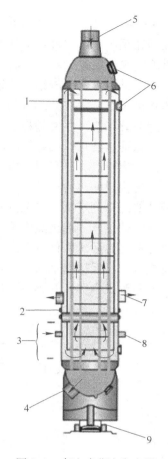

图 8-6 直流式蒸汽发生器

1—辅助给水进口；2，6—手孔；3—预热段；
4—反应堆冷却剂出口；5—反应堆冷却剂进口；
7—蒸汽出口（2）；8—给水进口（2）；
9—滑动支座

（3）类型：

1）屏蔽泵：全封闭结构，将电动机和泵体封装，防止介质泄漏。但这种泵的造价高，维护、维修困难，效率低，轴承寿命短。

2）机械密封泵：电动机与水泵分开组装，不全密封。沿水泵轴设三道机械密封，有泄漏。电动机顶部装有飞轮，以增大转动惯量。

3. 稳压器

作用：稳压器又称压力调节器，其作用是维持一回路冷却水的压力，防止超压，限制冷却剂由于热胀冷缩引起的压力变化。

结构：稳压器通常是一个立式圆柱形压力容器，下半部分为饱和水，上半部分为饱和蒸汽，底部同一回路相连通，下部装有电加热器，可用于加热稳压器内的饱和水，使其升温、蒸发、压力升高；顶部接安全阀，用于紧急泄压；顶部还装有喷淋嘴，用于喷淋冷却水，使稳压器内温度降低、蒸汽凝结、压力降低。

（二）二回路系统与主要设备

二回路系统是压水堆核电站的重要组成部分。其主要作用是将蒸汽发生器产生的饱和蒸汽供汽轮发电机组做功，同时也提供蒸汽，为电站其他辅助设备使用。做完功的蒸汽在冷凝器中凝结成水，由凝结水系统将水打入蒸汽发生器。

压水堆核电厂常规岛部分的二回路系统由一系列设备及系统组成，它与常规火力发电厂的相应部分相似，主要是将核蒸汽供应系统产生的热能转变为电能，以及在停机或事故情况下，保证核蒸汽供应系统的冷却。二回路系统的组成以朗肯循环为基础，由蒸汽发生器二次侧、汽轮机、冷凝器、凝水泵、给水泵、给水加热器等主要设备以及连接这些设备的汽水管道构成的热力循环，实现能量的传递和转换。反应堆内核燃料裂变产生的热量由流经堆芯的冷却剂带出，在蒸汽发生器中传递给二回路工质，二回路工质吸热后产生一定温度和压力的蒸汽，通过蒸汽系统输送到汽轮机高压缸做功，高压缸做功后的乏汽经汽水分离再热器再热后送入低压缸继续做功，低压缸做功后的废气排入冷凝器中，由循环冷却水冷凝成水，经低压给水加热器预热，除氧后用高压给水加热器进一步加热后经过给水泵增压送入蒸汽发生器，开始下一次循环。二回路热力系统原理流程图如图8-7所示。

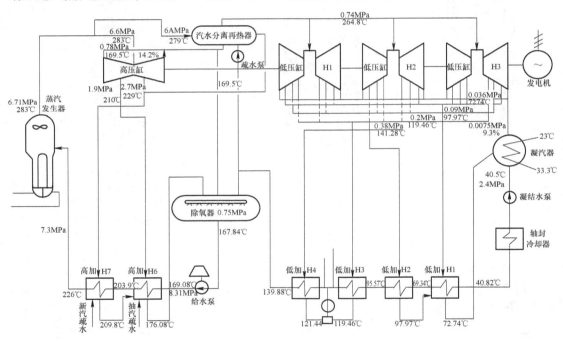

图8-7 二回路热力系统原理流程图

四、核电站安全保障

（一）核电站不等于核武器

目前，人们对核电站的恐惧，主要是因为大多数民众不了解情况，把核武器和核电站混为一谈，担心核电站一旦发生事故，排出的放射性物质就会造成灾祸。这显然是一种误解和没有必要的疑虑。其实，核能是一种安全、清洁的新能源。从第一座核电站建成以来，全世界已投入运行的核电站近450座，50年来基本上是安全正常的。核电不是核武器，反应堆不可能像原子弹那样爆炸，两者是两种完全不同的核能利用形式。

核电站是人类和平利用核能的成功范例，它是利用反应堆实现核能持续均衡的释放，并且把核能转化成电能。核能的两大特点是能量巨大、反应速度快，因此核能可与地震、火山爆发的能量相比拟。原子弹是人类利用核能的一个创举，可惜作为战争工具，在人们的心目中留下了恐怖的阴影。但核能和原子弹是两回事。原子弹实际上是不可控核裂变反应的装置，即一旦引发，反应就不能中止，直到爆炸，是一次性的。科技的进步使人们实现了可控核裂变反应，这个装置就是反应堆，人们可以通过控制反应堆状态，按需要调节核裂变反应水平，释放出核能，而且可以反复使用。各种核武器的装料，必须采用含铀达90%以上的高浓度铀或近100%纯钚，而发电用堆芯核燃料均为低浓度铀，铀浓度只有3%~5%，它被大量铀同位素及其他材料所稀释，且分散布置，在任何情况下都不可能紧聚在一起，即使失去控制，也不可能发生爆炸，而且反应堆还有多重安全保护系统，确保它不会失控。因此，核电是非常安全的能源利用形式。

（二）核电站安全原则

为了保护核电站工作人员和核电站周围居民的健康，核电站必须始终坚持"质量第一，安全第一"的原则。核电站的设计、建造和运行均采用纵深防御的原则，从设备、措施上提供多等级的重叠保护，以确保核电站对功率能有效控制，对燃料组件能充分冷却，对放射性物质不发生泄漏。纵深防御原则一般包括五层防线。第一层防线：精心设计、制造、施工，确保核电站有精良的硬件环境。建立周密的程序，严格的制度，对核电站工作人员有高水平的教育和培训，人人注意和关心安全，有完备的软件环境。第二层防线：加强运行管理和监督，及时正确处理异常情况，排除故障。第三层防线：在严重异常情况下反应堆正常的控制和保护系统动作，防止设备故障和人为差错造成事故。第四层防线：发生事故情况时，启用核电站安全系统包括各外设安全系统加强事故中的电站管理，防止事故扩大保护反应堆厂房安全壳。第五层防线：万一发生极不可能发生的事故并伴有放射性外泄，启用厂内外应急响应计划努力减轻事故对周围居民和环境的影响。

按照纵深防御的原则，目前的设计在核燃料和环境外部空气之间设置了四道屏障。第一道屏障：燃料芯块核燃料放在氧化铀陶瓷芯块中，并使得大部分裂变产物和气体产物95%以上保存在芯块内。第二道屏障：燃料包壳，燃料芯块密封在铅合金制造的包壳中构成核燃料芯棒错合金，具有足够的强度且在高温下不与水发生反应。第三道屏障：压力管道和容器冷却剂系统将核燃料芯棒封闭在20cm以上的钢质耐高压系统中避免放射性物质泄漏到反应堆厂房内。第四道屏障：反应堆安全壳用预应力钢筋混凝土构筑壁厚近100cm，内表面加有0.6cm的钢衬，可以抗御来自内部或外界的飞出物，防止放射性物质进入环境。

核电站的安全问题主要是指辐射防护问题，包括两个方面：（1）正常运行条件下放射性物质的排放控制，其排放量必须保持在远低于环境中天然放射性的水平；（2）事故条件下放射性物质的排放控制，应保证在可能发生事故的情况下有足够的安全裕量。

万一发生了核外泄事故，应启动应急计划。应急计划的内容主要包括：

（1）隔离系统，用来将反应堆厂房隔离开来，主要有自动关闭穿过厂房的各条运行管道的阀门收集厂房内泄漏物质将其过滤后再排出厂外。

（2）注水系统在反应堆可能失水时，向堆芯注水，以冷却燃料组件避免包壳破裂，注入水中含有硼，用以制止核链式反应。注水系统使用压力氮气，在无电流和无人操作情况下在一定压力下可自动注水。

（3）事故冷却器和喷淋系统，用来冷却厂房以降低厂房的压力。在厂房压力上升时先启动空气冷却（风机—换热器）的事故冷却器；再进一步可以启动厂房喷淋系统将冷水或含翻水喷入厂房，以降热和降压。

核电站运行人员须经严格的技术和管理培训，通过国家核安全局主持的资格考试，获得国家核安全局颁发的运行值岗操作员或高级操作员执照才能上岗，无照不得上岗。执照在规定期内有效，过期后必须申请核发机关再次审查。

（三）核电站安全防护

核反应堆是强大的辐射源，反应堆形成的放射性物质包括裂变产物、结构材料和冷却剂的活化。核电站的辐射防护考虑两个层次的内容，一是常规运行时的辐射防护；二是事故状态下的辐射防护措施。

1. 常规运行时的安全措施

为防止裂变产物和放射性物质的溢出，核岛设有燃料包壳、一回路压力边界和安全壳三道屏障。核电站的安全措施通常十分严格，辐射屏障在设计上可以完全防止放射性物质的溢出，同时还要进行辐射监测。

（1）辐射屏蔽。屏蔽材料通常为普通混凝土和水，局部部位采用重混凝土（混凝土中掺铁屑、重晶石、铁矿石等）、石墨、石蜡、铸铁块、硼钢和铝板等。

（2）辐射监测。为保证安全，对核电站内的放射性物质和射线及周边环境进行全面的监测。

2. 事故防护的安全设施

国际原子能机构（IAEA）将发生的核事件分为 0~7 八个等级，见表 8-2。

表 8-2　国际核事件分级表

级别	程度	描 述	实 例
7 级	特大事故	指核裂变废物外泄在广大地区，具有广泛的长期的健康和环境影响	苏联切尔诺贝利核电站事故（1986 年）
6 级	严重事故	核裂变产物外泄，需实施全面应急计划	苏联克什姆特的后处理厂事故（1979 年）
5 级	具有厂外危险的事故	核裂变产物外泄，实施部分应急计划	美国三里岛核电站事故（1979 年）
4 级	发生在设施内的事故	少量放射性外泄，工作人员受照射产生严重健康影响	
3 级	重大事件	少量放射性外泄，工作人员受到辐射，产生急性健康效应	西班牙范德略核电站事件（1989 年）
2 级	事件	不影响动力厂安全，但有潜在安全影响	
1 级	异常	超出许可运行范围的异常事件，无风险，但安全措施功能异常	
0 级	偏高		

1979 年美国三里岛核电站事故，特别是 1986 年前苏联切尔诺贝利核电站事故，对世界核电的发展产生了很大的负面影响，有的国家关闭了已运行的核电站，有的国家将正在建设或计划建设的核电站取消或推迟了。

1999 年，日本、韩国核电站相继发生核泄漏事故。1999 年 9 月 30 日上午 10 时 35 分，在日本距东京东北约 160km 的茨城县东海村日本 JCO 公司的铀处理工厂，发生了特大核泄漏事故，虽不是核电站的大爆炸，但大量含有强辐射的气体进入大气层，危及公众的安全。

2011 年 3 月 12 日，日本受 9 级特大地震影响，福岛第一核电站的放射性物质发生泄漏。受日本大地震影响，福岛第一核电站损毁极为严重，大量放射性物质泄漏到外部，情势发展"非常严重"。2011 年 4 月 12 日，日本原子能安全保安院根据国际核事件分级表将福岛核事故定为最高级 7 级。2013 年 10 月 9 日，福岛第一核电站工作人员因误操作导致约 7t 污水泄漏。设备附近的 6 名工作人员遭到污水喷淋，受到辐射污染。

核电站在设计上具有事故状态下防止放射性污染物泄漏的措施，特别是第三代核能系统，在安全方面的可靠程度远高于其他能源生产形式。核电站的安全控制系统通常包括以下几个层次的内容：

（1）快速停堆信号系统。监测有损于反应堆安全的异常状态，发出警报，提供紧急动作信号（插入控制棒、主蒸汽隔离阀关闭等）。

（2）堆芯危急冷却系统。冷却剂管道破裂、反应堆危急时投入，防止堆芯过热引起的包壳破损和堆芯元件熔化。

（3）紧急停堆系统。控制棒失灵时的另一套停堆系统，可快速投入。

从目前的核电技术来看，发生堆芯熔化事故的概率非常小，而且新的核能系统往往设计为在堆芯熔化的状态下仍然可以控制放射性物质不向环境泄漏。因此，核电站的事故率是很低的。

五、核能发电前景

（一）国外核电发展

美国是世界第一核电大国，目前运行的核电机组为 104 台，装机容量达 970GW，占世界核电装机容量的 29%，为美国提供了 20% 的电力。目前欧洲有近 135 个核反应堆在运行，总装机容量为 125GW，占欧洲总发电量的 35%。英国面临的能源压力最大，目前的 12 座核电站大部分建于 20 世纪中期，其核电提供了全国 25% 的电力份额，天然气发电的比例为 40%。尽管法国是世界上核电占电力比例最高的国家（约占总发电量的 80%）并向周边国家输出电力，但法国仍在积极发展核电，并将在 2020 年建成球床式反应堆（核电站反应堆型）。俄罗斯近年来克服了切尔诺贝利核事故后公众强烈反对核电建设的障碍，并且继续实行其强大的核工业发展计划。俄罗斯 2004 年有 10 个核电站的 30 座反应堆在运行，总功率为 22.242GW，目前核电占全国发电量的 16%。

亚洲国家中，韩国是发展核电最成功的国家之一，核电发电量已占全国发电量的 40%。从 20 世纪 70 年代第一个核电站建成后，韩国核电一直稳步发展，2015 年韩国还将建 12 台新的核电机组。日本能源经济研究院也称，2030 年日本核电在一次能源中的份额将从 2004 年的 11% 上升到 20%。印度目前核电总装机容量为 1100 万千瓦，并计划到

2020 年为 2900 万千瓦，到 2030 年为 6300 万千瓦，到 2040 年为 13100 万千瓦，到 2050 年达 27500 万千瓦。

（二）我国核电发展

我国发展核能具有重要的战略意义，它不但能确保我国长期的能源安全，维持我国的核大国地位从而确保国家安全，还将带动我国相关产业及其高新技术的发展并为改善环境污染形势做出贡献。长远意义上说，核能除了用于发电之外还将为交通运输和工业供热（如可用核能产氢和海水淡化等）提供能源，逐步取代日益短缺的石油资源。其实 30 多年来我国的核电已取得令人瞩目的成绩，然而与国际先进水平还是有一定差距。

在《2050 年我国的能源需求》研究报告中，政府对我国中长期能源发展形势和前景做了全面分析，计划届时核电占一次能源比重将提至 12.5%，占电力总装机容量的 20%，达 240GW。目前我国核电发展主要瞄准国际上"三代"大型压水堆，以提高核电的安全性与经济竞争力。我国现有核电站的安全系数主要依靠人工操作保障，而新一代核电站将具有固有安全性，一旦遇到故障，反应堆可以依靠本身的特性返回到安全状态。

第二节 太阳能发电

一、概述

太阳能是一种干净的可再生的新能源，越来越受到人们的青睐，在人们生活、工作中有广泛的应用，其中之一就是将太阳能转换为电能，太阳能电池就是利用太阳能工作的。而太阳能热电站的工作原理则是利用汇聚的太阳光，把水烧至沸腾变为水蒸气，然后用来发电。

太阳能在现代能源系统中所占比重虽然很小，但其能量规模非常巨大。地球 1h 内从太阳获得的能量要比全球人口一年所消耗的能量还多。随着全球能源需求的不断增长，资源、环境和气候变暖等问题日益突出，各国政府十分重视太阳能发电的研究，纷纷制定有关法规和相关鼓励政策，促进了太阳能发电技术发展。经过几十年的探讨和发展，在欧美一些发达国家初步实现了太阳能发电的产业化。

（一）太阳能资源分布

1. 世界太阳能资源分布

太阳能资源的丰富程度一般以单位面积的全年总辐射量和全年日照总时数来表示。其分布与各地的纬度、海拔高度、地理状况和气候状况有关。就全球而言，美国西南部、非洲、澳大利亚、中国西藏、中东等地区的全年总辐射量或日照总时数最大，为世界太阳能资源最丰富的地区。

根据德国航空航天技术中心（DLR）的推荐，不同地区太阳能热发电技术和经济潜能数据及其技术潜能基于太阳年辐照量测量值大于 $6480MJ/m^2$，经济潜能基于太阳年辐照量测量值大于 $7200MJ/m^2$。

美国也是世界太阳能资源最丰富的地区之一。根据美国 239 个观测站 1961～1990 年 30 年的统计数据，全国一类地区太阳年辐照总量为 9198～10512MJ/m^2，一类地区包括亚利桑那州和新墨西哥州的全部，加利福尼亚州、内华达州、犹他州、科罗拉多州和得克萨斯州的南部，占总面积的 9.36%；二类地区太阳年辐照总量为 7884 ~ 9198MJ/m²，除了包括一类地区所列州的其余部分外，还包括犹他州、怀俄明州、堪萨斯州、俄克拉荷马州、佛罗里达州、佐治亚州和南卡罗来纳州等，占总面积的 35.67%；三类地区太阳年辐照总量为 6570 ~ 7884MJ/m²，包括美国北部和东部大部分地区，占总面积的 41.81%；四类地区太阳年辐照总量为 5256 ~ 6570MJ/m²，包括阿拉斯加州大部地区，占总面积的 9.94%；五类地区太阳年辐照总量为 3942 ~ 5256MJ/m²，仅包括阿拉斯加州最北端的少部地区，占总面积的 3.22%。美国的外岛如夏威夷等均属于二类地区。美国的西南部地区全年平均温度较高，有一定的水源，冬季没有严寒，虽属丘陵山地区，但地势平坦的区域也很多，只要避开大风地区，是非常好的太阳能热发电地区。

北非地区是世界太阳能辐照最强烈的地区之一。阿尔及利亚的太阳年辐照总量 9720MJ/m²，技术开发量每年约 169440TW·h。摩洛哥的太阳年辐照总量 9360MJ/m²，技术开发量每年约 20151TW·h。埃及的太阳年辐照总量 10080MJ/m²，技术开发量每年约 73656TW·h。太阳年辐照总量大于 8280MJ/m² 的国家还有突尼斯、利比亚等国。阿尔及利亚有 2381.7km² 的陆地区域，其沿海地区太阳年辐照总量为 6120MJ/m²，高地和撒哈拉地区太阳年辐照总量为 6840 ~ 9540MJ/m²，全国总土地的 82% 适用于太阳能热发电站的建设。

澳大利亚的太阳能资源也很丰富。全国一类地区太阳年辐照总量 7621 ~ 8672MJ/m²，主要在澳大利亚北部地区，占总面积的 54.18%；二类地区太阳年辐照总量 6570 ~ 7621MJ/m²，包括澳大利亚中部，占全国面积的 35.44%；三类地区太阳年辐照总量 5389 ~ 6570MJ/m²，在澳大利亚南部地区，占全国面积的 7.9%；太阳年辐照总量低于 6570MJ/m² 的四类地区仅占 2.48%。澳大利亚中部的广大地区人烟稀少，土地荒漠，适合于大规模的太阳能开发利用。

中东几乎所有地区的太阳能辐射能量都非常高。以色列、约旦和沙特阿拉伯等国的太阳年辐照总量 8640MJ/m²。阿联酋的太阳年辐照总量为 7920MJ/m²，技术开发量每年约 2708TW·h。以色列的太阳年辐照总量为 8640MJ/m²，技术开发量每年约 318TW·h。伊朗的太阳年辐照总量为 7920MJ/m²，技术开发量每年约 20PW·h。约旦的太阳年辐照总量约 9720MJ/m²，技术开发量每年约 6434TW·h。以色列的总陆地区域是 20330km²，Negev 沙漠覆盖了全国土地的一半，也是太阳能利用的最佳地区之一，以色列的太阳能热利用技术处于世界最高水平之列，我国第 1 座 70kW 太阳能塔式热发电站就是利用以色列技术建设的。

2. 我国太阳能资源分布

我国陆地大部分处于北温带，太阳能资源十分丰富，每年陆地接收的太阳辐射总量，大约是 $1.9 \times 10^{16} kW·h$。全国各地太阳年辐射总量基本都在 3000 ~ 8500MJ/m² 之间，平均值超过 5000MJ/m²，而且大部分国土面积年日照时间都超过 2200h。

太阳能资源分布，西部高于东部，而且基本上是南部低于北部（除西藏、新疆以外），与通常随纬度变化的规律并不一致，这主要是由大气云量以及山脉分布的影响造成的。

我国西藏、青海、新疆、甘肃、宁夏、内蒙古高原的总辐射量和日照时数均为全国最高，属世界太阳能资源丰富地区之一；四川盆地、两湖地区、秦巴山地是太阳能资源低值区；我国东部、南部及东北为资源中等区。各地区资源分类见表8-3。

表8-3　我国各地区太阳能资源分布情况

类型	地　区	年照时间数/h	年辐射总量 / ×4185kJ·(cm²·a)⁻¹
1	西藏西部、新疆东南部、青海西部、甘肃西部	2800～3300	160～200
2	西藏东南部、新疆南部、青海东部、宁夏南部、甘肃中部、内蒙古、山西北部、河北西北部	3000～3200	140～160
3	新疆北部、甘肃东南部、山西南部、山西北部、河北东南部、山东、河南、吉林、辽宁、云南、广东南部、福建南部、江苏北部、安徽北部	2200～3000	120～140
4	湖南、广西、江西、浙江、湖北、福建北部、广东北部、山西南部、江苏南部、安徽南部、黑龙江	1400～2200	100～120
5	四川、贵州	1000～1400	80～100

（二）太阳能利用的发展史

从世界范围来看，将太阳能作为一种能源动力加以利用，仅400年的历史。1615年，法国工程师发明了第一台利用太阳能抽水的机器。这可能是世界上第一个以太阳能为动力的设备。此后到19世纪末，世界上又研制出多台太阳能装置。其中，比较成熟的产品是太阳灶。进入20世纪以后，太阳能科技获得了比较快的发展，但其发展道路比较曲折。1901年以后，美国、埃及先后建成了太阳能抽水装置。二战后，开始出现太阳能学术组织。对太阳能真正意义上的大规模开发利用渐渐开始。1952年法国建成一座功率为50kW的太阳炉。1954年美国研制成实用型硅太阳能电池，为光伏发电的大规模应用奠定了基础。后来由于太阳能利用技术尚不成熟、投资大、效果不佳，发展再度停滞。

1973年中东战争爆发，引发了"能源危机"。许多工业发达国家，重新加强了对太阳能等可再生能源技术发展的支持。1973年美国制定了政府的"阳光发电计划"。1974年日本政府制定了"阳光计划"。20世纪80年代以后，石油价格大幅度回落，使尚未取得重大进展的太阳能利用技术再度受到冷落。直到全球性的环境污染和生态破坏，对人类的生存和发展构成威胁，才又得到人们的重视。1992年在巴西召开的联合国"世界环境与发展大会"，通过了一系列重要文件。1996年"世界太阳能高峰会议"，发表了《太阳能与持续发展宣言》，并讨论了《世界太阳能10年行动计划》、《国际太阳能公约》、《世界太阳能战略规划》等重要文件。

二、太阳能热力发电

（一）太阳能热力发电的应用发展

太阳能热力发电，据说最初是受到阿基米德用镜子聚焦阳光烧毁古罗马舰队的启发。1977年，希腊科学家萨卡斯博士让60名水手手持镜子集中阳光烧毁了一艘仿古船，证实了阿基米德的传说是可信的。

1886 年，意大利人亚历桑德罗·巴塔利亚在意大利热那亚获得了世界上第一个集中使用太阳能的专利。1929 年，以制造第一枚液体燃料火箭而闻名的美国发明家罗伯特·哈钦斯，建立了第一个太阳能热力发电装置。1968 年，意大利的乔凡尼·弗朗西亚教授在热那亚附近设计建造了第一座太阳能热电站，装机容量为 1MW。1982 年，美国南加州的第一座塔式太阳能热电站落成，这是世界上首座装机容量超过 10MW 的太阳能热电站。1984 年，该地的槽式太阳能发电系统开始发电，装机容量达 354MW。

目前，从事太阳能热力发电产业产品研发和生产的企业数量逐渐增多。2011 年 8 月，美国通用电气投资 4000 万美元生产太阳能热力发电相关产品，是继德国西门子公司、法国阿尔斯通等公司后，又一进入太阳能热力发电行业的著名公司。

太阳能热力发电产业虽然发展迅速，但还没有形成产业体系，其面临的压力也逐渐增大。2011 年，太阳能光伏电池成本快速下降，减弱了太阳能热力发电的竞争力。美国一些原本规划做太阳能热力发电的项目，因此改为太阳能光伏发电项目。生产太阳能热力发电产品的公司，在竞争压力下加快了技术研发和工艺改善的步伐。

据中国科学院《2012 高技术发展报告》，全球规划的太阳能热力发电项目总计 17.54GW，其中美国 8.67GW，西班牙 4.46GW，其余分布在中国、印度、非洲等国家或地区。截至 2010 年底，全球已建成并运行的太阳能热力发电共计 1.095GW，其中 90% 是槽式太阳能热力发电站。

非洲成为太阳能热力发电开发商关注的重点区域。2009 年，德国 Dii 公司与来自 15 个国家的 56 个合作伙伴共同开始实施"沙漠产业行动计划"。该计划通过在中东、北非地区建设太阳能和风能发电设施，为欧洲提供电力，总投资高达 4000 亿欧元，计划到本世纪中叶，从撒哈拉沙漠输往欧洲的电力，将占欧洲电力总消费量的 15%。2012 年，该计划的第一个太阳能热发电站在摩洛哥开始建设。在这个计划带动下，埃及、阿尔及利亚等北非国家正在筹划建立太阳能热电站。

（二）太阳能热力发电系统的工作原理

太阳能热力发电，也叫聚焦型太阳能热力发电，是通过大量反射镜以聚焦的方式将太阳能直射光聚集起来，加热工质，产生高温高压的蒸汽，蒸汽驱动汽轮机发电。从汽轮机出来的蒸汽，其压力和温度均已大为降低，经过冷凝器冷凝结成液体后，被重新泵回热交换器，又开始新的循环。

太阳能热力发电系统与火力发电系统的工作原理基本上是相同的，其根本区别在于热源不同，前者以太阳能为热源，后者则以煤炭、石油和天然气等化石燃料为热源。

利用太阳能进行热发电的能量转换过程，首先是将太阳辐射能转换为热能，然后是将热能转换为机械能，最后是将机械能转换为电能。

太阳能热力发电系统由集热子系统、热传输子系统、蓄热与热交换子系统和发电子系统所组成，如图 8-8 所示。

1. 集热系统

集热器的作用是将聚焦后的太阳辐射能吸收，并转换为热能提供给工质。100℃ 以下的小功率装置，多为平板式集热器；而有些装置为增加单位面积上的受光量，而外加反射镜。由于工作温度低，集热系统的效率一般在 5% 以下。对于在高温条件下工作的太阳能

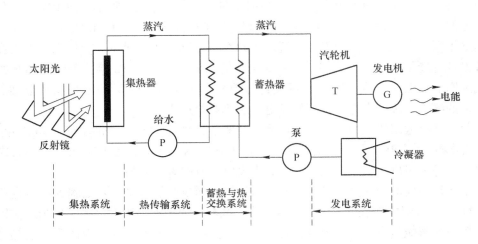

图 8-8　太阳能热力发电系统组成

热发电系统来说，必须采用聚光集热装置来提高集热温度，从而提高系统效率。

2. 热传输系统

热传输系统是将集热器收集起来的热能传输给蓄热部分。对于分散型太阳能热发电系统，通常是将许多单元集热器串、并联起来组成集热器方阵，这就使得由各个单元集热器收集起来的热能输送给蓄热子系统时所需要的输热管道加长，热损耗增大。对于集中型太阳能热发电系统，虽然输热管道可以缩短，但却要将传热介质送到塔顶，需消耗动力。

3. 蓄热与热交换系统

由于地面上的太阳能受季节、昼夜和云雾、雨雪等气象条件的影响，具有间歇性和随机不稳定性，为保证太阳能热发电系绕稳定地发电，需设置蓄热装置。蓄热装置保证发电系统的热源稳定。热能通过热交换装置，转化为高温高压蒸汽。

4. 发电系统

由汽轮机和发电机等主要设备组成，与火力发电系统基本相同。对于大型太阳能热发电系统，由于其温度等级与火力发电系统基本相同，可选用常规的汽轮机，工作温度在 800℃ 以上时可选用燃气轮机；对于小功率或低温的太阳能热发电系统，则可选用低沸点工质汽轮机或斯特林发动机。

（三）太阳能热力发电系统的基本类型

太阳能热力发电系统可以分为三个基本类型：槽式线聚焦系统、塔式定日镜聚焦系统和碟式点聚焦系统。

1. 槽式太阳能热力发电系统

槽式太阳能热力发电系统是利用槽式抛物面反射镜聚光的太阳能热力发电系统的简称。该聚光镜面从几何上看是将抛物线平移而形成的槽式抛物面，它将太阳光聚在一条线上，在这条焦线上安装有管状集热器，以吸收聚焦后的太阳辐射能，并常常将众多的槽式抛物面串、并联成聚光集热器阵列（如图 8-9 所示）。槽式抛物面对太阳辐射多进行一维跟踪（设备轴线南北放置，然后东西旋转跟踪），其几何聚光比在 10 ~ 100 之间，温度可达400℃左右。该系统一般由聚光集热装置、蓄热装置、热机发电装置或辅助能源装置（如锅炉）等组成。利用导热油作为集热介质，293℃的低温导热油从储油罐中泵入槽式太阳能集热场，被加热到390℃，然后依次通过再热器、过热器、蒸发器、预热器等，将收集到的太阳能交换给动力回路中的蒸汽，产生10.4MPa/370℃的过热蒸汽进入汽轮机中做功。该系统中，热油回路和动力蒸汽回路相分离，经过一系列换热器来交换热量。当太阳能供应不足时，利用一个辅助加热器将油回路中的导热油加热，从而实现系统的稳定连续运行。在未来的集热装置设计中采用 Direct Solar Generation（直接蒸汽发生系统，DSG），以提高效率、减小热量损失，但 DSG 方式尚未成熟，还有待深入研究。该方式的优点是：转化效率高，可以混合发电，可以高温储能。

图 8-9　槽式太阳能热力发电系统

2. 塔式太阳能热力发电系统

塔式太阳能热力发电系统也称为集中式太阳能热发电系统。它利用定日镜将太阳光聚焦在中心吸热塔的吸热器上，在那里将聚焦的辐射能转变成热能并传递给热力循环的工质，再驱动热机做功发电（如图8-10所示）。塔式太阳能热力发电系统通常可达到的聚光比为 300～1500，运行温度可达 1000～1500℃。该方式的优点是：在所有的太阳能发电技术中用地最少，可以混合发电，可以储能。

图 8-10　塔式太阳能热力发电系统

3. 碟式太阳能热力发电系统

碟式太阳能热力发电系统借助双轴跟踪，利用旋转抛物面反射镜，将入射的太阳辐射进行点聚集，聚光点的温度一般为 500~1000℃，吸热器吸收这部分辐射能并将其转换成热能，加热工质以驱动热机，从而将热能转换成电能。它利用双轴跟踪的碟式聚光器将太阳能聚集到吸热器上，将来自回热气的高压空气加热到 850℃，然后进入热机做功（如图 8-11 所示）。目前这类系统单元容量最多为 30~50kW，相对较小，而太阳能发电最高效率可达 29%，在同类发电方式中最高。它主要应用于分布式能源系统，组成分散的动力系统，也可以将多个系统组合，向电网供电。该方式的优点是：转化效率最高，可模块化，可以混合发电。

图 8-11　碟式太阳能热力发电系统

三、太阳能光伏发电系统

（一）太阳能光伏发电系统的组成

太阳能光伏发电系统是利用太阳能电池的光伏效应，将太阳光辐射能直接转换成电能的一种新型发电系统。一套基本的光伏发电系统一般是由太阳能电池板、太阳能控制器、逆变器和蓄电池（组）构成。独立太阳能光伏发电系统如图 8-12 所示。

（1）太阳能控制器：太阳能控制器的基本作用是为蓄电池提供最佳的充电电流和电压，快速、平稳、高效地为蓄电池充电，并在充电过程中减少损耗、尽量延长蓄电池的使用寿命；同时保护蓄电池，避免过充电和过放电现象的发生。如果用户使用的是直流负载，通过太阳能控制器可以为负载提供稳定的直流电（由于天气的原因，太阳电池方阵发出的直流电的电压和电流不是很稳定）。太阳能电池组件再经过串、并联并装在支架上，就构成了太阳能电池方阵，可以满足负载所要求的输出功率（如图 8-13 所示）。

（2）逆变器：逆变器的作用就是将太阳能电池阵列和蓄电池提供的低压直流电逆变成 220 伏交流电，供给交流负载使用。

（3）蓄电池（组）：蓄电池（组）的作用是将太阳能阵列发出的直流电直接储存起来，供负载使用。在光伏发电系统中，蓄电池处于浮充放电状态，当日照量大时，除了供给负载用电外，还对蓄电池充电；当日照量小时，这部分储存的能量将逐步放出。

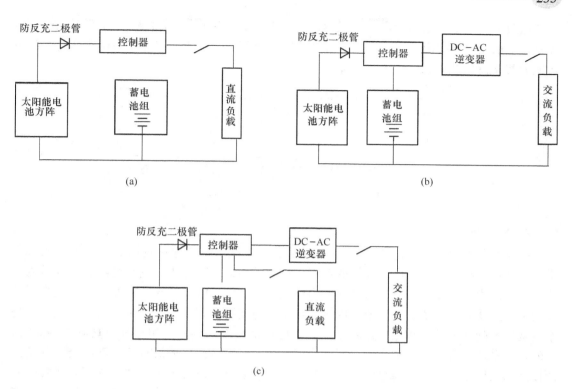

图 8-12　独立太阳能光伏发电系统组成图

（a）直流系统；（b）交流系统；（c）交直流混合系统

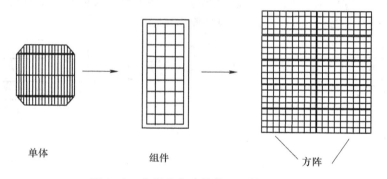

图 8-13　太阳能电池单体、组件和方阵

（二）太阳能光伏发电系统的分类

根据不同场合的需要，太阳能光伏发电系统一般分为独立供电的光伏发电系统、并网光伏发电系统、混合型光伏发电系统三种。

1. 独立供电的光伏发电系统

独立供电的太阳能光伏发电系统如图 8-14 所示。整个独立供电的光伏发电系统由太阳能电池板、蓄电池、控制器、逆变器组成。太阳能电池板作为系统中的核心部分，其作用是将太阳能直接转换为直流形式的电能，一般只在白天有太阳光照的情况下输出能量。根据负载的需要，系统一般选用铅酸蓄电池作为储能环节，当发电量大于负载时，太阳能电池通过充电器对蓄电池充电；当发电量不足时，太阳能电池和蓄电池同时对负载供电。控制器一般由充电电路、放电电路和最大功率点跟踪控制组成。逆变器的作用是将直流电转换为与交流负载同相的交流电。

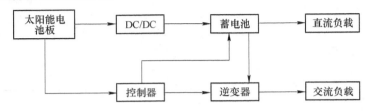

图 8-14　独立供电的太阳能光伏发电系统

2. 并网光伏发电系统

并网光伏发电系统如图 8-15 所示，光伏发电系统直接与电网连接，其中逆变器起很重要的作用，要求具有与电网连接的功能。目前常用的并网光伏发电系统具有两种结构形式，其不同之处在于是否带有蓄电池作为储能环节。带有蓄电池环节的并网光伏发电系统称为可调度式并网光伏发电系统。由于此系统中逆变器配有主开关和重要负载开关，使得系统具有不间断电源的作用，这对于一些重要负荷甚至某些家庭用户来说具有重要意义；此外，该系统还可以充当功率调节器的作用，稳定电网电压、抵消有害的高次谐波分量从而提高电能质量。不带有蓄电池环节的并网光伏发电系统称为不可调度式并网光伏发电系统。在此系统中，并网逆变器将太阳能电池板产生的直流电能转化为和电网电压同频、同相的交流电能，当主电网断电时，系统自动停止向电网供电。当有日照照射、光伏系统所产生的交流电能超过负载所需时，多余的部分将送往电网；夜间当负载所需电能超过光伏系统产生的交流电能时，电网自动向负载补充电能。

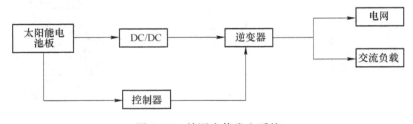

图 8-15　并网光伏发电系统

3. 混合型光伏发电系统

图 8-16 为混合型光伏发电系统，它区别于以上两个系统之处是增加了一台备用发电机组。当光伏阵列发电不足或蓄电池储量不足时，可以启动备用发电机组，它既可以直接给交流负载供电，又可以经整流器后给蓄电池充电，所以称为混合型光伏发电系统。

四、太阳能发电的应用前景

（一）太阳能热力发电的应用前景

太阳能热力发电技术同其他太阳能利用技术一样，也在不断完善、发展和提高，但其商业化程度目前还远未达到太阳热水器和太阳能电池的水平。20 世纪 90 年代以来，美国

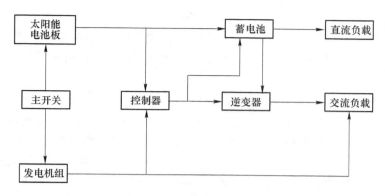

图 8-16 混合型光伏发电系统

能源部通过"太阳能热发电计划",对槽式线聚焦系统进行了考察和分析,确定了系统运行、维修的优化方案,对分系统的自动化、可靠性以及集热器的对准和净化等进行了分析。认为槽式电站的运行和维修成本可以降低30%左右,已可步入商业化应用。目前美国能源部正通过"太阳能热发电计划"积极推动太阳能热力发电技术的商业化进程。

2011年全球新增太阳能热力发电装机容量约28000MW,累计装机容量达69000MW,当年全球太阳能产值为930亿美元。欧盟在太阳能发电方面居于领先地位,但美国和中国的发展势头迅猛。今年3月美国太阳能产业协会和GTM市场调研公司共同发布的报告预计,到2016年美国占全球太阳能板市场的份额将由2011年的7%提升至15%。届时,美国与中国可能将成为全球两大领先的太阳能市场。专家们预测,2020年左右,太阳能热力发电系统将在发达国家实现商业化,并逐步向发展中国家因地制宜地扩展。各工业发达国家虽然均在采取措施、制定规划积极研究和发展太阳能热力发电技术,但对其经济性也有不同的看法。由于在地面上所接受的太阳辐射的能量密度低,所以太阳能热力发电系统的集热面积要比相同容量火电厂煤场的占地面积大10倍左右。发电系统要获得很高的系统效率,必须采用高倍率的聚光集热装置,致使单位容量的造价很高,其发电成本目前尚难以与火力发电相竞争。但随着新技术、新材料和新工艺的不断发展,研究开发工作的更加深入,应用市场的不断扩大,太阳能热力发电系统的造价是完全有可能大为降低的。同时,随着常规能源的涨价和资源的逐步匮乏,以及大量燃用化石能源对环境影响的日益突出,发展太阳能热力发电技术将会逐渐显现出其在经济社会的合理性。特别是在常规能源匮乏、交通不便而太阳能资源丰富的边远地区,当需要热电联合开发时,采用太阳能热力发电技术是有利的、可行的。

此外,近年有的发达国家还开展了一种称之为"太阳能烟囱"的太阳能热力发电方式的研究试验。太阳能烟囱发电系统,主要由烟囱集热器(平面温室)和发电机及储能装置组成,由被温室加热的空气经温室中心和烟囱底部产生气流,带动发电机而发电。1982年德国科研人员在西班牙马德里南部的Manzanares建成一座50kW太阳能烟囱示范项目,首次把大型温室热气流推动涡轮机发电的概念变为现实。这之后,在此基础上,Eviro Mission公司开始计划在澳大利亚悉尼以西600km处,建造200MW的太阳能烟囱发电站。它的烟囱高1000m、直径130m,建于直径为7000m的平面温室的中心。其关键技术是在温室的内外创造一定的温差,使大型圆形玻璃温室内的空气定向运动到中心的倾斜天花板处产生一个近恒速的风流,通过安装在烟囱底部的 32 个闭式叶轮机昼夜连续发电。设计年发电量为 700GW·h,预计建设投资为 6 亿 ~ 7 亿澳元。目前该项目仍在优化设计阶段。这种方式的最大特点是没有聚光系统,不但可利用漫射光,而且避免了因聚光带来的各项技术难题。

(二) 太阳能光伏发电系统的应用前景

太阳能电池最早用于空间,至今宇宙飞船和人造卫星等空间飞行器的电力仍然主要依靠太阳能光伏发电系统来供给。20 世纪 70 年代以后,太阳能电池在地面得到广泛应用,目前已遍及生活照明、铁路交通、水利气象、邮电通信、广播电视、阴极保护、农林牧业、家庭民生、军事国防、并网调峰等各个领域。功率级别,大到 100kW ~ 10MW 的太阳能光伏电站,小到手表、计算器的电源。随着太阳能电池发电成本的进一步降低,它将进入更大规模的工业应用领域,如海水淡化、光电制氢、电动车充电系统等。对于这些系统,目前世界上已有成功的示范。太阳能光伏发电最终的发展目标,是进入公共电力规模的应用,包括中心联网光伏电站、风—光混合电站、电网末梢的延伸光伏电站、分散式屋顶联网光伏发电系统等。展望太阳能光伏发电的未来,人们甚至设想出大型的宇宙发电计划,即在太空中建立太阳能发电站。大气层外的阳光辐射比地球上要高出 30% 以上,而且由于宇宙空间没有黑夜,空间电站可以连续发电。一组 11km × 4km 的巨型太阳能电池方阵,在空间可产生 8000MW 的电力,一年的发电量将高达 700 亿千瓦时。空间太阳能光伏电站可以将所发出的电力通过微波源源不断地传送回地球供人们使用。

随着太阳能电池新材料领域科学技术的发展和太阳能电池更先进的生产工艺技术的发展,一方面晶体硅太阳能电池的效率将更高、成本将更低,另一方面性能稳定、转换效率高、成本低的薄膜太阳能电池等将被研制开发成功并投入商品化生产。

太阳能光伏发电与火力、水力、柴油发电比较具有许多优点,如安全可靠、无噪声、无污染、资源随处可得不受地域限制、不消耗化石燃料、无机械转动部件、故障率低、维护简便、可以无人值守、建站周期短、规模大小随意、无需架设输电线路、可以方便地与建筑物相结合等。因此,无论从近期还是远期,无论从能源环境的角度还是从满足边远地区和特殊应用领域需求的角度考虑,太阳能光伏发电都极具吸引力。我国已经成功地在边远地区建立起上千座乡级光伏电站。目前,太阳能光伏发电系统大规模应用的突出障碍是其成本尚高,预计到 21 世纪中叶,太阳能光伏发电的成本将会下降到同常规能源发电相当。届时,太阳能光伏发电将成为人类电力的重要来源之一。

太阳能光伏发电在不远的将来会占据世界能源消费的重要席位,不但要替代部分常规能源,而且将成为世界能源供应的主体。预计到 2030 年,可再生能源在总能源结构中将占到 30% 以上,而太阳能光伏发电在世界总电力供应中的占比也将达到 10% 以上;到 2040 年,可再生能源将占总能耗的 50% 以上,太阳能光伏发电将占总电力的 20% 以上;到 21 世纪末,可再生能源在能源结构中将占到 80% 以上,太阳能发电将占到 60% 以上。这些数字足以显示出太阳能光伏产业的发展前景及其在能源领域重要的战略地位。

根据《可再生能源中长期发展规划》,到 2020 年,我国力争使太阳能发电装机容量达到 1.8GW,到 2050 年将达到 600GW。预计,到 2050 年,中国可再生能源的电力装机将占全国电力装机的 25%,其中光伏发电装机将占到 5%。未来十几年,我国太阳能装机容量的复合增长率将高达 25% 以上。

第三节　地热能发电

一、地热能资源

（一）地热能

地热能是一种可再生资源，它是由地壳抽取的天然热能，这种能量来自地球内部的熔岩，并以热力形式存在，是引致火山爆发及地震的能量。地球内部的温度高达7000℃，而在80~100km的深度处，温度会降至650~1200℃。透过地下水的流动和熔岩涌至离地面1~5km的地壳，热力得以被转送至较接近地面的地方。高温的熔岩将附近的地下水加热，这些加热了的水最终会渗出地面。运用地热能最简单和最合乎成本效益的方法，就是直接取用这些热源，并抽取其能量。

据世界能源委员会的观点，化石燃料的高峰时代已经过去了。虽然石油、天然气仍继续保持主导地位，然而可再生能源和核能源所占的地位越来越重要。预计可再生能源将成为世界主要能源消耗的重要构成，到2050年可再生能源将提供世界主要能源的20%~40%，到了2100年将提供30%~80%。从图8-17中的数据可知，地热能源比其他可再生能源具有更大

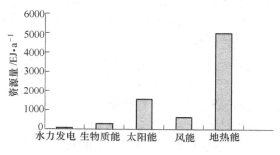

图8-17　世界每年利用可再生能源

的技术潜力。世界可再生能源的技术潜力可充分地满足世界能源需求。如何保证可再生资源以经济的、环保的和社会可接受的方式利用是值得关注的问题。

地热资源是指在当前地质环境和技术经济条件下能够为人类开发和利用的地热能、地热流体及其有用组分。地热资源不仅是重要的可再生能源矿产，也可以用于医疗、旅游、工业和农业用途等，若开发合理，是一种取之不尽、用之不竭的清洁能源。地热资源可以分为四类：水热型资源、地压型资源、干热岩资源和岩浆资源。目前世界上得到规模化开发利用的基本上只有水热型地热资源，其按照温度分级，可以分为高温地热资源（>150℃）、中温地热资源（90~150℃）和低温地热资源（<90℃）。

作为重要的能源类矿产，高温地热资源可以用来发电，中低温地热资源可以直接利用，并且开发利用过程中排放很少的温室气体。合理的开发利用地热资源，对缓解能源束缚和环境压力、促进能源结构调整和优化、提高经济增长的质量具有重要的意义，也是实现大力开发新能源实现能源清洁发展、安全发展、环境友好发展和可持续发展的一项重要的战略举措。在世界范围内，地热资源越来越受到重视，地热产业也得到长足发展。

地热资源是一种十分宝贵的综合性矿产资源，其功能多、用途广，不仅是一种洁净的能源资源，可供发电、采暖等利用，而且还是一种可供提取溴、碘、硼砂、钾盐、铵盐等工业原料的热卤水资源和天然肥水资源，同时还是宝贵的医疗热矿水和饮用矿泉水资源以及生活供水水源。

多年实践表明，地热资源的综合开发利用，其社会、经济和环境效益均很显著，在发

展国民经济中已显示出越来越重要的作用。我国政府有关机构和地矿、石油与煤炭等部门十分重视地热资源的勘查研究和开发利用，每年调拨大量资金，除发展高温地热资源的发电利用外，同时也发展中低温地热资源的直接利用，即以西部的藏南与滇西、华北及东南沿海一带形成的"三大片"地区，作为全国地热勘查研究和开发利用的重点地区，并与典型地热田试验性开发利用示范点相结合，取得了重大成果，推动了全国地热资源开发利用的发展。20世纪90年代至21世纪初，由于地热开发利用效益显著，地热市场不断拓宽，增强了投资商对商业性地热开发的信心，大大加快了全国各地包括我国中西部地区地热资源的勘查开发速度。在地热发电、采暖、温室、养殖、康复医疗、旅游、提取化工原料以及瓶装矿泉水等方面已获得广泛利用。

（二）地热能分布

地热能集中分布在构造板块边缘一带，该区域也是火山和地震多发区。如果热量提取的速度不超过补充的速度，那么地热能便是可再生的。地热能在世界很多地区应用相当广泛。据估计，每年从地球内部传到地面的热能相当于100PW·h。不过，地热能的分布相对来说比较分散，开发难度大。

世界地热资源主要分布于以下5个地热带：

（1）环太平洋地热带。世界最大的太平洋板块与美洲、欧亚、印度板块的碰撞边界，即从美国的阿拉斯加、加利福尼亚到墨西哥、智利，从新西兰、印度尼西亚、菲律宾到中国沿海和日本。世界许多地热田都位于这个地热带，如美国的盖瑟尔斯、墨西哥的普列托，新西兰的怀腊开，中国台湾的马槽和日本的松川、大岳等地热田。

（2）地中海、喜马拉雅地热带。欧亚板块与非洲、印度板块的碰撞边界，从意大利直至中国的滇藏。如意大利的拉德瑞罗地热田和中国西藏的羊八井及云南的腾冲地热田均属这个地热带。

（3）大西洋中脊地热带。大西洋板块的开裂部位，包括冰岛和亚速尔群岛的一些地热田。

（4）红海、亚丁湾、东非大裂谷地热带。包括肯尼亚、乌干达、扎伊尔、埃塞俄比亚、吉布提等国的地热田。

（5）其他地热区。除板块边界形成的地热带外，在板块内部靠近边界的部位，在一定的地质条件下也有高热流区，可以蕴藏一些中低温地热，如中亚、东欧地区的一些地热田和中国的胶东、辽东半岛及华北平原的地热田。

（三）地热能的特点

从全球构造看，中国中西部的大部分地区处在欧亚板块内部地壳隆起区和地壳沉降区，分别形成板内隆起断裂型及板内沉降盆地型中低温地热资源。滇西、川西及藏南地处欧亚板块和印度洋板块的碰撞边界，对形成板缘岩浆活动型高温地热资源极为有利。在上述大地构造环境下，形成了中西部具有不同温度、矿化度和特殊化学成分的地热资源。既有高温蒸汽资源及中低温地下热水，又有淡热水、高矿化热卤水及热矿水，为地热资源的综合开发利用提供了资源保证。温泉资源，全国水温在25℃以上的温泉总数为2796处，其中有2004处分布在我国中西部地区。我国中西部地区拥有温泉资源的市县数为455个，占全国市县总数（681个）的2/3。藏南、滇西及川西地区的温泉数1140处占全区温泉总数（2004 处）的一半以上。

由于中西部处在不同的大地构造环境下，分布在板缘高温地热带和板内中低温地热带的温泉，因区域构造、热背景、热源性质以及水文地质条件等不同，地表地热显示类型、温泉的温度、矿化度和水化学特征等都有着显著的差异。盆地型地热资源：全国面积在 10 万平方公里以上的中、新生代沉积盆地有 9 个，其中，有 5 个分布在我国的中西部地区，即鄂尔多斯盆地、四川盆地、柴达木盆地、准噶尔盆地和塔里木盆地等。我国中西部还分布有如汾渭、银川、昆明、西宁等面积较小的新生代沉积盆地。由于中西部大部分地区处在欧亚板块内部，构造活动性较弱，并具有低热背景，因此在盆地深部，多形成沉积盆地型中低温地热资源。

二、地热能利用现状

（一）国外地热能资源开发利用现状

1913 年，第一座装机容量为 0.25MW 的电站在意大利建成并运行，标志着商业性地热发电的开端。世界上最早利用地热发电的国家是意大利，1812 年意大利就开始利用地热温泉提取硼砂，并于 1904 年建成了世界上第一座 80kW 的小型地热试验电站。到目前为止，世界上约有 32 个国家先后建立了地热发电站，总容量已超过 8000MW，其中美国有 2817MW；意大利有 1518MW；日本有 895MW；新西兰有 755MW；中国有 30.8MW。单机容量最大的是美国盖伊塞地热站的 11 号机，为 106MW。

世界上开发利用地热最好的国家应该是美国。美国不仅地热资源多，而且利用很充分。美国地热资源协会统计数据表明，目前美国利用地热发电的总量为 2200MW，相当于 4 个大型核电站的发电量，居世界首位。目前，利用地热发电最多的是美国，既包括低温地热利用方面，也包括设备容量。美国现有 60 万台地热热泵在运转，占世界总数的 46%。2011 年，美国专家建议将地热作为美国"关键能源"。

菲律宾是世界第二大地热能源开发大国。过去只有高温地热可以作为能源利用，现在借助于科技发展，人们已经可以利用热泵技术将低温地热用于供暖和制冷。菲律宾政府给予可再生能源项目的优惠政策包括赋税优惠期和免税政策。2008 年，地热能源占菲律宾总能源产出的 17%，总装机容量达到 2000MW。2009 年，该国政府就 10 处地热资源开发项目进行招标，同时还有 9 项合作正在与相关公司直接进行商讨，这些合作总共将开发 620MW 的地热能源。

除此之外，许多发展中国家也在积极利用地热发电以补能源的不足，如萨尔瓦多、肯尼亚、尼加拉瓜、哥斯达黎加等国的国家电网有 10% 以上的电力是来自地热发电。

据 2010 年世界地热大会统计，全世界共有 78 个国家正在开发利用地热能技术，27 个国家利用地热发电，总装机容量为 10715MW，年发电 67246GW·h，平均利用系数 72%。美洲和亚洲分别占世界地热发电总装机容量的 39.9% 和 35.1%。地热资源的直接利用发展很快，全世界 78 个国家地热能直接利用的设备总容量为 48483MW，年利用热能 117778GW·h，平均利用系数 28%。同时美国、澳大利亚、日本等国家正在加强增强型地热系统的研究和试验。我国地热能直接利用量居世界第一位，建有羊八井等地热发电站，但全国地热发电规模较小，增强型地热系统的研究还处于起步阶段。据统计，2009 年世界地热直接利用的总设备容量 50583MW，比 2005 年世界地热大会的统计数据（截至 2004

年）增长了 78.9%，五年的平均年增长率是 12.33%。地热直接利用总设备容量的最大份额是地源热泵，占 69.7%；其次是洗浴游泳，占 13.2%；再次是常规地热供暖，占 10.7%；其余温室、水产、工业、融雪等所占比例较小。

（二）国内地热能资源及利用现状

我国地热资源比较丰富，地中海—喜马拉雅地热带和环太平洋地热带贯穿我国西南地区和东南沿海，主要为中低温地热资源。我国中低温地热资源（小于 150℃）分布广泛，几乎遍布全国各地，主要分布于松辽平原、黄淮海平原、江汉平原、山东半岛和东南沿海地区，其主要热储层为厚度数百米至数千米的第三系砂岩、砂砾岩。高温地热资源主要分布在西藏、云南、四川西部和台湾、福建、广东等地。从地质构造上看，我国地热资源主要分布于构造活动带和大型沉积盆地中，类型主要为隆起山地型和沉积盆地型。

我国是世界上利用地热资源较早的国家之一。我国开发利用地热资源已有上千年的历史。地热能的利用分为两种方式：一类是地热发电；另一类是热能直接利用，包括地热水的直接利用（如地热采暖、洗浴、养殖等）和地源热泵供热、制冷。自 20 世纪 90 年代以来，在市场需求的推动下，我国地热资源开发利用得到了蓬勃发展。据 2009 年全国浅层地热能和地热资源管理工作会资料，全国现有温泉 2700 余处，已开发利用约 700 处。地热开采井 1800 余眼，每年地热（水）开采量约 3.68 亿立方米，直接利用地热资源的热能居世界第一位，主要用于供热供暖、医疗洗浴等，其中洗浴和疗养占 47.55%，供暖占 30.77%，其他占 21.68%。

我国大部分已经发现的地热温度较低，用来取暖及供热应当更合适。以北京的地热田为例，它属于低温热水类，深埋在 400～2500m 之间，温度在 38～70℃ 范围内。据粗略估计，地热能近来用于染织、空调、养鱼、取暖、医疗和洗浴等方面，效果良好，每年可节约煤炭约 4300 亿吨。

我国利用地热发电刚刚开始，一些地方只是利用地下热水建立小型发电站，取得成功，这是地热应用的一个良好开端。地热发电一般限于高温地热田，一般在 150℃ 以上，最高可达 280℃。而我国地热资源的特点之一是除西藏、云南、台湾外，多为 100℃ 以下的中低温地下热水。我国于 20 世纪 70 年代初期，先后在河北怀来后郝窑、广东邓屋、湖南灰汤、江西遂川、山东招远、辽宁熊岳等地建地热试验电站，利用 100℃ 以下的地下热水发电。

20 世纪 80 年代初，在著名的羊八井地热田，兴建了我国第一座地热电站，装机容量为 25.15MW，占拉萨电网总装机容量的 41.5%。在冬季枯水季节，地热发电占拉萨电网的 60.0%，成为其主力电网之一。朗久电站和那曲电站是我国兴建的第二和第三座地热发电站，其装机容量分别为 2.0MW 及 1.0MW。西藏羊八井地热电站标志着我国地热发电技术已经达到一定的水平。目前我国地热发电装机容量达到 32.08MW。

三、地热能发电种类及其原理

地热发电是利用地下热水和蒸汽为动力源的一种新型发电技术。其基本原理与火力发电类似，也是根据能量转换原理，首先把地热能转换为机械能，再把机械能转换为电能。地热发电实际上就是把地下的热能转变为机械能，然后再将机械能转变为电能的能量转变过程。

（一）地热蒸汽发电

地热蒸汽发电是把蒸汽田中的干蒸汽直接引入汽轮发电机组发电，但在引入发电机组前应把蒸汽中所含的岩屑和水滴分离出去。这种发电方式最为简单，但干蒸汽地热资源十分有限，且多存在于较深的地层中，开采难度大，故其发展受到了限制。地热蒸汽发电主要有背压式和凝汽式两种发电系统。

1. 背压式汽轮机系统

背压式汽轮机多用于电站规模较小（5MW 以内），是所有地热发电系统中最简单、技术成熟、易操作管理、投资最低的发电系统。这种发电方式工作原理为：将地热井口出来的蒸汽经管道引入净化分离器，加以净化，再经分离器分离出所含的固体杂质，然后使蒸汽推动轴流式汽轮机发电，这种发电方式大多用于地热蒸汽中不凝结气体含量很高的场合，或者综合利用于工农业生产和生活用水。驱动发电机发电系统如图 8-18 所示。

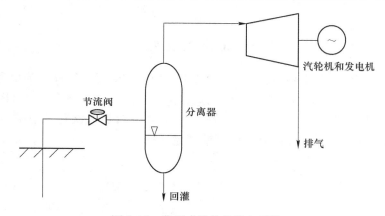

图 8-18　背压式汽轮机发电系统

2. 凝汽式汽轮机发电系统

为了提高地热电站的机组输出功率和发电效率，目前电站普遍采用凝汽式汽轮机发电系统。地热凝汽式电站都配备有比常规火电站容量大得多的抽气器，用以抽除不凝结气体，保持凝汽器内的真空度。凝汽器多为混合式，汽轮机排汽与冷却水直接混合接触而使蒸汽凝结。凝结水经过凝汽器排水泵送至冷却塔或冷却水源。凝汽器冷却水由冷却水泵提供，冷却水来自冷却水源或冷却水塔。在该系统中，蒸汽在汽轮机中能膨胀到很低的压力，因此其效率比背压式地热电站效率高，适用于高温（160℃以上）地热田的发电，系统工作原理如图 8-19 所示。

（二）热水型地热发电

采用中低温地下热水发电主要有两种基本方式：闪蒸系统和双循环系统发电。

1. 闪蒸系统发电

闪蒸系统发电也称减压扩容发电。它的基本工作原理：当高压热水从热水井中抽至地面，由于压力降低部分热水沸腾并"闪蒸"成蒸汽；而分离后的热水可继续利用后排出，当然最好是再回注入地层。闪蒸出来的蒸汽即可推动汽轮机做功发电，汽轮机排出的蒸汽在混合式凝汽器内冷凝成水可送往冷却塔，或引入作为第二级低压闪蒸分离器中，分离出

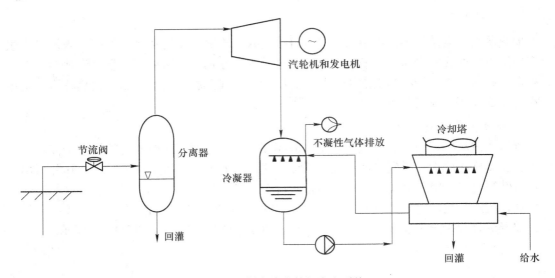

图 8-19　凝汽式汽轮机发电系统

低压蒸汽引入汽轮机的中部某一级膨胀做功。由于地热流体温度不同，为更充分利用地热能发电，可分别进行二级闪蒸，即第一级闪蒸器中剩下的热水又进入第二级闪蒸器（第二级闪蒸器中的压力比第一级低），产生更低的压力蒸汽，再进入汽轮机中做功。图 8-20 和图 8-21 分别为一级闪蒸发电系统和二级闪蒸发电系统。

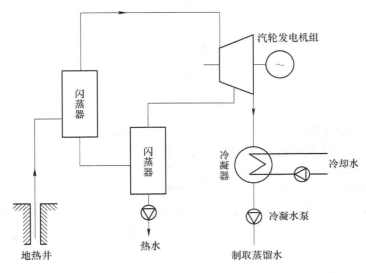

图 8-20　地热水一级闪蒸发电系统示意图

2. 双循环系统发电

双循环系统发电，又称中间介质法发电。双循环发电系统用于中低温地热资源。地热水首先流经热交换器，将地热能传给另一种低沸点的工作流体，使之沸腾而产生蒸气。蒸气进入汽轮机做功后进入凝汽器，再通过热交换器从而完成发电循环，地热水则从热交换器回流注入地下。这种系统特别适合于含盐量大、腐蚀性强和不凝结气体含量高的地热资源。发展双循环系统的关键技术是开发高效的热交换器。其特点是地热水与发电系统不直

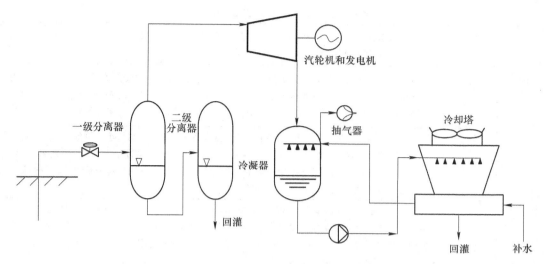

图 8-21　地热水二级闪蒸发电系统示意图

接接触，而是将其中的热量传给某种低沸点介质（如丁烷、氟利昂等），如水在常压下的沸点为 100℃，而有些物质，如氯乙烷在常压下的沸点温度为 12.4℃，正丁烷的沸点温度为 –0.5℃，异丁烷为 –11.7℃。当低沸点介质汽化获得推动汽轮机所需要的蒸汽，就可推动汽轮机发电。这种发电方式由地热水系统和低沸点介质系统组成，故称之为双循环式发电，也称之为中间介质法发电（如图 8-22 所示）。这种系统能够更充分地利用地下热水的热量，降低发电的热水消耗率。

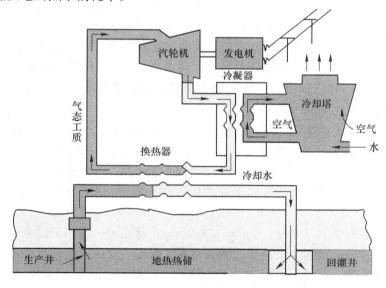

图 8-22　双循环发电系统

3. 闪蒸系统和双循环系统发电的比较

表 8-4 是用地下热水发电的两种方法——闪蒸系统与中间介质法发电系统的优缺点对比情况。

表8-4 闪蒸法与中间介质法优缺点比较

闪蒸法	优点	（1）以水为工质，完全无害；（2）扩容（蒸发）器比表面式蒸发器简单，冷凝器可采用混合式，换热器的金属消耗量较少；（3）系统和运行管理比较简单
	缺点	（1）抽气器维持系统的高度真空，抽气泵功率消耗大，厂用电比率较高；（2）蒸汽压力低，比容大，管道粗，故热水温度不能太低；（3）汽轮机结构较大，效率较低；（4）热水水质不良时，蒸汽洁净度不易保证，易引起设备的结垢或腐蚀
中间介质法	优点	（1）低沸点物质适应低温热水发电；（2）低沸点工质汽轮机结构小，设备紧凑，管道尺寸小；（3）低沸点物质很多，如运用某些物质的超临界循环，可进一步提高发电效果；（4）通过表面式换热器换热，热水中的不凝性气体及杂质不会混入系统，整个系统一般高于大气压力，故不需要抽气器，厂用电比率较低
	缺点	（1）为了蒸发与回收低沸点物质，需采用表面式换热器，低沸点物质传热性能又较差，故换热器表面积大，金属消耗量较多；（2）低沸点物质一般价格较高，渗漏性强，对转动机械等密封性要求很严格；（3）某些低沸点物质有毒，或易燃易爆，除要求系统严密不漏外，还要求有较严格的安全技术措施

（三）联合循环地热发电

联合循环地热发电系统就是把蒸汽发电和地热水发电两种系统合二为一。这种地热发电系统一个最大的优点就是适用于大于150℃的高温地热流体发电，经过一次发电后的流体，在不低于120℃的工况下，再进入双工质发电系统，进行二次做功，充分利用了地热流体的热能，既提高了发电效率，又将以往经过一次发电后的排放尾水进行再利用，大大节约了资源。

联合循环地热发电机组目前已经在一些国家安装运行，经济和环境效益都很好。该系统从生产井到发电，再到最后回灌到热储，整个过程都是在全封闭系统中运行的，因此即使是矿化程度很高的热水也可以用来发电，不存在对环境的污染。同时，由于是全封闭的系统，在地热电站也没有刺鼻的硫化氢味道，因而是100%的环保型地热系统。这种地热发电系统进行100%的地热永回灌，从而延长了地热田的使用寿命。

（四）干热岩发电系统

干热岩是一种无水或蒸汽的热岩体，主要是各种变质岩或结晶岩类岩体。干热岩埋藏于地下2000~6000m的深处，温度为150~650℃。利用地下干热岩体发电的设想，是美国人莫顿和史密斯于1970年提出的。1972年，他们在新墨西哥州北部打了两口约4000m的深斜井，从一口井中将冷水注入到干热岩体，从另一口井取出自岩体加热产生的蒸汽，功率达2300kW。

干热岩发电系统的工作原理（如图8-23所示）：首先钻一眼加压深井，并把高压水泵入井内，使热岩碎裂；再钻一眼横穿该断裂岩蓄水槽的生产井；然后将高压水从加压井向下泵入，横穿蓄水池，水流过热岩中的人工裂隙而过热（水、汽温度可达150~200℃），并从生产井泵上来。发电后的冷却水再次通过高压泵注入地下热交换系统进行循环利用。干热岩发电的整个过程都是在一个封闭的系统内进行，既没有硫化物等有毒、有害物质或堵塞管道的物质，也无任何环境污染。其采热的关键技术是在不渗透的干热岩体内形成热交换系统。

干热岩蕴藏的热能十分丰富，比蒸汽型、热水型和地压型地热资源大得多，比煤炭、

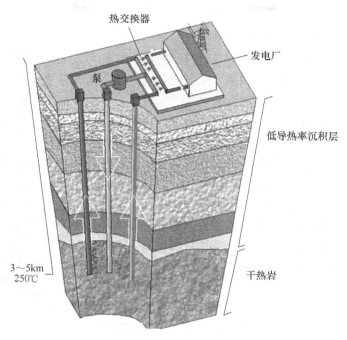

图 8-23　干热岩发电工作原理

石油、天然气蕴藏的总能量还要大。地下热岩的能量能被自然泉水带出的几率仅有1%，而99%的热岩是干热岩，因此干热岩发电的潜力很大。同时，这种地热发电成本与其他再生能源的发电成本相比是有竞争力的，而且这种方法在发电过程中不产生废水、废气等污染，所以它是一种未来的新能源。

四、开发利用地热资源应关注的问题

当前，我国地热资源的勘查评价程度还相对较低，开发利用水平不高，资源浪费现象严重。地热水回灌、结垢、设备腐蚀等问题在一定程度上制约着地热资源的开发利用。科学、合理地开发利用地热资源，不仅要体现在梯级综合利用方面，同时更应关注开采地热水可能引起的环境问题以及地热资源的可持续开发利用。

（一）加强地热水的回灌

地热水回灌是把经过利用的地热流体或其他水源通过地热回灌井重新注回热储层段，有效避免地热废水直接排放引起热污染和化学污染的措施，同时对维持热储压力、保证地热田的可持续开发利用具有重要作用。地热水中含有大量的有害矿物质，例如我国羊八井的地热水中含有硫、汞、砷、氟等多种元素。如果将地热发电后大量的热排水直接排放，不仅会对环境造成污染，而且不利于地热资源的合理利用。

回灌可以很好解决地热废水问题，还可以改善或恢复热储的产热能力，保持热储的流体压力，维持地热田的开采条件；同时，回灌又能通过维持热储压力来防止地面沉降。但回灌技术要求复杂，且成本高，至今未能大范围推广使用。如果不能有效解决回灌问题，将会影响地热电站的立项和发展，所以地热回灌是急需解决的关键问题。走回灌开发道路是地热资源开发利用的必然选择，提高回灌率是实现地热资源可持续开发利用的重要

保障。

（二）防止地热通道的腐蚀和结垢

无论是地热发电还是直接利用，都会经常遇到井管、深井泵及泵管、井口装置、管道、换热器及专用设备等的腐蚀问题。从国内外的地热井调查结果看，一般地热水矿化度较高，含有多种化学物质，包括溶解氧（O_2）、H^+、Cl^-、SO_4^{2-}、H_2S、CO_2 和 NH_3，这些化学物质在与空气接触后更加剧对金属的腐蚀，再加上流体的温度、流速、压力等因素的影响，地热流体对各种金属表面都会产生不同程度的影响，使金属设备和管道的使用寿命缩短，维修工作量增加，严重影响地热系统正常运行和经济性。当地热流体从热储层向地面移或在管道输送过程中，由于温度和压力的变化，其中溶解的某些固体物质超过饱和度，析出并沉积在井管或管线上形成垢层。

结垢是影响地热系统正常运行的重要问题之一。地热资源中一般都含有比较多的矿物质，随着地热水被抽到地面进行开发利用，温度和压力均会发生很大的变化，影响到各种矿物质的溶解度，必然导致矿物质从水中析出并产生沉淀结垢。如在地热流体输送管道表面结垢，它会影响地热流体的采流量，使管道内的流动阻力加大，从而增加泵的能耗，严重时甚至堵塞管道，造成系统停运；另外，若换热设备传热面结垢，换热器的表面传热系数就要下降，换热能力削弱，使系统达不到原先设计的热负荷。

腐蚀与结垢问题，将大大缩短地热系统设备使用寿命，提高运行成本，降低地热资源的利用效率和价值，不利于系统高效、稳定、正常运行。为了有效地解决地热利用系统的防腐、防垢问题，使设备得以长期地使用，现代地热工程都十分重视防腐工作的设计。这就要求地热工程规划设计前，必须掌握确切的水质分析资料，进行必要的调查研究，确定防腐、防垢的必要性，然后正确选材，采取包括回灌在内的各种有放措施，以最大限度地解决由地热系统腐蚀和结垢带来的问题。

目前的防腐技术包括防腐涂料层、设备及管道选材上考虑采用防腐材质、设计时加大管道和其他结构件的腐蚀裕量、充氮（隔氧密封）、注硫（添加防腐抑制剂，即化学药剂）技术等；防垢技术包括添加化学阻垢剂、诱垢载体除垢或回灌滞留槽除垢、电磁声等物理场处理法、涂层防垢等。

（三）对环境的影响

地热的开发无需燃料，从防止大气污染的角度来看，地热是一种很理想的能源，但实际上，地热开发也会带来环境问题。

首先，开发地热，过量抽取地下热水，会引起地下水位下降，导致局部范围的地面下沉，毁坏道路，地下管道破裂等。

其次，地热流体的温度高低不一，成分也不完全相同，有些还含有多种不凝性气体，如 H_2S、CO_2、CH_4、NH_3 等，在水蒸气中还往往带有水雾状的有毒元素，如硼、砷、汞和氡等，这些元素都可能在周围土壤和水体中富集，不适合直接用于饮用、农田灌溉和渔业养殖，如直接排放，必将对环境造成污染，进而影响到人们的身体健康。

地热开发利用涉及的环境因素主要有水污染、热污染、空气污染、土壤污染、地面沉降、诱发地震、噪声污染、地热水可用性、固体废弃物、土地利用、对植物和野生动物的影响、经济和文化因素等。表 8-5 概括了地热利用中产生的各种环境污染的可能性和严重性。

表 8-5　地热利用中产生的各种环境污染的可能性和严重性

影　响	遇到的可能性	结果的严重性	影响的持续性
化学污染或热污染	中	中至高	短期至长期
空气污染	低	中	小
水污染	低	中	长期
土壤污染	中	低至中	短期至长期
地面沉降和诱发地震	低	低至中	长期
噪声污染	高	中至高	短期
与文化和考古的冲突	低至中	中至高	短期至长期
社会经济问题	低	低	短期
固态废物的处理	中	中至高	短期

一般来说，高温地热的开发对环境造成的影响要比中低温地热大，所以建造一座利用高温地热资源的地热电站，要对其造成的环境污染或环境影响进行严格的可行性论证，使地热资源能真正为人类造福，让社会走可持续发展道路。

五、世界典型地热电站介绍

（一）西藏羊八井地热电站

西藏地热资源丰富，素有地热博物馆之称。20 世纪 70 年代初，当地质勘探队伍的足迹踏进拉萨以北 90 公里处的羊八井地区时，发现这里温泉散发着一股股蒸腾的热气。于是，羊八井地热试验电站建设的序幕拉开了。1975 年 9 月 23 日，我国最大的地热试验电站——羊八井电站第一台机组发电成功。

羊八井地热电站位于藏中当雄县羊八井村，在拉萨西北约 90km 处，海拔 4300m，其地热田地下深 200m，地热蒸汽温度高达 172℃。羊八井地热田是典型的高温湿蒸汽地热田（如图 8-24 所示），井口喷出的两相流体经汽水分离后，由蒸汽去推动汽轮机发电。电站自 1977 年第一台机组投入运行，到 1986 年装机容量达 13MW。羊八井地热电站由 5 眼地热井供水，单井产量为 75～160m³/h，水温为 145～170℃。每年二、三季度水量丰富时靠水力发电，一、四季度靠水热发电，能源互补。

自 1977 年 9 月建成试验发电以来，西藏羊八井地热电站是目前唯一持续发电的地热电站，其第一台 1MW 试验机组于 1977 年发电成功，至 1991 年陆续完成另 8 台 3MW 机组，同时 1MW 试验机组退役。此后维持总装机容量 24.18MW，占拉萨电网总装机容量的 41.5%，在冬季枯水季节，地热发电占拉萨电网的 60.0%，成为其主力电网之一。羊八井地热电站每年发电在 1 亿千瓦时上下，但近几年不断挖掘潜力，增大出力，屡创新高，2009 年发电 1.419 亿千瓦时。

羊八井不仅是我国最大的地热电站，也是世界上唯一一座利用地热潜层热储进行工业性发电的电厂。在 20 多个地热发电的国家和地区中，只有羊八井电站能够利用地下 200m 以内、150℃以下的潜层中温储热资源进行发电。羊八井地热的开发利用，开创了国际上利用中低温地热发电的先例，在世界新能源的开发利用上占有重要位置。

图 8-24   西藏羊八井地热发电站

（二）美国盖瑟尔斯地热电站

盖瑟尔斯地热电站位于美国加利福尼亚海岸山脉地质构造区，距旧金山西北约120km、克利尔湖盆地（第四纪火山活动中心）以南和圣赫勒纳山（新近纪火山活动区）西北9km处。

盖瑟尔斯地热田位处东太平洋洋中脊板缘高温地热带上，水热活动强烈，虽仅在局部地区出现热泉、喷气孔及水热蚀变现象，在大部地区仅见有少数流量的温泉，但在地热田深部，蕴藏着丰富的干蒸汽资源，是世界著名的干蒸汽田之一，延伸面积达 21.5km × 8.6km（如图 8-25 所示）。其热储层为经热液蚀变且裂隙发育的弗兰西斯科硬砂岩（晚侏罗纪），厚达数千米，被许多北西—南东走向、向北东倾斜的高角度断层所切割，形成局部封闭构造，成为主要蒸汽产地。浅部为"自封闭"过程形成的"盖层"。在热田范围内，广泛发生年轻的火山活动，据勘探结果推断，在地表以下 8km 深处存在一个直径约20km 的岩浆房，为热田及其附近 1500km² 以内地区的地热异常的形成提供了强大的热源。

盖瑟尔斯地热电站于 1955 年开始开发，第一台 11MW 的地热发电机组于 1960 年启动。以后的十年中，2 号（13MW）、3 号（27MW）和 4 号（27MW）机组相继投入运行。20 世纪 70 年代，共投产 9 台机组。80 年代以后，又有一大批机组相继投产，其中除 13 号机组容量为 135MW 外，其余多为 110MW 机组。从开发起到 1988 年共打地热生产钻井130 多眼，已安装发电机组 29 个，总装机容量达 2043MW，是美国全国地热发电总量的75%，成为世界上功率最大的地热电站。

相对于太阳能和风能的不稳定性，地热能是较为可靠的可再生能源。另外，地热能是较为理想的清洁能源，能源蕴藏丰富并且在使用过程中不会产生温室气体，地热能可以作为煤炭、天然气和核能的最佳替代能源。专家指出，倘若给予地热能源相应的关注和支持，在未来几年内，地热能很有可能成为与太阳能、风能等量齐观的新能源。

和其他可再生能源起步阶段一样，地热能形成产业的过程中面临的最大问题来自于技术和资金。地热产业属于资本密集型行业，从投资到收益的过程较为漫长，一般来说较难

图 8-25　美国盖瑟尔斯地热电站

吸引到商业投资。可再生能源的发展一般能够得到政府优惠政策的支持，例如税收减免、政府补贴以及获得优先贷款的权力。在相关优惠政策的指引下，投资者们将更有兴趣对地热项目进行投资建设。

第四节　生物质能发电

一、概述

（一）生物质能

生物质是指通过光合作用而形成的各种有机体，包括所有的动植物和微生物等。生物质所蕴涵的能量称为生物质能，它直接或间接地来源于绿色植物的光合作用，可转化为常规的固态、液态和气态燃料，是一种可再生能源。

生物质资源种类较多，目前主要应用以下几种：

（1）薪柴能源。薪柴来源于树木生长过程中修剪的枝杈，木材加工的边角余料，以及专门提供薪材的薪炭林。薪柴能源在我国农村能源中占有重要地位。全国农村生活消费薪柴能源约 1 亿吨标煤，占农村能源总消费量的 30% 以上，而在丘陵、山区、林区，农村生活用能的 50% 以上靠薪柴能源。由于薪柴可用于造纸和家具材料的生产，可以用于能源利用的薪柴资源相对较少。

（2）农作物秸秆。农作物秸秆是农业生产的副产品，也是我国农村的传统燃料。秸秆资源与农业主要是种植业生产关系十分密切。可获得的农作物秸秆 5.134 亿吨除了作为饲料、工业原料之外，其余大部分还可作为农户炊事、取暖燃料。随着农民收入的增加与商品能源（如煤炭和液化石油气等）获得的便利程度提高，致使被弃于地头田间直接燃烧的秸秆量逐年增大，许多地区废弃秸秆量已占总秸秆量的 60% 以上，既危害环境，又浪费资源。因此，加快秸秆的优质化转换利用势在必行。

（3）禽畜粪便。禽畜粪便也是一种重要的生物质能源。除在牧区有少量的直接燃烧外，禽畜粪便主要是作为沼气的发酵原料。中国主要的禽畜是鸡、猪和牛，根据这些禽畜品种、体重、粪便排泄量等因素，可以估算出粪便资源量。目前我国禽畜粪便资源总量约 8.5 亿吨，折合 7840 多万吨标煤。在粪便资源中，大中型养殖场的粪便更便于集中开发和规模化利用。目前我国大中型牛、猪、鸡场约 6000 多家，每天排出粪尿及冲洗污水 80 多万吨，全国每年粪便污水资源量 1.6 亿吨，折合 1157.5 万吨标煤。加强以禽畜粪便为原料的沼气生产，已成为我国生物质能利用的一项重要内容。

（4）生活垃圾。随着城市规模的扩大和城市化进程的加速，中国城镇垃圾的产生量和堆积量逐年增加。城镇生活垃圾主要是由居民生活垃圾，商业、服务业垃圾和少量建筑垃圾等废弃物所构成的混合物，成分比较复杂。生活垃圾构成和生物质含量主要受居民生活水平、能源结构、城市建设、绿化面积以及季节变化的影响。中国大城市的垃圾构成已呈现向现代化城市过渡的趋势，并有以下特点：一是垃圾中有机物含量接近 1/3 甚至更高；二是食品类废弃物是有机物的主要组成部分；三是易降解有机物含量高。利用城市垃圾中的生物质生产沼气或直接焚烧发电已成为生物质能开发新项目。

（二）生物质能的特点分析

（1）可再生性。生物质能源是从太阳能转化而来，通过植物的光合作用将太阳能转化为化学能，储存在生物质内部的能量，与风能、太阳能等同属可再生能源，可实现能源的永续利用。

（2）清洁、低碳。生物质能源中的有害物质含量很低，属于清洁能源。同时，生物质能源的转化过程是通过绿色植物的光合作用将二氧化碳和水合成生物质，生物质能源的使用过程又生成二氧化碳和水，形成二氧化碳的循环排放过程，能够有效减少人类二氧化碳的净排放量，降低温室效应。

（3）替代优势。利用现代技术可以将生物质能源转化成可替代化石燃料的生物质成型燃料、生物质可燃气、生物质液体燃料等。在热转化方面，生物质能源可以直接燃烧或经过转换，形成便于储存和运输的固体、气体和液体燃料，可运用于大部分使用石油、煤炭及天然气的工业锅炉和窑炉中。国际自然基金会 2011 年 2 月发布的《能源报告》认为，到 2050 年，将有 60% 的工业燃料和工业供热都采用生物质能源。

（4）原料丰富。生物质能源资源丰富，分布广泛。根据世界自然基金会的预计，全球生物质能源潜在可利用量达 350EJ/a（约合 82.12 亿吨标准油，相当于 2009 年全球能源消耗量的 73%）。根据我国《可再生能源中长期发展规划》统计，目前我国生物质资源可转换为能源的潜力约 5 亿吨标准煤，今后随着造林面积的扩大和经济社会的发展，我国生物质资源转换为能源的潜力可达 10 亿吨标准煤。在传统能源日渐枯竭的背景下，生物质能源是理想的替代能源，被誉为继煤炭、石油、天然气之外的"第四大"能源。

能源供应现已成为世界性的问题，甚至逐渐成为制约社会经济发展的瓶颈，同时化石能源的使用也造成了严重的环境污染和生态破坏。生物质能作为仅次于煤炭、石油和天然气而居于世界能源消费总量第四位的能源，在利用过程中产生的二氧化碳可被等量生长的植物通过光合作用所吸收，从而实现二氧化碳的零排放。同时生物质能又是一种含硫量低的可再生能源，经过转化可以规模化获得气态、液态和固态的燃料，从而形成对化石燃料的替代和补充，成为解决能源与环境问题的重要途径之一。

（三）生物质能的转换技术

生物质包括植物、动物及其排泄物、垃圾及有机废水等几大类。从广义上讲，生物质是植物通过光合作用生成的有机物，它的能量最初来源于太阳能，所以生物质能是太阳能的一种。生物质能目前主要利用技术如图 8-26 所示。

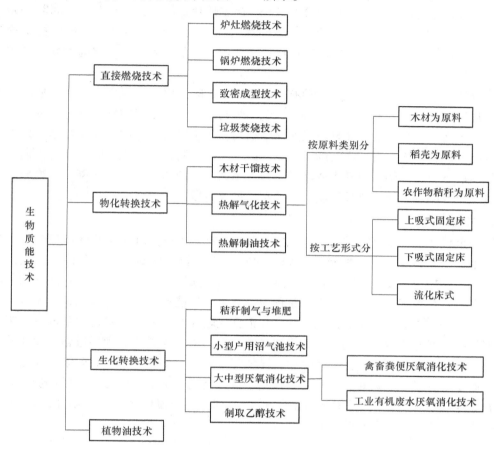

图 8-26　生物质能利用技术

目前国内外利用比较多的、技术比较成熟的、发展前景最为广阔的是物化转换技术中生物质气化技术以及生物质液化技术。

（1）生物质气化是在一定的热力学条件下，将组成生物质的碳氢化合物转化为含一氧化碳和氢气等可燃气体的过程。它的主要优点是：生物质转化为可燃气后，利用率较高，而且用途广泛，可以用作生活煤气，也可以用于锅炉燃烧或直接发电。主要缺点是：系统复杂，而且由于生成的燃气不便于储存盒运输，必须有专门的用户或配套的利用设施。

生物质气化已经开始进入应用阶段，特别是生物质气化集中供气技术和中小型生物质气化发电技术，由于投资较小，比较适合于农村地区分散利用，具有较好的经济性和社会效益，有比较好的发展前景。

生物质气化发电技术的基本原理是：把生物质转化为可燃气，再利用可燃气推动燃气发电设备进行发电。它既能解决生物质难于燃用而又分布分散的问题，又可以充分发挥燃气发电技术设备紧凑而污染少的优点，所以是生物质能最有效、最洁净的利用方法之一。

（2）生物质液化技术在目前有很多种方法，可以通过热解、在溶剂中液化和与煤共热解等方法。

生物质热解液化是生物质在完全缺氧或有限氧供给的条件下热降解为液体生物油、可燃气体和固体生物质炭三个组成部分的过程。生物质热裂解液化是在中温（500~600℃）、高加热速率（104~105℃/s）和极短气体停留时间（约2s）的条件下，将生物质直接热解，产物经快速冷却，可使中间液态产物分子在进一步断裂生成气体之前冷凝，得到高产量的生物质液体油。

生物质在溶剂中加压液化是一种有效的方法，同时，以超临界水为介质可使液化反应快速、环境友好、产物易于分离，符合绿色化学与洁净化工生产的发展方向。

由于现在全球的石油液体燃料已经面临枯竭，而生物质液化的主要优点是可以把生物质制成品油燃料，作为石油产品的替代品，并且用途和附加值大大提高，所以人们普遍认为其发展前景更为广阔。但其主要缺点是技术复杂，目前的成本仍然太高。生物质制油等液化技术研究刚刚开始，仍处于实验室和小型试验阶段。

（四）生物质能发电概述

当前世界各国已积极调整本国能源发展战略，把高效开发利用生物质能摆在技术研究的重要地位，作为能源利用的重要课题，同时为企业创造良好的发展条件，提供优惠政策，鼓励、扶持企业发展。在欧美等发达国家，20世纪70年代伴随着世界性石油危机的爆发，以丹麦、美国为代表的发达国家积极开发可再生能源，大力推行生物质发电，经过几十年的发展，目前这些国家的相关配套政策已比较完善，相关技术也逐步成熟起来。国外众多生物质发电企业充分利用发展机遇，纷纷走出了一条成功的发展道路。而我国生物质发电正式引进开始于20世纪90年代，发展起步较晚，不仅国家相关政策不完善，而且企业在制定自身发展战略时脱离实际，未结合自身情况实事求是地客观分析自身所处的地位，在企业战略制定初期走了不少弯路，造成我国生物质发电企业大而不强，竞争无序，生产成本居高不下，企业经营困难。

1. 国外生物质能发电概述

20世纪70年代爆发世界第一次石油危机后，世界主要发达国家认识到可再生能源的重要性，在大力推广节能措施的同时，积极开发生物质能和风能等清洁可再生能源。自20世纪90年代以来，包括直燃发电在内的生物质发电产业在欧美等国极为重视，生物质发电装机截至2004年就已达39000MW，年发电量将近2000亿千瓦时，折合约7000万吨标准煤。在丹麦、瑞典等欧洲国家发展生物质初期主要以小型热电联产为主，经过多年发展，高效直燃发电技术已经成熟。以丹麦BWE公司为主拥有国际先进的生物质直燃发电技术为基础，丹麦、瑞典、芬兰、英国、德国等国家先后建立了生物质发电厂300多座，其中最大的秸秆发电企业为英国的Ely生物质发电厂，装机容量为1×38MW，众多的生物质发电企业发展起来。美国生物质发电技术经过十几年的发展，目前也比较成熟，美国American Renewables（AR）公司于2008年建立了美国最大级别100MW的生物质发电厂。

2. 国内生物质能发电概述

我国拥有丰富的生物质能资源，理论生物质能资源量50亿吨左右。目前可供利用开发的资源主要为生物质废弃物，包括农作物秸秆、薪柴、禽畜粪便、工业有机废弃物和城市固体有机垃圾等。生物质能服务的对象主要是农村生产、生活用能，对于有着 7.5 亿农民的中国的具体国情以及生物质资源丰富、农村用能短缺、品位低的现实，大力发展生物质能，直面"三农"、能源和环境三大主题，具有重要的战略意义。

生物质发电主要是利用农业、林业和工业废弃物为原料，也可以以城市垃圾为原料，采取直接燃烧或气化的发电方式。近年来，我国一直把秸秆资源的综合利用作为工作的重点，积极寻求生物质资源的高效利用方式，生物质发电这一简洁高效的利用方式被提到了重要议事日程，《可再生能源法》等一系列法律法规的颁布实施，直接推动了我国生物质发电产业的快速发展。我国生物质发电也有了近 30 年的历史，到 2006 年，我国生物质发电总装机容量约为 2000MW，其中蔗渣发电约为 1700MW 以上，主要是蔗糖厂蔗渣发电。近年来还发展了一大批秸秆直接燃烧发电厂，取得了良好的社会效益和环境效益。2006 年 12 月，国能单县生物发电厂正式投产，这是我国第一个生物质直燃发电项目，采用丹麦 BWE 公司的技术，国内生产总投资 3.37 亿元，总装机容量 25MW。截至 2008 年 8 月，我国累计核准农林生物质发电项目 130 多个，总装机容量约为 3000MW，已有 25 个生物质直燃发电项目并网发电。

我国在沼气发电技术方面的研发已有 30 多年的历史，但主要集中在大中型沼气发电项目上，而且技术上大多是从国外引进。由于大中型沼气发电装置庞大，投资过高，原材料较多，因此大规模推广应用会有一定的难度。特别是在我国的广大农村市场，大中型沼气发电技术及装置的应用根本不切实际。因此，在现阶段主要发展的是中小型沼气发电设备，主要产品包括全部使用沼气的纯沼气发动机和部分使用沼气的双燃料发动机。在我国农村地区，主要发展的是容量 3kW 到 10kW 的小型沼气发动机和沼气发电机组。农村沼气发电是一种集环保和能源生产于一体的能源综合利用新技术，符合国家产业结构调整的要求，能够创造较好的经济效益。生物质制取沼气并发电，从 2005 年开始得到较快的发展，到 2008 年底，全国沼气发电总装机容量达 173MW，其中轻工行业（酒精及酿酒业、淀粉、柠檬酸、造纸业等）装机容量为 79MW，占 45.6%；市政（垃圾填埋气、污水处理沼气）装机容量为 45MW，占 26.0%；养殖场沼气装机容量为 31MW，占 17.9%。目前全国养殖场沼气发电的并网项目有三处，分别为蒙牛集团装机容量 1MW 项目、北京德清源装机容量 2MW 项目、山东民和牧业装机容量 3MW 项目。

2009 年我国 6MW 及以上火电设备容量中各种燃料发电所占比例如图 8-27 所示，其中生物质占到 0.17%，垃圾发电占 0.20%。预计到 2020 年将建成总装机容量为 20000MW 的生物质发电项目，每年不但可以替代 7500 万吨煤，而且能减少大量的污染排放，此外，出售秸秆这一项还可以给农民带来 200 亿~300 亿元的收入。从总体上看，我国生物质发电产业化尚处于起步阶段，商业化程度较低，效益也较低，市场竞争力弱，但生物质发电的产业化呈现

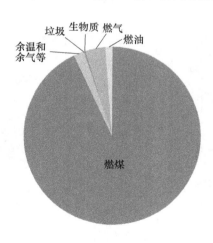

图 8-27　2009 年我国 6MW 及以上火电设备容量的燃料构成

出了良好的发展态势。

二、生物质能发电方式

(一) 生物质直接燃烧发电

现代生物质直燃发电技术诞生于丹麦。20 世纪 70 年代的世界石油危机以来，丹麦推行能源多样化政策。该国 BWE 公司率先研发秸秆等生物质直燃发电技术，并于 1988 年诞生了世界上第一座秸秆发电厂。该国秸秆发电技术现已走向世界，被联合国列为重点推广项目。

在发达国家，目前生物质燃烧发电占可再生能源（不含水电）发电量的 70%，例如，在美国与电网连接以木材为燃料的热电联产总装机容量已经超过 7GW。目前，我国生物质燃烧发电也具有了一定的规模，主要集中在南方地区，许多糖厂利用甘蔗渣发电。例如，广东和广西两省共有小型发电机组 300 余台，总装机容量 800MW，云南省也有一些甘蔗渣电厂。

在原理上，与燃煤火力发电没有什么区别，图 8-28 是生物质直接燃烧发电系统的图解。其原理是将储藏在生物质中的化学能通过在特定蒸汽锅炉中燃烧转化为高温、高压蒸汽的内能，再通过蒸汽轮机转化为转子的动能，最后通过发电机转化为清洁高效的电能。整个工艺流程为：将生物质原料从附近各个收集点运送至电厂，经预处理（破碎、分选）存放到原料储存仓库，仓库容积要保证存放五天的发电原料；然后由原料输送车将预处理后的生物质送入料仓，料仓中的燃料被螺旋给料机直接送入炉膛，燃料在振动炉排上边燃烧边移动，燃尽后的炉渣由渣斗排出。送风机将空气送经空气预热器加热，之后送入炉膛保证燃料的完全燃烧，并形成高温烟气。高温烟气逐次通过四级过热器、省煤器、烟气冷却器，对烟道中各个受热面加热然后进入除尘器成为符合国家排放标准的烟气，最后被引风机送入烟囱，排入大气。锅炉给水在汽包、下降管和水冷壁之间形成自然循环，汽包中的水经下降管分配到水冷壁中去，经过水冷壁的加热，成为汽水混合物，回到汽包后由冷

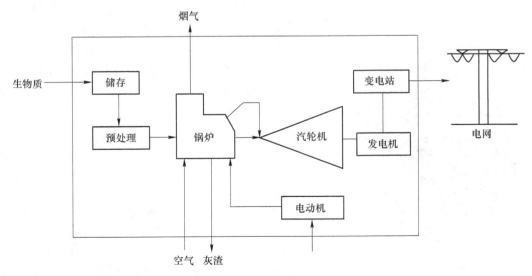

图 8-28 生物质直接燃烧的发电系统

水分离器分离出饱和蒸汽。饱和蒸汽依次经过四级过热器，并有减温器控制气温最终成为符合机组要求的高温、高压蒸汽。蒸汽被送入汽轮机膨胀做功，推动汽轮机转子转动，汽轮机转子带动发电机，产生电负荷。

由于生物质资源比较分散的特点，因此主要适合用于大农场或大型加工厂，如造纸厂等生物质资相对集中的场合，处理生物质废弃物，并获得较高的生物质燃烧和能源利用效率。

（二）生物质混合燃烧发电

混合燃烧发电是指将生物质原料应用于燃煤电厂中，使用生物质和煤两种原料进行发电。在原理上，与燃煤火力发电没有什么区别。其原理是将生物质和煤一起在锅炉中燃烧转化为高温、高压蒸汽的内能，再通过蒸汽轮机转化为转子的动能，最后通过发电机转化电能。

根据生物质与煤混合燃烧的方式，生物质混合燃烧发电技术又可以分为直接混合燃烧发电和气化混合燃烧发电。

1. 直接混合燃烧发电

直接燃烧是先对生物质进行预处理，然后直接送入锅炉燃烧室的利用方式。采用的方式可以是层燃流化床和煤粉炉等燃烧方式，例如芬兰的 Alholmens Kraft 机组的装机容量为 550MW，采用循环流化床燃烧技术，燃料由 45% 的泥煤、10% 的森林残留物、35% 的树皮与木材加工废料，以及 10% 的重油或是煤组成。

直接混合燃烧发电方式采取的工艺路线为：在原有电厂锅炉设备基础上附加生物质接收、贮存和预处理设备，使生物质燃料在粒度等性质上适于在锅炉内与煤粉混合燃烧；同时，原有燃料入炉输送系统及锅炉煤粉燃烧器需根据生物质燃料特性相应做局部改造。直接混合燃烧方式中生物质以固相态与矿物燃料混合燃烧，如图 8-29 所示。

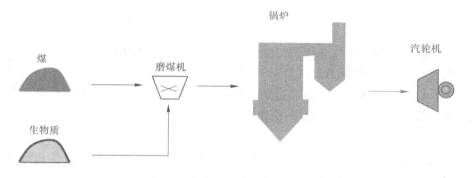

图 8-29　生物质与煤粉直接混合燃烧的工艺流程简图

当采用煤粉炉作为燃烧设备时，生物质的预处理可以分为以下三种方式。

（1）生物质与煤预先混合，然后经过煤粉机粉碎后，通过分配系统送至燃烧器。此方式可以充分利用原有设备，简单易行，低投资，但有可能降解锅炉的出力，限制了生物质种类和使用比例，如树皮会影响磨煤机的正常使用。

（2）生物质与煤分别处理包括计量粉碎，然后通过自管路输送至燃烧器前，此方式需要安装生物质能燃料管道，控制和维护锅炉比较麻烦。

（3）与第二种方法基本相同，不同的是为生物质准备了专门的燃烧器单独使用，此方法投资成本高，但一般不会影响锅炉正常运行。

2. 生物质气化混合燃烧发电

在采用气化方式时，首先将生物质在气化炉中气化，产生燃气（主要成分为 CH_4、CO、CO_2、C_mH_n、N_2）经简单的处理后，直接输送至锅炉燃烧室与煤进行混合燃烧。气化利用方式产生的燃气温度为 $600 \sim 900℃$ 并不需要冷却过程，在炉内完全燃烧时间短，且可将生物质灰与煤分离，具有一定的灵活性。

生物质气化混合发电方式的工作过程：在原有电厂锅炉系统基础上增加一套独立的生物质气化系统，包括生物质接受、储存和预处理设备。生物质燃料首先在气化炉装置内发生热化学气化反应生成可燃气体，可燃气体再引入电站锅炉内与煤粉混合燃烧。根据生物质气化可燃气体在锅炉内所处的燃烧段位置，需在炉内增加生物质气燃烧器或局部改造原有煤粉燃烧器。气化混合燃烧方式中生物质以气态产物与矿物燃料混合燃烧，如图 8-30 所示。

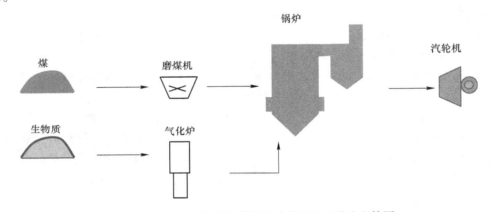

图 8-30　生物质气化后与煤粉混合燃烧的工艺流程简图

生物质首先在气化炉中气化得到可燃气体，同时气体中还携带有未反应完全的细焦炭颗粒。该高温可燃气体无需经过净化冷却，直接进入燃煤锅炉燃烧。高温可燃气体直接进入锅炉燃烧，燃气中的高分子碳氢化合物将不会冷凝，所以没有燃气净化过程中产生的焦油问题，也不需要为气化炉单独配备小型发电系统。

（三）生物质气化发电

生物质气化发电技术是把生物质转化为可燃气体，再利用燃气发电设备进行发电。其原理是将储藏在生物质中的化学能通过在特定气化炉中燃烧转化为可燃气体，再通过燃气机发电系统转化为清洁高效的电能（如图 8-31 所示）。

生物质气化发电过程包括三个方面：一是生物质气化，把固体生物质转化为气体燃料；二是气体净化，气化出来的燃气都带有一定的杂质，包括灰分、焦炭和焦油等，需经过净化系统把杂质除去，以保证燃气发电设备的正常运行；三是燃气发电利用燃气轮机或燃气内燃机进行发电，有的工艺为了提高发电效率，可以增加余热锅炉和蒸汽轮机。

所谓的生物质气化是指将固体或液体燃料转化为气体燃料的热化学过程。在这个过程中，水蒸气、游离氧或结合氧与燃料中的碳进行热化学反应，生成可燃气体。

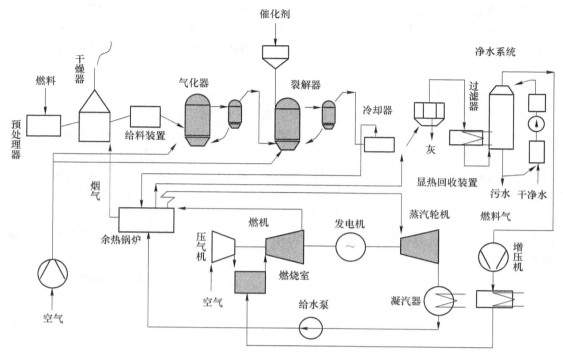

图 8-31　整体气化联合循环工艺流程

生物质气化过程复杂，气化反应条件与气化剂的种类也各不相同，但所有气化反应的过程基本都包括生物质的干燥、热解、还原和氧化反应过程。

（1）生物质干燥。生物质本身含有一定的水分，进入气化装置后在高温作用下，生物质内的水分被加热析出。

（2）热分解反应。热解过程十分复杂，结果是大分子的碳水化合物的键被打碎，析出挥发物质（主要包括氢气、一氧化碳、二氧化碳、甲烷、焦油和其他碳氢化合物），留下碳构成进一步反应的机体。

（3）还原反应。还原反应发生在没有氧气的条件下，生物质中的碳与气流中的二氧化碳、水、氢气发生反应，生成可燃性气体，由于是吸热反应，需外来热量维持反应温度。

（4）氧化反应。氧化反应是将气化残留的碳与氧进行燃烧反应来放出热量。氧化温度可达到 $800 \sim 1200 ℃$。通常把热分解区和干燥区成为气化器的燃料准备区，把还原区和氧化区统称为气化区。区与区之间没有严格的界限，是相互渗透的。

生物质气化发电系统采用的气化技术和燃气发电技术不同，其系统构成和工艺过程有很大的差别：

（1）根据生物质气化形式不同分类。生物质气化过程可分为固定床气化和流化床气化两大类。

（2）根据发电技术不同分类。从燃气发电过程上看，生物质发电主要有三种方式：一是将可燃气作为内燃机的燃料，用内燃机带动发电机组发电；二是将可燃气体作为燃气轮机的燃料，用燃气轮机带动发电机组发电；三是用燃气轮机和汽轮机实现两级发电即利用燃气轮机排出的高温废气把水加热成蒸汽，再用蒸汽推动汽轮机发电机组发电。

（3）根据生物质气化发电规模分类。从发电规模上生物质气化发电系统可分为大型（发电功率在 5000kW 以上）、中型（发电功率在 500~3000kW）、小型（发电功率小于 200kW）三种。

（四）沼气发电

沼气是在厌氧条件下，有机物经多种微生物的分解与转化作用后产生的可燃性气体，属于生物质能的范畴，主要成分是甲烷和二氧化碳，其中甲烷含量约为 50%~70%，二氧化碳含量为 30%~40%（容积比），还有少量的硫化氢、氮、氧、氢等气体，约占总含量的 10%~20%。沼气发酵又称为厌氧消化、厌氧发酵或甲烷发酵，是指有机物质在一定的水分、温度和厌氧条件下，通过种类繁多、数量巨大且功能不同的各类微生物的分解代谢，最终形成甲烷和二氧化碳等混合性气体（沼气）的复杂生物化学过程。沼气发酵的工艺流程为：原料（废水）收集、预处理、消化器（沼气池）、出料后处理、沼气净化、储存和输配以及利用等（如图 8-32 所示）。

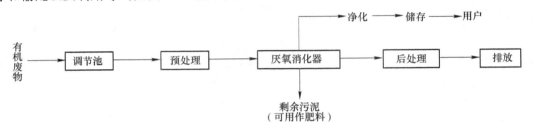

图 8-32　沼气发酵基本工艺流程

沼气燃烧发电是随着沼气综合利用的不断发展而出现的一项沼气利用技术，它将沼气用于发动机上，并装有综合发电装置，以产生电能和热能，是有效利用沼气的一种重要方式。沼气多产生于污水处理厂、垃圾填埋场、酒厂、食品加工厂、养殖场等。沼气发电具有高效、节能、安全和环保等特点，是一种分布广泛且价廉的分布式能源。沼气发电在发达国家已受到广泛重视和积极推广。沼气发电热电联产项目的热效率，视发电设备的不同而有较大的区别，如使用燃气内燃机，其热效率为 70%~75%，而如使用燃气轮机和余热锅炉，在补燃的情况下，热效率可以达到 90% 以上。沼气发电的流程如图 8-33 所示。

我国广大农村生物质资源非常丰富，解决农村电气化，沼气发电是一个很重要的途径。但是，大中型沼气工程与沼气发电工程的一次性投资费用都相当大，而沼气工程投资费用是沼气发电工程的 4 倍左右。只有在推广沼气工程应用的同时，不断进行研究提高沼气池产气率，并积极推广应用沼气发电工程，才能在社会效益尽量保持不变的前提下，使经济效益不断提高，才能使整个工程总的一次性投资回报率大大提高。

（五）生物质发电技术的特点比较

生物质发电技术集环保与可再生能源利用于一体，受到各国政府的重视，特别是在目前能源和环保的双重压力下，从战略需求出发，各国都加大投资力度进行开发利用。

生物质直燃发电技术在大规模下效率较高，但它要求生物质集中，数量巨大，如果考虑大规模收集运输，电厂的运行管理成本较高，而小规模直燃发电技术存在效率较低的问题。直燃发电技术在国外已进入推广应用阶段，但在中国还没有形成系统性研究，许多问

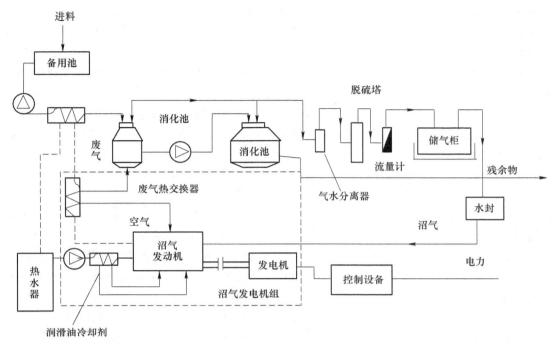

图 8-33　沼气发电系统工艺流程

题亟待解决。例如，以秸秆为燃料容易在炉膛内结渣、结焦或沉积于受热面，严重影响锅炉换热，甚至造成腐蚀，制约生物质锅炉长期稳定运行。

生物质和煤混合燃烧发电技术，规模灵活、经济性较好。美国和欧盟已建设了混合燃烧示范工程，装机容量在 50～700MW。中国还处于技术研究阶段，实际应用刚刚起步缺乏自主知识产权。该技术生产实践中仍有一些实际问题需要解决，如：燃煤锅炉燃烧温度通常介于 1000～1250℃，高于生物质的灰熔点，容易引起结渣等。

生物质气化发电技术具有有投资少，发电成本较低，灵活性好的特点，是同类技术中最具竞争力的技术之一，比较符合发展中国家的情况。但该发电技术在配套设备和系统优化集成方面仍然存在不足，电厂的自动化控制程度较低，生物质气化发电技术的成套性成为产业化的主要瓶颈。

沼气发电技术应用于畜牧场、工业废水处理沼气以及垃圾填埋场沼气。由于国产沼气发电机组主要是对柴油机进行简单改装，对发动机的热工性能研究不深，产品质量不过关，发电机组效率比国外同类机组低 4%～8%，成熟的发电机组规模也只有 500MW。

综上所述，生物质直接燃烧、混合燃烧、沼气发电的关键设备多是引进国外技术，国内还没有消化吸收，目前不适合在国内大规模推广应用。气化发电技术具有自主知识产权，但也有许多产业化问题需要解决。

三、生物质能发电的前景

我国拥有丰富的生物质能资源，我国政府及有关部门对生物质能源利用极为重视，90年代以后中国主要发展了生物压块成型、气化与气化发电、生物质液体燃料等新技术，到

1998 年中国在生物质能源利用领域就已经取得了重大进展。在生物质发电方面已经基本掌握了农林生物质发电，城市垃圾发电生物质致密成型燃料技术，但目前生物质能的开发利用规模还有待扩大。《可再生能源"十二五"发展规划》提出的"十二五"期间生物质能源发展目标是：到 2015 年底，生物质发电装机将达 13000MW，到 2020 年将达 30000MW，在 2010 年底 5500MW 的基础上分别增长 1.36 倍和 4.45 倍；其中"十二五"末，农林生物质发电将达 8000MW，沼气发电将达 2000MW，垃圾焚烧发电将达 3000MW，"十二五"期间生物质成型燃料利用量将达 1000 万吨，并达到非化石能源占一次能源消费比重 11.4% 的目标。

生物质能发电最大的优点是代替煤炭、石油、天然气等燃料生产电力，从而减少对矿物质能源的依赖，有利于改善生态环境。生物质能是最具发展潜力的可再生资源。按照能源当量计算，生物质能仅次于煤炭、石油、天然气，位列第四，是国际社会公认的能够缓解能源危机的有效资源和最佳替代方式，而且生物质资源丰富，发展潜力巨大，且适合发展分布式电力系统接近终端用户。当前，不少地区的秸秆不能得到有效的利用，只能被烧掉，造成大范围的烟气污染。生物质能发电技术恰恰变废为宝，利用秸秆等生物质向电网送电或分散式送电。生物质能发电在可再生能源发电中，电能质量好、可靠性高，比小水电、风电和太阳能发电等间歇性发电要好得多，可以作为小水电、风电、太阳能发电的补充能源，具有很高的经济价值。如果中国生物质能利用量达到 5 亿吨标准煤，就可解决目前中国能源消费量的 20% 以上，每年可减少排放二氧化碳量近 3.5 亿吨，二氧化硫、氮氧化物、烟尘减排量近 2500 万吨，而且我国生物质能资源相当丰富，仅各类农林业废弃物的资源量每年即有 3.5×10^8 吨标煤。预计到 2020 年生物质能资源量可达 9 亿 ~ 10 亿吨标准煤，在中国能源资源中占有举足轻重的地位。如果这些生物质得到充分的利用将产生巨大的环境效益。

"十二五"规划纲要关于能源发展的表述是，"坚持节约优先、立足国内、多元发展、保护环境"，发展生物质发电是发展循环经济，走可持续发展道路的具体体现。生物质发电能够利用农林生产过程中产生的废弃物发出电力，燃烧后的灰分还可以肥料的形式还田，是一个变废为宝的良性循环过程。据测算，一个装机容量 25MW 的机组，一年消耗农林剩余物 2×10^5 t，按热值计算，可替代标准煤约 9×10^4 t。这是一项节约能源，减少环境污染，有益于农民的技术。推进生物质发电产业发展是建设环境友好型社会的重要举措。废弃的秸秆无法有效处理，直接在田间焚烧带来的大气污染和消防安全问题危害巨大，是长期以来普遍存在而又无法有效解决的难题。大力发展生物质发电项目，能够有效处理农林剩余物，改善环境效果明显。据测算，一个 25MW 的生物质发电厂每年保守估计可减少二氧化碳排放超 1×10^5 t。另外，发展生物质发电是建设社会主义新农村、服务"三农"的需要。生物质发电可以有效增加农民收入，转移农村剩余劳动力。据测算，一台装机容量为 25MW 生物质发电厂一年的发电量可以达到 150GW·h，新增产值近亿元；年消耗农林剩余物约 2×10^5 t，可为当地农民增加就业岗位 1000 余个，增加收入达到 6000 万元以上。同时，这也是落实科学发展观，实现经济社会可持续发展的客观需要，对今后人类的长远发展和生存有重要意义。

【本章小结】核能发电是利用铀燃料进行核分裂连锁反应所产生的热量，将水加热成高温高压进行发电的方式，目前运行和在建的核电站类型主要是压水堆核电站、重水堆核电站、沸水堆核电站、快堆核电站和气冷堆核电站等。太阳能热力发电是通过大量反射镜以聚焦的方式将太阳能直射光聚集起来，加热工质，产生高温高压的蒸汽，蒸汽驱动汽轮机发电。地热发电是利用地下热水和蒸汽为动力源的一种新型发电技术，实际上是把地下的热能转变为机械能，然后再将机械能转变为电能的能量转变过程。生物质能发电主要利用农业、林业和工业废弃物、甚至城市垃圾为原料，采取直接燃烧或气化等方式发电，是最具发展潜力的可再生资源发电方式。

思 考 题

1. 简述核电站的工作原理。
2. 说明太阳能光伏发电的主要优点及缺点。
3. 太阳能热力发电系统的工作原理是什么？与常规火力发电系统有什么区别？
4. 利用地热能发电有几种方式？分别简述其工作原理。
5. 生物质转换技术主要有哪几种？分别简述其优缺点。

参 考 文 献

[1] 郑体宽，杨晨．热力发电厂［M］．2 版．北京：中国电力出版社，2008.
[2] 叶涛．热力发电厂［M］．4 版．北京：中国电力出版社，2012.
[3] 米建华．电力工业节能减排技术指南［M］．北京：化学工业出版社，2011.
[4] 黄素逸．能源科学导论［M］．北京：中国电力出版社，2012.
[5] 国际能源网．我国能源结构分析［J/OL］．2012，［2012-12-22］. http://www. in-en. com/article/html/energy_ 15151515871200162. html.
[6] 文峰．现代发电厂概论［M］．2 版．北京：中国电力出版社，2008.
[7] 武学素．热电联产［M］．西安：西安交通大学出版社，1988.
[8] 周怀春．热力系统节能［M］．北京：中国电力出版社，2008.
[9] 韦迎旭．绿色燃煤发电技术［M］．北京：中国电力出版社，2011.
[10] 葛斌．热电冷联产原理与技术［M］．北京：中国电力出版社，2011.
[11] 胡念苏．发电动力系统概论［M］．北京：中国水利水电出版社，2011.
[12] 沈维道，童钧耕．工程热力学［M］．4 版．北京：高等教育出版社，2007.
[13]《电力节能技术丛书》编委会．火力发电厂节能技术［M］．北京：中国电力出版社，2008.
[14] 焦树建．整体煤气化燃气-蒸汽联合循环［M］．北京：中国电力出版社，1996.
[15] 叶江明．电厂锅炉原理及设备［M］．北京：中国电力出版社，2004.
[16] 容銮恩．电站锅炉原理［M］．北京：中国电力出版社，1997.
[17] 冯俊凯．锅炉原理及计算［M］．3 版．北京：科学出版社，2003.
[18] 陈学俊，陈听宽．锅炉原理［M］．北京：机械工业出版社，1986.
[19] 范从振．锅炉原理［M］．北京：水利电力出版社，1995.
[20] 康松，杨建明，胥建群．汽轮机原理［M］．北京：中国电力出版社，2000.
[21] 沈士一，庄贺庆，康松，等．汽轮机原理［M］．北京：水利水电出版社，1992.
[22] 赵义学．电厂汽轮机设备及系统［M］．北京：中国电力出版社，1998.
[23] 吴秀兰．汽轮机设备及系统［M］．北京：中国电力出版社，1998.
[24] 韩中合，田松峰，马晓芳．火电厂汽轮机设备及运行［M］．北京：中国电力出版社，2002.
[25] 裘烈钧．大型汽轮机运行［M］．北京：水利水电出版社，1994.
[26] 汪胜国．世界核能发电的现状及未来堆型的开发［J］．东方电气评论，2006，20（3）：1~5.
[27] 姚兴佳，刘国喜，朱家玲，等．可再生能源及其发电技术［M］．北京：科学出版社，2010.
[28] 程明，张建忠，王念春．可再生能源发电技术［M］．北京：机械工业出版社，2012.
[29] 张晓东，杜云贵，郑永刚．核能及新能源发电技术［M］．北京：中国电力出版社，2008.
[30] 李传统．新能源与可再生能源技术［M］．南京：东南大学出版社，2005.
[31] 王革华，艾德生．新能源概论［M］．北京：化学工业出版社，2011.
[32] 黄素逸，杜一庆，明廷臻．新能源技术［M］．北京：中国电力出版社，2011.
[33] 关根志，左小琼，贾建平．核能发电技术［J］．水电与新能源，2012，1（100）：7~9.
[34] 冯垛生，宋金莲，赵慧，等．太阳能发电原理与应用［M］．北京：人民邮电出版社，2008.
[35] 王东．太阳能光伏发电技术与系统集成［M］．北京：化学工业出版社，2011.
[36] 罗承先．太阳能发电的普及与前景［J］．中外能源，2010，11（15）：33~39.
[37] 方祖捷，陈高庭，叶青，等．太阳能发电技术的研究进展［J］．中国激光，2009，36（1）：5~14.
[38] A Barnett, C Honsberg, D Kirkpatrick, et al.. 50% Efficient solar cell architectures and designs, photovoltaic energy conversion［C］. Conference Record of the 2006 IEEE 4th World Conference on，2006，2：2560~2564.

［39］ K. Ramanathan，M. A. Contreras，C. L. Perkins et al.. Properties of 19.2% efficiency ZnO/Cds/CuIn-GaSe₂ thin film solar cells ［J］. *Prog. Photovolt*，2003，11（4）：225～230.

［40］ A Mart，E Antol，C R Stanley，et al.. Production of photocurrent due to intermediate-to-conduction-band transitions：a demonstration of a key oprating principle of the intermediate-band solar cell ［J］. *Phys Rev Lett*，2006，97（24）：247701.

［41］ Daniel Feuermann，Jeffrey M Gordon. High-concentration photovoltaic designs based on miniature parabolic dishes ［J］. Solar Energy，2002，70（5）：423～430.

［42］ 于静，车俊铁，张吉月. 太阳能发电技术综述 ［J］. 世界科技研究与发展，2008，30（1）：56～59.

［43］ 李珂，武家胜，杨泽伟，等. 太阳能发电研究应用进展 ［J］. 浙江电力，2009（6）：53～56.

［44］ 胡忠文，张明锋，郑继华. 太阳能发电研究综述 ［J］. 能源研究与管理，2011（1）：14～16.

［45］ 胡其颖. 太阳能热发电技术的研究进展及现状 ［J］. 能源技术，2006，26（9）：200～207.

［46］ 陈于平. 聚光太阳能发电技术应用与前景 ［J］. 电网与清洁能源，2010，26（7）：29～33.

［47］ 田玮，王一平，韩立君. 聚光光伏系统的技术进展 ［J］. 太阳能学报，2005，26（4）：597～603.

［48］ 杨红亮，郑康彬，郑克棪. 中国浅层地热能规模化开发与利用 ［M］. 北京：地质出版社，2010.

［49］ 何金祥. 世界主要发达国家增强型地热系统应用研究 ［J］. 国土资源情报，2011（8）：49～52.

［50］ 韩建光，蒋宗霖，田颖. 中国地热资源及开发利用 ［J］. 消费导刊，2008（23）：39～40.

［51］ 张金华，魏伟. 我国的地热资源分布特征及其利用 ［J］. 中国国土资源经济，2011，24（8）：23～24，28.

［52］ 马立新，田舍. 我国地热能开发利用现状与发展 ［J］. 中国国土资源经济，2006（9）：19～21.

［53］ 陈墨香，汪集. 中国地热研究的回顾和展望 ［J］. 地球物理学报，1994，37（S1）：320～338.

［54］ 黄洁，李虹. 地热资源及其开发利用 ［J］. 西部资源，2007，17（2）：7～8.

［55］ 刘久荣. 地热回灌的发展现状 ［J］. 水文地质工程地质，2003，30（3）：100～104.

［56］ 刘维. 我国地源热泵年减碳排放4000万吨 ［N］. 中国建设报，2010-11-16.

［57］ 刘明言，朱家玲. 地热能利用中的防腐防垢研究进展 ［J］. 化工进展，2011，30（5）：1120～1123.

［58］ 邱燕燕，王心义，韩鹏飞. 地热水结垢与腐蚀机理及趋势判别 ［J］. 焦作工学院学报自然科学版，2003，22（6）：424～427.

［59］ 朱家玲. 地热能开发与应用技术 ［M］. 北京：化学工业出版社，2006.

［60］ 王贵玲. 中国地热资源及其潜力 ［R］//第一届中深层地热资源高效开发与利用国际会议. 北京：中国地质大学，2012-03-08.

［61］ 詹麒，崔宇. 我国地热资源开发利用现状与前景分析 ［J］. 理论月刊，2010（8）：170～172.

［62］ 朱益飞，戴剑飞，朱海. 胜利油田热泵技术应用现状及对策 ［J］. 石油石化节能，2011，1（10）：1～3.

［63］ 甄华，徐长为，许贺永. 大港油田北大港油区地热资源的综合利用 ［J］. 煤气与热力，2011，31（10）：1～4.

［64］ 徐耀兵，王敏，潘军，等. 地热资源发电技术特点及发展方向 ［J］. 中外能源，2012，17（7）：29～34.

［65］ 姚向君，田宜水. 生物质能资源清洁转化利用技术 ［M］. 北京：化学工业出版社，2005.

［66］ 孙立，张晓东. 生物质发电产业化技术 ［M］. 北京：化学工业出版社，2011.

［67］ 丁晓雯，李薇，唐阵武. 生物质能发电技术应用现状及发展前景 ［J］. 现代化工，2008，10（2）：110～113.

［68］ 袁振宏，吴创之，马隆龙. 生物质发电原理及技术 ［M］. 北京：化学工业出版社，2005：19.

［69］ 张伟杰，关海滨，菱建国. 我国秸秆发电技术的应用及前景 ［J］. 农机化研究，2009，6.

［70］ Abuadala A，Dincer I. A review on biomass-based hydrogen production and potential applications ［J］. International Journal of Energy Research，2012，36（4）：415～455.

[71] Colpan C O, Hamdullahpur F, Dincer I, et al. Effect of gasification agent on the performance of solid oxide fuel cell and biomass gasification systems [J]. International Journal of Hydrogen Energy, 2010, 35: 5001~5009.

[72] Aravind P V, Woudstra T, Woudstra N, et al. Thermodynamic evaluation of small-scale systems with biomass gasifiers, solid oxide fuel cells with Ni/GDC anodes and gas turbines [J]. Journal of Power Sources. 2009, 190: 461~475.

[73] 郭飞强, 董玉平, 景元琢. 生物质流化床气化反应过程数值模拟 [J]. 农业机械学报, 2013, 44 (4): 127~130.

[74] Di Carlo A, Borello D, Bocci E. Process simulation of a hybrid SOFC/mGT and enriched air/steam fluidized bed gasifier power plant [J]. International Journal of Hydrogen Energy, 2013, 38 (14): 5857~5874.

[75] Rapagnà S, Gallucci K, Di Marcello M, et al. First Al_2O_3 based catalytic filter candles operating in the fluidized bed gasifier freeboard [J]. Fuel, 2012, 97: 718~724.

[76] 柳加录, 赵玉平. 未来的新能源——生物质能与核能 [J]. 工业技术, 2013 (36): 79.

[77] 朱栋彬, 胡明超. 浅析生物质燃料直燃与发电运行 [J]. 动力与电气工程, 2013 (34): 93.

[78] 沈明忠, 王新雷. 我国生物质发电的发展环境分析 [J]. 能源技术经济, 2011, 23 (1): 41~45.

[79] 翦天聪. 汽轮机原理 [M]. 北京: 水利电力出版社, 1992.

[80] 朱新华. 电厂汽轮机 [M]. 北京: 水利电力出版社, 1993.

[81] 靳智平. 电厂汽轮机原理及系统 [M]. 北京: 中国电力出版社, 2004.

[82] 黄树红. 汽轮机原理 [M]. 北京: 中国电力出版社, 2008.

[83] 张磊. 汽轮机设备与运行 [M]. 北京: 中国电力出版社, 2008.

[84] 严俊杰, 黄锦涛, 张凯, 等. 发电厂热力系统及设备 [M]. 西安: 西安交通大学出版社, 2003.